Félix Le Dantec,
Breton de Lannion
et homme d'exception

Acteurs de la Science
Fondée par Richard Moreau,
professeur honoraire à l'Université de Paris XII
Dirigée par Claude Brezinski et Roger Teyssou

La collection Acteurs de la Science est consacrée à des études sur les acteurs de l'épopée scientifique moderne ; à des inédits et à des réimpressions de mémoires scientifiques anciens ; à des textes consacrés en leur temps à de grands savants par leurs pairs ; à des évaluations sur les découvertes les plus marquantes et la pratique de la Science.

Dernières parutions

Michel PINAULT, *Gustave Flourens : un intellectuel révolutionnaire. Du Second Empire à la Commune de 1871*, 2023.
Gérard GUILLET, *Cosmétiques : histoire et faces cachées. Du soin de peau au soin de soi. Pouvoirs, secrets et défis des cosmétiques*, 2023.
Paul MAZLIAK, *Xavier Bichat. La révolution en médecine*, 2022.
AVERROÈS, *Commentaire au Poème de la médecine d'Avicenne. Traduction, introduction et notes par Mahmoud Aroua,* 2022.
Jean-Marie AURADOU, Christian DUPIN DE SAINT CYR, *La réforme médicale avortée, 1778-1793*, 2022.
Roger TEYSSOU, *Histoire des statistiques des origines au XIX*e *siècle. Si les statisticiens m'étaient comptés…*, 2022.
Philippe DESHAYES, Gérard ENGRAND, Augustin MOUZE, Jean-Pierre RICHARD, *Accompagner l'entrée en recherche. Le séminaire « episteme »*, 2022.
Frédéric VIOUX, *La physique pour ceux qui n'aiment pas ça*, 2022.
Paul AVAN, *Giuseppe Tartini et le troisième son,* 2022.
Michel DUBUISSON, *Pierre-Charles-Alexandre Louis (1787 - 1872). Un médecin à l'aube de la médecine scientifique,* 2022.
Roger TEYSSOU, *Une histoire de la médecine (1500-1900)*, 2022.
Hugo PIERRARD, *La Pression atmosphérique et la santé. Une histoire de bulles*, 2021.
Guillaume REY, *Les stations en primatologie. Étude des cas de Makokou et Paimpont (1962-1989),* 2021.
Michel PINAULT, *Noël Bernard (1874-1911). Du maître des orchidées au pionnier de la symbiose végétale,* 2021.
Monica GINNAIO, *Sur les antidotes contre la peste, Écrits médicaux sur la peste XIV*e*-XVII*e *siècles*, 2021
AMIC, *L'équilibre*, 2021.
Daniel BOIS, *L'information du vivant au numérique. L'homme face à la complexité*, 2020.

Roger Teyssou

Félix Le Dantec,
Breton de Lannion
et homme d'exception

L'Harmattan

Du même auteur

Histoire des statistiques des origines au XIXe siècle. Si les statisticiens m'étaient comptés, Éditions L'Harmattan, 2022.

Une histoire de la médecine, 1500-1900, Éditions L'Harmattan, 2022.

L'affaire Semmelweis, un scandale sanitaire sans équivalent, Éditions L'Harmattan, 2019.

Variole : Théodore Tronchin et la grande aventure de l'inoculation, Éditions L'Harmattan, 2019.

Nouveau dictionnaire mémorable des remèdes d'autrefois, Éditions L'Harmattan, 2018.

Jérôme Fracastor, de la nature des choses à la nature des germes, Éditions L'Harmattan, 2017.

La thérapeutique de Fracastor, lexique des médicaments, Éditions L'Harmattan, 2017.

Jean Wier, Des dieux, des démons, des sorcières, Éditions L'Harmattan, 2016.

Orfila, le doyen magnifique et les grands procès criminels au XIXe siècle, El decano magnifico, Éditions L'Harmattan, 2015.

Freud, médecin imaginaire... d'un malade imaginé, Éditions L'Harmattan, 2014.

Une histoire de la circulation du sang, Harvey, Riolan et les autres... Des hommes de cœur, presque tous, Éditions L'Harmattan, 2014.

Paul Sollier contre Sigmund Freud, l'hystérie démaquillée, Éditions L'Harmattan, 2013.

Gabriel Andral, la médecine dans le sang. Un pionnier de l'hématologie, Éditions L'Harmattan, 2012.

Charcot, Freud et l'hystérie, Éditions L'Harmattan, 2012.

L'aigle et le caducée. Médecins et chirurgiens de la Révolution et de l'Empire, Éditions L'Harmattan, 2011.

Une histoire de l'ulcère gastro-duodénal. Le pourquoi et le comment, Éditions L'Harmattan, 2009.

Dictionnaire des médecins, chirurgiens et anatomistes de la Renaissance, Éditions L'Harmattan, 2009.

Dictionnaire mémorable des remèdes d'autrefois, Éditions L'Harmattan, 2007.

Quatre siècles de thérapeutique médicale du XVIe au XIXe siècle en Europe, Éditions L'Harmattan, 2007.

La Médecine à la Renaissance, Éditions L'Harmattan, 2002.

5-7, rue de l'Ecole-Polytechnique, 75005 Paris
http://www.editions-harmattan.fr
ISBN : 978-2-14-048813-9
EAN : 9782140488139

L'expérience ne fait que nous montrer la forme des phénomènes ; mais le rapport d'un phénomène à une cause déterminée est nécessaire et indépendant de l'expérience, et il est forcément mathématique et absolu. Claude Bernard, *Introduction à l'étude de la Médecine expérimentale,* Paris, 1865.

Scientisme : Tendance à réduire toute connaissance valable à celles que procurent les sciences, en entendant principalement par là les sciences physico-chimiques. Foulquié, *Dictionnaire de la langue philosophique,* Paris, 1986.

La seule étiquette en « iste » qui me paraisse convenir à mon tempérament, je l'ai trouvée tout à l'heure en vous faisant ma profession de foi : c'est celle de scientiste ; je m'étonne de n'y avoir pas songé plus tôt ! En note, Le Dantec ajoute : *Je m'excuse de mon ignorance ; il paraît que le mot « Scientisme » existe et a déjà été employé dans des acceptions très diverses. Je trouve même à mon sujet, dans le Mercure de France (16 août 1911, p. 826), cette appréciation qui me désole : « M. Le Dantec est à mille lieues de l'homaisisme scientiste. L'exemple de ce véritable savant montre que le scientisme et l'esprit scientifique sont deux choses différentes ». Décidément, les mots en « iste » sont trop dangereux ; il vaut mieux y renoncer.* Lalande, *Vocabulaire technique et critique de la philosophie,* Paris, 1985.

On ne peut être biologiste et consacrer son activité à la recherche de ces lois, si l'on ne croit pas d'avance qu'il en existe ; il sera toujours assez tôt pour renoncer à son rêve, si l'on constate qu'aucune loi considérée comme s'appliquant à tous les êtres vivants, et à eux seuls, ne se vérifie jamais chez tous en même temps. Ainsi au début même de l'effort du biologiste, il y a un acte de foi : nous admettons implicitement, jusqu'à plus ample informé, que nos pères ne se sont pas trompés en attribuant le même nom d'êtres vivants à un certain nombre de corps de la nature.

Le Dantec Félix, *La science de la vie,* Paris, 1912.

Et si la vie est aussi inexplicable que les dieux, nous y avons du moins gagné que personne n'a le droit de parler ou de nuire en son nom.

Maeterlinck, *Le Temple enseveli,* 1912.

a Félix Le Dantec
19 JR 00

Biographie

C'est à Plougastel-Daoulas dans le Finistère, ville de la rade de Brest, que naquit, le 16 janvier 1869, Felix-Alexandre Le Dantec. Il était le quatrième enfant d'une famille qui comptait déjà un fils et deux filles et devait plus tard s'accroître de deux garçons. Son père était médecin de la marine mais avait pris sa retraite précocement pour s'installer comme généraliste à Lannion. Le jeune Félix, qui avait passé ses premières années à Plougastel, entra au collège de Lannion et se révéla un enfant à l'esprit vif et d'une grande précocité, réussissant en tout, toujours premier de la classe. Il commença le latin à six ans et acheva sa scolarité à douze. On le mit au lycée de Brest comme interne après avoir passé le concours des bourses à Quimper. Les examinateurs surpris par sa vive intelligence et sa maturité d'esprit lui posèrent des questions de plus en plus complexes auxquelles il répondit sans se troubler. Il occupa la première place au lycée comme il l'avait fait au collège. Le père et le fils avaient de longues conversations notamment quand Félix accompagnait son père dans ses tournées, tout particulièrement quand le médecin se rendait chez Renan, qui était son client. Le philosophe appréciait ce jeune homme plein d'un enthousiasme que modérait une maturité étonnante pour son âge. Les liens avec la famille du maître ne se relâchèrent pas et, à Paris, Le Dantec continua à être accueilli dans l'intimité des Renan. Quand fut élevé et inauguré, en 1903, à Tréguier, un monument à la mémoire de Renan, il assista à la cérémonie en gage de gratitude et d'amitié.

En 1881, Jules Ferry, en présence de Victor Hugo et d'Henri Martin, maire du XVIe arrondissement de Paris, posait la première pierre du futur lycée Jeanson-de-Sailly. Trois ans plus tard, l'établissement ouvrait ses portes à 484 élèves choisis parmi les plus brillants candidats des grands lycées provinciaux. Le Dantec y fit son entrée en mathématiques spéciales. Il eut comme professeur Émile Lacour (1854-1913) enseignant de haut vol qui inculquait à ses élèves le besoin de l'exactitude et la volonté d'approfondir. Cet enseignant influença Le Dantec qui lui vouait une profonde affection et une sincère reconnaissance. Il écrira à son sujet dans l'avant-propos de son ouvrage sur *Les influences ancestrales*, Paris, 1904 : *À l'âge où l'on est encore curable, vous m'avez guéri de la métaphysique héréditaire, vous m'avez appris à redouter l'emploi des mots qui ne sont pas parfaitement définis, et à prendre toujours comme point de départ les éléments mesurables des choses. Enfin, secret auquel bien peu furent réellement initiés, vous m'avez fait toucher du doigt la différence qu'il faut établir, dans l'étude de toutes les questions, entre le point de vue scientifique et le point de vue humain.*

De vos leçons, peut-être insuffisamment appréciées par mon intelligence de quinze ans, j'ai conservé cependant une empreinte indélébile, et maintenant que je prétends avoir trouvé dans la fixation des caractères acquis par l'expérience ancestrale, l'origine des croyances absolues contre quelques-unes desquelles vous m'avez mis en garde, vous devez accepter en partie la responsabilité d'un livre que beaucoup, même parmi les libres-penseurs, trouveront trop librement pensé, et où je me suis simplement efforcé, ainsi que vous me l'avez appris il y a vingt ans, de me soumettre sans réserve aux règles salutaires de la méthode scientifique.

En un an, Le Dantec avait atteint le niveau suffisant pour se présenter au concours d'entrée à Polytechnique. Mais il avait seize ans et la dispense nécessaire lui fut refusée. Restait l'École Normale supérieure. Celle-ci, moins intransigeante, délivra la dérogation et le jeune Felix entra à Normale premier de sa promotion. Le professeur de mathématiques qui l'impressionna le plus fut Charles Hermite (1822-1901), considéré à l'époque comme un représentant du platonisme mathématique, dont l'enseignement procurait un sentiment d'enthousiasme proche de la spiritualité qui, malgré l'absence d'attirance de Le Dantec pour le mysticisme, lui procurait une intense émotion et un profond respect. À cette époque, il se lia d'amitié avec Jules Tannery (1848-1910), mathématicien, élève de Charles Hermite. Bien qu'ils eussent des opinions philosophiques opposées, leur amitié n'en souffrit à aucun moment. Après avoir entamé des études de chimie, Le Dantec s'orienta vers les sciences naturelles. De cette année date sa rencontre avec le zoologiste et normalien Alfred Mathieu Giard (1846-1908). Giard, homme politique radical-socialiste, contribua à répandre en France les conceptions néo-lamarckiennes et darwiniennes. L'ascendant de ce maître fut considérable sur Le Dantec et lui apprit, à supposer qu'il ne l'ait pas déjà su, à lutter contre l'influence délétère du principe d'autorité.

Le Dantec est un acharné du travail à tel point qu'il souffre de surmenage et que le directeur de l'École écrit au ministre pour solliciter un congé pour cet élève qui a souffert d'une pneumonie suivie de troubles cérébraux dès la fin de sa seconde année. On a vu que le jeune Félix, alors que ses camarades mettent quatre ans pour assimiler le programme de l'École, l'acquiert en deux ans et demi !

Remarqué par Pasteur qui le recrute comme préparateur, dès sa sortie de Normale en septembre1888, il est affecté au service de la rage. Il côtoie pendant quatre ans une multitude de scientifiques attirés par le génie du maître. L'étude des bactéries à laquelle il se consacre exercera une influence décisive sur la suite de sa carrière et lui inspirera sans doute cette théorie fantaisiste d'un génome bactérien qu'il surnommera diathésique.

Breton épris de sa province, il apprit la langue celte que seul son père parlait dans la famille. Il voulut tout connaître de ces dialectes et se demanda même s'il n'allait pas abandonner la biologie pour se consacrer à la philologie.

En 1889, il atteint l'âge de partir à l'armée. Les normaliens doivent 12 mois de service militaire à la nation. Les relations militaires de sa famille lui permirent de partir au Tonkin, dans l'infanterie de marine. Son cousin, le général Charles Begin (1835-1901), commandait la division d'occupation de la Cochinchine. Il poursuivit ses observations entomologiques dans cet Extrême Orient qu'il ne connaissait pas. Un jour, alors qu'il observait des animaux au bord du lac d'Hanoï, il fut abordé par un passant intrigué de voir ce jeune homme examiner à la loupe les bestioles qu'il avait capturées. Ce personnage, c'était Auguste Pavie (1847-1925), originaire de Dinan, explorateur, diplomate et haut fonctionnaire. Pavie lui proposa de l'associer à son expédition au Laos. Le jeune Félix obtint les autorisations nécessaires et partit sur la Rivière Noire en vapeur d'abord puis en navires à fond plat. Le jeune homme, plein d'entrain, participait à toutes les expéditions qui pouvaient se présenter pour explorer ces territoires mal connus. Mais sa famille s'inquiétait et pressait le général Bégin de le faire rentrer. Le Dantec reçut donc l'ordre de regagner Hanoï. Le retour fut périlleux et s'effectua en pirogue avec un seul indigène. L'esquif chavira deux fois et Le Dantec arriva à Hanoï malade, hospitalisé pour une vraisemblable typhoïde. On le rapatria en France en si mauvais état que les médecins et les infirmiers qui s'occupaient de lui craignaient pour sa vie. Il finit par guérir. Il avait au moins gagné l'amitié de Pavie et publié, en 1891, des articles sur « La Rivière Noire » et « Les peuples de la Rivière Noire » dans les *Annales de Géographie : C'est à Laï Chau que se termine la partie française du cours de la rivière Noire. L'origine de ce fleuve était inconnue ; M. Pavie a pu obtenir, l'année dernière, des renseignements sur ses sources qui sont au nombre de cinq, dans le Yunnan et le Laos septentrional. La très grande surface du pays, dont ces cinq affluents primitifs et les affluents suivants recueillent les eaux, fait que le débit de la rivière est très considérable, bien plus que celui du fleuve Rouge, dont on la considère à tort comme un simple affluent. La même raison fait aussi que les crues de la rivière sont très rapides, car elle reçoit les pluies sur une région très vaste et les recueille en très peu de temps à cause de la grande inclinaison des pentes presque toutes abruptes. Le cours de la rivière Noire est très accidenté ; les rapides y sont très nombreux ; mais après la saison des pluies, il s'établit un régime de hautes eaux qui pourrait permettre la navigation avec des chaloupes à vapeur. Lao Kay sur le fleuve Rouge est au même niveau que Laï Chau ; or la différence de niveau entre ces points extrêmes et le confluent est, dans la rivière Noire, répartie sur une longueur bien plus grande que dans le fleuve Rouge. Le pays qui borde la rivière Noire est pauvre, car il est très accidenté et les plaines y sont très rares ; la population y est peu dense ; mais c'est surtout comme moyen de communication avec le pays du thé et les Sib-Song Pan-nha, que ce cours d'eau a de l'importance, et cette importance est indiscutable. De plus, les richesses minières de la région élevée sont très considérables, et il est à souhaiter que ces richesses soient exploitées le plus tôt possible.*

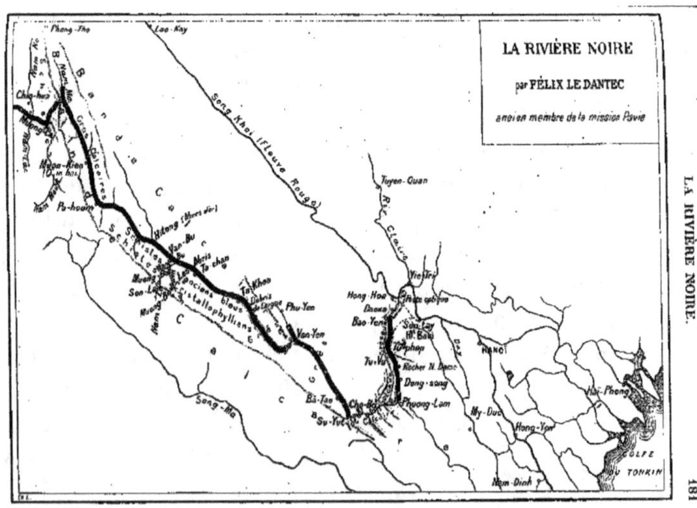

Il publie donc dans la même revue « Les peuples de la rivière Noire » : *L'eau du fleuve dans le Delta est rouge et chargée d'un épais limon ferrugineux ; pour pouvoir la boire, on la laisse déposer un jour après y avoir déposé quelques traces d'alun afin de favoriser la précipitation des argiles, pratique très analogue à celle qu'Hérodote attribue aux Égyptiens pour l'eau du Nil. L'eau de la Rivière noire au contraire est d'une limpidité absolue, au moins pendant la saison sèche. Or, de l'avis des Annamites, son eau est mauvaise, tandis que celle du delta est bonne, et ils ont naturellement attribué cette différence à la seule cause qui fut apparente pour eux, à la présence d'argile dans un cas, à son absence dans l'autre ; d'où cette pratique curieuse et absurde : quand ils sont forcés de quitter leur pays pour les régions montagneuses, ils emportent des boulettes d'agile du delta, et ils en délaient toujours, avant de se désaltérer, quelques parcelles dans l'eau trop claire des hautes rivières, à laquelle ils attribuent un pouvoir malfaisant, non pas comme nous à cause de la présence d'éléments nuisibles, mais de l'absence d'éléments nécessaires. On vend même au marché de Cho-Bo de ces boulettes de terre du Delta... En résumé, deux races seulement sont destinées à prospérer dans tout le pays que nous venons de traverser : les Annamites dans la région basse, les Thaïs dans la haute région.*

Cho-Bo (marché noir, marché de la rivière Noire), qui a acquis peu de temps après notre passage une triste renommée par un épouvantable massacre, est le lieu de réunion de toutes les races de la rivière Noire. Il s'y tient en effet un marché très important. Aussi la plus grande partie du village se compose d'aires plates abritées par des toits en feuilles de cardamomes et de bananiers. Sous ces toits hauts de deux mètres environ s'accroupissent les marchands Annamites qui vendent le tabac, la noix d'arek, le bétel, le poisson sec, les vases de cuivre et surtout le sel marin. Quelques Chinois établis dans le village vendent les produits plus compliqués de la civilisation européenne.

Les Manes apportent à Cho-Bo de l'indigo et de l'huile à laque ; les Thaïs du thé en feuilles, du thé en gâteaux pressés, des tubercules de cunao (plante tinctoriale) *qu'ils échangent surtout contre du sel marin. Ils emportent de grandes quantités de cette substance qui est considérée dans la haute région comme ayant des vertus médicinales très importantes, et est pour cette raison bien plus estimée que le sel gemme provenant du Yun-Nan. N'ayant pas de vases étanches pour le transport de ce sel, ils le mettent dans de grands paniers de bambou doublés de feuilles vertes de bananier, et arrivent ainsi à l'abriter à peu près contre l'humidité.*

En aval, il y a les sempans annamites en usage dans toute l'Indochine et d'autres embarcations bien plus légères appelées paniers. Le panier, long de 1,5 à 3 mètres, a la forme de la moitié d'un ellipsoïde allongé qui aurait été coupé suivant son grand axe, et est constitué d'un treillis de bambous serré, que laque intérieurement un enduit grossier mélangé de terre glaise. Cette barque légère mais peu stable, est conduite par deux Annamites accroupis à ses extrémités et qui manœuvrent chacun comme une pagaie un petit aviron de bois très court. Elle ne peut s'employer qu'entre Cho-Bo et le confluent, région dans laquelle l'eau est si calme qu'on a de la peine à s'y rendre compte du sens du courant.

Au-dessus du barrage, au contraire, sont les pirogues des Thaïs, embarcations bien taillées pour la marche, mais destinées pour une navigation pleine de dangers, car il y a entre Laï-Chau et Cho-Bo, un très grand nombre de rapides (Ta en Thaï), dont quelques-uns sont effrayants.

Une pirogue se compose d'un tronc d'arbre de 6 à 7 mètres de long, soigneusement évidé, mais gardant encore des parois assez épaisses pour résister à de grands chocs, et flanqué latéralement de deux planches aussi longues que lui qui augmentent le creux. À l'avant et à l'arrière, deux fortes pièces de bois se dressent d'environ 1 mètre au-dessus du bordage et sont destinées à amortir les coups, en même temps qu'à empêcher l'entrée de l'eau au passage des rapides. La partie médiane de la pirogue est recouverte d'un roof composé d'un treillis de bambous doublé de feuilles de cardamomes, et dont le rôle est de garantir les marchandises contre le soleil et contre la pluie.

La pirogue est manœuvrée par des hommes qui rament debout et faisant face à l'avant. Leurs avirons larges et solides sont attachés au moyen d'un anneau de liane à des montants de bois d'environ 50 centimètres de haut, fixés au bordage. Le quatrième et dernier rameur manœuvre en outre avec les pieds un très fort gouvernail.

À la montée, pour le passage des rapides, on traîne l'embarcation le long du bord de la rivière, en eau assez basse pour que la quille racle le fond ; mais qui à un moment déterminé nécessite un effort assez considérable. Cela n'est pas partout possible à cause de l'escarpement des bords. À la descente au contraire, la pirogue se lance au milieu du rapide, à l'endroit où l'eau est la plus profonde ; les rameurs nagent de toutes leurs forces pour lui donner une vitesse supérieure à celle du courant et permettre ainsi au gouvernail d'agir et au pilote d'éviter les écueils que sème le lit de la rivière. Cette descente est périlleuse et si on a le malheur de chavirer, il est bien rare qu'on puisse se sauver.

D'autres pirogues, qui ne viennent pas à Cho-Bo, sont employées sur certains affluents de la rivière Noire, sur le Nam-Ma par exemple. Ces pirogues sont identiques comme construction à celles que je viens de décrire, sauf l'absence de montants en bois le long des bordages ; les piroguiers manœuvrent ici leurs avirons comme des pagaies et non comme des rames, et se tiennent accroupis et non debout. Cette façon de naviguer peut-être moins fatigante en eau calme, serait insuffisante pour franchir des rapides aussi terribles que ceux de la rivière Noire car elle ne permettrait pas de donner un effort assez considérable.

Je ne crois pas qu'une seule pirogue ait jamais franchi le barrage du Cho-BO. Les Thaïs ne descendent pas au-dessous, et il semble que ce point soit sur la ligne qui servira de limite commune aux deux grandes races de la région, quand les Moïs auront tout à fait disparu.

Il reprit son poste de préparateur chez Pasteur et soutint sa thèse de doctorat à la Sorbonne le 14 mars 1891 : *Recherches sur la digestion intracellulaire chez les protozoaires,* sujet proposé par Metchnikoff. Dans ce travail, dédié à Pasteur, Le Dantec utilisait *avec beaucoup d'ingéniosité le virage d'un réactif colorant très sensible, l'alizarine sulfoconjuguée, à mettre en évidence une faible sécrétion d'acide dans les vacuoles digestives des amibes et des ciliés. Les conclusions de ce travail devinrent aussitôt classiques, et le jeune docteur-il avait tout juste vingt-deux ans-obtenait presque aussitôt la promesse d'une chaire magistrale, étant nommé pour la rentrée suivante chargé de cours à la Faculté des sciences de Dijon.* La même année, ce travail inaugural est reproduit in extenso dans le *Bulletin scientifique de la France et de la Belgique.*

Un an après que Le Dantec eut soutenu sa thèse, Pasteur perturba ces projets en l'envoyant au Brésil pour créer puis gérer un laboratoire d'études bactériologiques à Sao-Paolo. Au retour, il obtiendra les palmes académiques demandées par Pasteur. Le Brésil était la zone où sévissait la fièvre jaune. Il embarqua à bord de l'Orénoque en novembre 1892 et débarqua à Rio le 10 décembre de la même année. À l'époque on ignore tout de l'agent causal de la maladie que Le Dantec finit par contracter. Dans sa *Vie de Pasteur*, parue en 1900, René Vallery-Radot en parle : *Un normalien entré dès seize ans le premier à la grande École et devenu ensuite préparateur au laboratoire, M. Le Dantec, était au Brésil où il étudiait la fièvre jaune dont il faillit mourir*. Son retour en France en fut hâté.

En 1893, sur recommandation de Louis Liard (1846-1917), réformateur de l'enseignement supérieur, il fut envoyé comme maître de conférences à la Faculté des sciences de Lyon et contribua à l'étude de la faune des fonds marins du golfe de Gascogne. Ainsi, il participa avec René Koehler (1860-1931), à bord d'un navire, le Caudan, du 19 août au 1er septembre 1895, à trente-deux sondages effectués de Lorient jusqu'aux Pyrénées espagnoles. L'objectif de l'expédition était de réunir une collection d'échinodermes, de mollusques et de bryozoaires.

Il poursuivit les recherches débutées dans sa thèse en étudiant les Gromies, ces amibes entourées d'une petite coque chitineuse enveloppée d'un réseau irrégulier de cytoplasme, très communes dans les eaux douces : il mit en évidence chez elles un processus de digestion sans formation de vacuoles liquides contenant les particules ingérées. Mais Paris lui manquait. Il y revint, sacrifiant son poste à Lyon pour une situation subalterne de simple préparateur, grâce à un échange de poste avec Maurice Caullery (1868-1958) qui profita de l'aubaine, l'échange contre une place de maître de conférences en zoologie ne se refusant pas, bien que les normaliens fussent mal vus à Lyon.

Il profitait des vacances universitaires pour retourner à son cher Ty Plad, maison plate, au nord de Lannion, sur le territoire de Pleumeur-Bodou, à proximité de Trégastel et de Perros. Au large, on y découvrait les silhouettes basses des Triagoz, archipel des Côtes-d'Armor, et des sept îles dont l'île aux Moines, paysages mélancoliques, brumeux et apaisés.

Le retour à Lyon coïncide avec une activité éditoriale foisonnante : deux ouvrages par an, production qui lui vaut une réputation mondiale.

En revanche, il renonce définitivement à la science expérimentale pour se consacrer à la philosophie biologique.

La matière vivante paraît en 1894 : après avoir fustigé l'anthropomorphisme qui promouvait un principe vital entité surnaturelle, cette publication reprend notamment une idée de Huxley à propos de la vase des fonds marins que le naturaliste anglais dénomme *Bathybius haeckelii* pour célébrer Ernst Haeckel qui voyait dans ce limon originel la source de toute vie. *La théorie nouvelle de la vie,* publiée en 1896, s'attire la critique d'Alfred Binet (1857-1911) qui dénonce chez l'auteur une fâcheuse tendance à échafauder des théories qui ne reposent pas souvent sur des faits avérés. Le refus par Le Dantec d'apporter le moindre intérêt à la mitose l'illustre parfaitement. Cependant Giard le soutient, le considérant comme un élève d'élite et conseillant la lecture de l'ouvrage. Il félicitait *M. Le Dantec d'avoir résumé en quelques pages, merveilleusement claires et précises, ce que nous savons aujourd'hui sur le mécanisme de la matière vivante élémentaire. D'ailleurs le livre que nous nous faisons un plaisir de présenter au public est plus et mieux qu'un simple compendium. Il renferme une large part d'originalité. Par des expériences ingénieuses et conduites avec une habileté et une ténacité dont nous pouvons témoigner ici, M. Le Dantec a résolu d'une façon très satisfaisante le problème de la nutrition du protoplasme, de son accroissement, de sa motilité, etc.*

Son travail sur la bactéridie charbonneuse en 1897 lui permet de concilier Darwin et Pasteur. La même année, il publie *Le déterminisme biologique,* qui connaîtra plusieurs rééditions. Celle de 1912 sera critiquée par le juriste Jean Halleux qui lui reprochera son athéisme et son monisme et, en somme, de combattre une philosophie qu'il ne connait pas. En 1898, paraît *L'individualité et l'erreur individualiste,* ouvrage qui mêle biologie et philosophie mais ramène tout chez le vivant à l'assimilation et à la reproduction, ce qui n'est pas du tout extravagant.

Évolution individuelle et hérédité, éditée en 1898, connaîtra une seconde édition quinze ans plus tard dont nous reparlerons.

La dernière publication de notre auteur à la fin du XIXe siècle a pour titre : *La sexualité*, Paris, 1899. La détermination du sexe lui échappe totalement et s'il décrit correctement la pénétration de l'ovule par le spermatozoïde, il attribue la détermination du sexe du produit de cette fécondation à des facteurs nutritionnels.

Sa première publication à l'aube du XXe siècle paraît dans la *Revue encyclopédique* et s'intitule Pasteur Darwiniste. Il conclut que le lamarckisme concerne le macroscopique et le darwinisme, le microscopique.

Ses deux principaux écrits concernant ses convictions religieuses seront *Le Conflit, entretiens philosophiques* datant de 1901 puis *L'athéisme* en 1907.

L'entomologiste Constant Houlbert (1857-1947) rapportera cette anecdote qui dépeint bien le travailleur acharné et désintéressé que fut Le Dantec : *Je lui fus présenté par un ami commun et crus devoir, comme entrée de conversation, lui parler en termes... plutôt approbateurs, de l'un des derniers ouvrages qu'il venait de publier : La stabilité de la vie. Il me répondit très brusquement : Comment, vous perdez votre temps à lire ces choses-là. Je ripostais sur la même corde : Pourquoi pas, puisque vous avez perdu votre temps à les écrire ! Il sourit amicalement et reprit : Oh ! moi, ce n'est pas la même chose ; j'écris pour me distraire.*

Dénué d'ambitions, hostile aux intrigues, pas le moins du monde arriviste, il se contente de son poste de préparateur et d'une tribune au Collège libre des sciences sociales où, deux fois par semaine, il vient exposer ses conclusions sociologiques à propos de ses travaux de biologie générale. Il lui faudra attendre le 24/08/1899 pour obtenir l'investiture officielle qui l'autorise à donner des leçons aux étudiants dont cinq seulement s'inscrivent la première année. On lui confie donc un cours complémentaire d'embryologie à la Sorbonne. Les qualités de son enseignement font qu'il recueille un franc succès. Le Recteur Louis Liard (1846-1917), ancien normalien également, lui obtient en 1902, une chaire d'embryologie générale, créée pour lui, à la Faculté des sciences. L'intitulé de ce cours sera modifié en 1908 et deviendra cours de Biologie générale. Le Dantec pendant quinze années consécutives, va présenter devant un public fidèle et passionné non seulement ses découvertes en embryologie mais aussi ses conceptions en biologie. Néanmoins, malgré sa passion pour la parole et l'écrit, la maladie triomphe de son courage. Tout commence par une perte de poids suivie d'une pleurésie sévère en 1900. Un séjour au sanatorium de Hauteville le rétablit. C'est à cette époque qu'il écrit *Le conflit*, paru en 1901, qui relate ses entretiens avec un prêtre, voisin de chaise longue dans les galeries du sana, portant sur l'athéisme et la religion. Pendant quinze ans, on le crut guéri. Mais, alors qu'il souffrait d'un refroidissement attrapé à Ty Plad, il réintégra le sanatorium de Hauteville.

En 1902, il publie *L'unité dans l'être vivant*... puis, coup sur coup, en 1903, les *Limites du connaissable* et les 582 pages du *Traité de biologie*.

En 1903, le peintre Théo Van Rysselberghe (1862-1926), représente sur une peinture à l'huile intitulée *La Lecture*, exposée au musée des beaux-arts de Gand, huit personnages dont Félix Le Dantec, assis, le plus à gauche. Le poète belge d'expression française, Émile Verhaeren (1855-1916) et son veston rouge, la main droite levée, est figuré de profil. Le critique d'art, journaliste et anarchiste Félix Fénéon (1861-1944) debout, est accoudé à la cheminée, une cigarette entre les doigts de la main gauche. Le poète symboliste Francis Vielé-Griffin (1864-1937), proche de Mallarmé, est assis devant et à la droite de Fénéon. De dos, sans doute, le peintre pointilliste et libertaire Henri-Edmond Cross (1856-1910). Les écrivains André Gide (1869-1951) et Maurice Maeterlinck (1862-1949) sont installés sur des fauteuils à l'extrême droite du tableau. Le médecin et écrivain Henri Ghéon (1875-1944), ami de Gide, poète, auteur dramatique et critique littéraire, a les bras croisés sur le dossier d'un siège.

En 1904, ce seront *Les lois naturelles* à propos desquelles le zoologiste Gustave Loisel (1864-1933) écrira : *L'on y notera au passage quelques-unes de ces phrases qui renferment en elles toute la substance d'une doctrine : « La science nous permet de tirer parti de l'expérience ancestrale, l'intelligence nous permet de tirer parti de notre expérience personnelle ».*

« La logique est l'instinct par excellence ; c'est le résumé héréditaire de l'expérience ancestrale, la quintessence de cette expérience prolongée pendant des milliers de siècles au nom desquels nos ancêtres se sont frottés au monde extérieur ». Il ajoute : *Plus Le Dantec produit, moins il nous apparaît biologiste et pourtant ses ouvrages semblent devoir servir de plus en plus à l'éducation générale des biologistes, à leur culture philosophique.* La même année paraissent *Les influences ancestrales.*

Il épouse, à Paris, le 18/10/1905, à la mairie du VIe arrondissement, Yvonne, Sarah, Marie, Jeanne Le Gros. Il y aura un mariage religieux à l'église de Saint Germain des Prés le lendemain.

En 1907 : *Éléments de philosophie biologique ; De l'homme à la science.*

En 1908 : *Science et conscience.*

Cette année-là, Giard meurt. Le Dantec espère lui succéder et compte sur l'appui de Liard qui voudrait donner une tournure philosophique à cette chaire ; Caullery n'est absolument pas de cet avis ! Finalement, Le Dantec se récuse avec un sentiment de dégoût vis-à-vis de Caullery, qui, détail prosaïque, souffre d'hémorroïdes qu'il a fait examiner au rectoscope par Raoul Bensaude (1866-1938) puis opérer par Henri Hartmann (1860-1952). Tout ça pour ça !

Dans le tome XLII du *Bulletin scientifique de la France et de la Belgique*, en 1909, Le Dantec consacre 11 pages à la notice nécrologique de son maître, qu'il considère, avec le médecin, naturaliste et journaliste Henri Crosnier de Varigny (1855-1934), comme le prince de la Biologie française. Illusoire distinction que les progrès de la génétique rendront obsolète, au point que le nom de Giard a disparu des dictionnaires biographiques. Seule la giardiase perpétue le nom du célèbre entomologiste. Ce protozoaire flagellé, de la famille des Octomitidés, parasite de l'intestin dont on attribue la description à Giard, cause d'une diarrhée, notamment dans les pays chauds.

Néanmoins, on trouve dans ce dernier hommage de Le Dantec, des phrases comme celle-ci : *Ce qu'il y avait d'extraordinaire dans Giard, c'était Giard lui-même ; il n'a pas laissé un seul monument vraiment digne de lui. Peut-être d'ailleurs ne s'en souciait-il pas. Il aimait mieux aller rechercher une joie de plus dans une observation nouvelle, que de fixer, pour les autres, les brillantes déductions qu'avaient suggérées à son génie l'observation précédente... il avait parfois la dent dure... il était trop intelligent... DARWIN, mâtiné de RENAN ; voilà, je crois, la définition qui conviendrait le mieux à GIARD... fervent disciple de LAMARCK... il aimait mieux la méthode de DARWIN... GIARD avait au plus haut point cette sagacité qui fait le vrai naturaliste philosophe, celui pour lequel un fait n'est pas important par lui-même, mais par l'idée qu'éveille sa comparaison avec d'autres faits... Au moment où il défendait une opinion, il ne pouvait s'empêcher de remarquer les côtés séduisants de l'idée contraire ; et en cela il ressemblait vraiment à RENAN, que d'ailleurs il n'aimait pas...* Ses adversaires lui reprochaient son manque de caractère sauf pour les problèmes relevant de sa spécialité. Encore un trait de caractère qui le rapprochait de Renan qui disait à ce propos : *Il faut que j'estime bien profondément un homme pour prendre la peine de le contredire ; quand j'ai un interlocuteur médiocre, je trouve plus commode d'être de son avis.* La dernière phrase de Giard aurait pu être prononcée par Renan : *Le culte du beau dans la nature nous conduit à la pratique du bien, et nous collaborons au grand œuvre de l'heure présente, l'établissement de la religion de l'avenir... Il était morphologiste jusqu'aux moëlles, et c'est pour cela que, naturellement, il donnait le pas à la morphologie, sur toutes les autres branches des sciences biologiques...* Il fut un partisan des transformistes qui, opposés aux fixistes, pensaient que les espèces évoluaient et un défenseur de Lamarck puis un partisan de Mendel et de ses épigones : Hugo Marie de Vries, Carl Correns (1864-1933), Erich Tchermak von Seysenegg (1871-1962), William Bateson (1861-1926)... Le Dantec déplore que Giard ait disparu *sans avoir eu le courage de s'atteler à un ouvrage de biologie générale* qui aurait couronné sa carrière.

En 1909 paraît : *La crise du transformisme.*

En 1910 : *La stabilité de la vie ; De l'évolution des espèces. L'égoïsme...*, *Le Chaos...* en 1911.

En 1912 : *La métaphysique.* En 1913, la seconde édition d'*Évolution individuelle et hérédité*, dans laquelle il reconnait que son interprétation purement mécanique de la physiologie humaine était puérile. La même année, il publie un petit traité intitulé *La mécanique de la vie* dans lequel il mentionne la découverte par Bordet des anticorps et du complément.

En 1914 : *Considérations biologiques sur le cancer*, 53 pages ; *La biologie*, en 1915, fascicule de 19 pages ; enfin *Souvenir* dernier ouvrage édité après sa mort en 1918. Signalons le seul livre illustré de 88 figures publié chez Larousse : *La définition de la science, entretien philosophique*, Paris, 1903.

Selon Jacques Moreau, qui établira une liste suivant l'ordre chronologique des articles de Le Dantec parus dans des publications périodiques, on dénombre 150 communications de 1890 à 1917. Parmi ces revues figurent les *Annales de l'institut Pasteur*, les *Annales de géographie*, le *Bulletin scientifique de la France et de la Belgique*, les *Comptes rendus de l'Académie des sciences*, la *Revue générale des sciences*, la *Revue philosophique*, la *Revue scientifique*, les *Comptes rendus et mémoires de la société de biologie*, la *Revue encyclopédique*, la *Revue blanche*, le *Mercure de France*, la *Revue du mois*, la *Grande revue, Biologica.* D'autres travaux ont été publiés dans des dictionnaires ou des encyclopédies comme la *Grande encyclopédie*, le *Larousse mensuel*, le *Nouveau Larousse illustré.*

Mais la Bretagne lui manquait. Il s'engagea à l'hôpital militaire de Lannion comme infirmier volontaire. L'hiver arrivant, il retourna à Paris. Loin de se reposer, il intégra le service de sérothérapie anti typhique de Hyacinthe Vincent (1862-1950) au Val-de-Grâce. Il y travailla deux années. En 1914, il fut récusé pour partir aux tranchées par le conseil de révision, ce qui le contraria fortement. Toujours animé par ce besoin de servir, il décida de reprendre ses cours de la Sorbonne mais sa santé se dégradait, il ne dormait plus, souffrait d'une intense asthénie et il jeta ses dernières forces dans la rédaction de ses deux derniers ouvrages : *Savoir* et *Le problème de la mort.* Le dévouement de son épouse à laquelle il cachait son véritable état lui apporta quelques soulagements. Après des derniers moments dramatiques, il mourut le 6 juin 1917. Sa mère lui avait dissimulé que son frère, chef de bataillon d'infanterie, avait été retrouvé mort, le corps criblé de balles, accroché dans les barbelés, à Craonne, Chemin des Dames, peu avant qu'il ne meure lui-même.

Que Le Dantec se soit interrogé à propos d'innombrables problèmes et que sa tournure d'esprit lui ait fourni des réponses originales, ça ne fait aucun doute. Nous avons affaire à un philosophe naturaliste qui, en son temps, avait raison sur bien des points. Sa carrière a connu plusieurs étapes. La première est celle d'un naturaliste. La seconde correspond à l'œuvre d'un biologiste et enfin, la dernière, est intriquée à son travail de physiologiste. C'est le philosophe qui transparait mais avec la rigueur du scientifique.

Son travail inaugural date de 1891. Il avait 21 ans. Il est probable que ce travail lui fut suggéré par Elie Metchnikoff (1845- 1916). Il portait sur la *Digestion intracellulaire chez les protozoaires.* Il démontre par une série d'expériences inventives qu'il interprète intelligemment, que les amibes et les paramécies phagocytent les particules dont elles se nourrissent dans des vacuoles qui renferment une substance acide qui digère ces particules et leur permettent d'être assimilées dans le protoplasme. À la suite de ce travail, il publie en 1892 dans les *Annales de l'Institut Pasteur* une étude sur la *Symbiose des algues.*

En 1895, les éditions Masson à Paris, éditent *La Matière vivante*, préfacé par Alfred Mathieu Giard. Il y traite des problèmes de l'irritabilité et du mouvement chez le vivant en rejetant d'emblée l'interprétation attribuant ces phénomènes à un principe supérieur et immatériel présent dans la matière inanimée soumise à des lois universelles. Il s'attaque au problème de la vie chez les animaux supérieurs et conclut qu'ils sont réductibles à des phénomènes chimiques. Giard, dans sa préface, congratule Le Dantec pour avoir démontré par la science expérimentale que la vie n'est pas soumise à un prétendu principe vital mais se ramène à des phénomènes physico-chimiques siégeant dans les cellules. Claude Bernard fut le promoteur de cette théorie : *Les forces physiques ou chimiques agissent dans les organismes comme dans le monde minéral ; que tout phénomène reconnaît une ou plusieurs causes nécessaires et suffisantes pour en amener la production.* Le Dantec parlait de plastides, dénomination employée par Thomas Huxley (1825-1895) pour désigner des cellules formées seulement par une petite masse de protoplasme sans membrane cellulaire. Il croyait au rapport déterminé *entre la composition chimique des substances vivantes et la forme d'équilibre de leur vie élémentaire manifestée.*

La période naturaliste de l'auteur de *La Matière vivante* se termine avec cet ouvrage. Entraîné par son attitude mécaniste et son implacable rigueur de logicien, il affirme : *Au point de vue objectif, un reflet est quelque chose ; la conscience n'est rien. Nous ne connaissons aucune propriété objective qui ne joue un rôle dans l'équilibre universel ; nous ne pouvons donc comparer à aucune de ces propriétés, la conscience n'en joue aucun.*

Alors qu'il reste d'un rationalisme rigoureux mais qu'il s'est éloigné des travaux de laboratoire, ses ouvrages sont inspirés des travaux de ses collègues où il puise leur contenu, stimulé par sa fabuleuse imagination. Il participe ainsi à la réforme de l'enseignement secondaire de 1902 qui accorde une plus grande place aux sciences. Il reste fidèle à ses convictions anticléricales, et ne renie pas son passé de biologiste, de pasteurien et de néo-lamarckiste. Pour lui, l'enseignement ne peut être que libre et laïque. Ainsi il écrit dans son *Traité de Biologie* paru en 1903 : *À cette question de la liberté de conscience se lie étroitement celle de la liberté d'enseignement. De même que les goélands aiment à se réunir sur une même plage parce qu'ils se ressemblent, de même les êtres imbus d'une même conviction religieuse ont du plaisir à se retrouver semblables chez leurs voisins, et, comme ces convictions s'inoculent dans le jeune âge, ils réclament la liberté de les inoculer au plus grand nombre d'enfants possibles. Mais on peut se demander à quel âge l'homme commence à avoir droit à cette liberté qu'il réclame à grands cris ; car si ce droit commence de bonne heure, la société peut intervenir pour protéger celui des enfants que l'on inféode ordinairement à telle ou telle religion, en profitant de ce que leur raison n'est pas encore ouverte, et en faisant luire à leurs yeux émerveillés l'avantage incontestable de devenir immédiatement plus savants que les grands philosophes. Il est curieux que les Anglais, qui poussent le respect de la liberté individuelle jusqu'à ne pas vouloir rendre la vaccine obligatoire, donnent de même à leurs enfants une instruction religieuse dont le résultat est bien plus durable que celui de la vaccine.*

Aux époques théocratiques, alors que la loi sociale n'était que l'écho d'un système religieux, il était naturel que l'on apprît aux enfants les parties essentielles de ce système religieux. Il n'en est plus de même aujourd'hui, puisque l'on voit les gens hésiter entre leur devoir et leur foi...

Le respect le plus réel de la liberté des individus consisterait à élever les enfants en dehors de tout système religieux, à s'avouer franchement que leur raison est encore trop peu développée pour qu'ils puissent aborder les grands problèmes de la cosmologie avec quelque critique, et à leur enseigner uniquement, pour développer leur raison, les vérités indiscutables, comme celles des mathématiques, de la géographie, de l'anatomie, etc.

Plus tard, ils seraient peut-être à l'abri, grâce à cette éducation saine, de toute tendance métaphysique ; mais dans tous les cas, s'ils arrivaient à se poser quelques questions extra-humaines, ils auraient plus de chances de comprendre leur erreur.

Il est bien certain aujourd'hui que toutes les religions quelles qu'elles soient, ont donné à l'homme des explications erronées et enfantines ; elles se sont propagées parce qu'elles étaient à la portée des plus naïfs et qu'on en a nourri les enfants ; aujourd'hui que leur insignifiance est reconnue, on demande, au nom de la liberté, le droit de continuer à en faire la base de l'éducation ; c'est vouloir donner trop d'importance au respect de l'erreur. La société, qui, en échange de l'obéissance aux lois, protège les individus, a également le devoir de protéger les enfants contre cette sophistication prématurée de leur cerveau.

Dans *Les limites du connaissable*, Paris, 1903, pour lui, les humains sont des marionnettes chez lesquels tout est fatalement déterminé selon les lois de la mécanique. Quant à la conscience, elle accompagne certes beaucoup de ces activités, mais elle ne les détermine pas. Loin de nier l'activité intellectuelle de l'humanité, loin de rejeter les découvertes remarquables de certains savants, loin de désavouer les talents de l'orateur pour soulever les foules, Le Dantec imagine un monde privé de conscience. Croire dans ces conditions à la liberté de nos décisions est une totale illusion. En effet l'existence de la liberté nécessiterait l'existence de commencements absolus, ce qui n'est pas compatible avec le déroulement éternel des équilibres mécaniques de l'univers. Marionnettes, pantins, polichinelles, automates, tels sont les humains ! Toute cette société élaborée par l'humanité repose sur l'égoïsme. Accablé par sa maladie et par la guerre, son dernier livre dénonce l'échec de la morale traditionnelle et la victoire de l'hypocrisie. À titre personnel, il ne s'abandonnait ni au pessimisme ni à la mélancolie, revendiquant une existence heureuse. Il s'était donné comme objectif de libérer la biologie de tout verbalisme trompeur. Il y est parvenu par une critique clairvoyante des erreurs anthropomorphiques qui résultaient de l'emploi d'un langage imprécis trop souvent axé sur un rapport de finalité pour expliquer objectivement les phénomènes vitaux et qui localise une mentalité humaine dans tout corps vivant. Là où notre personnalité entre en jeu, une attitude indépendante est malaisée ; or la science est impersonnelle. Malheureusement, il s'est laissé enfermer dans le corset étouffant d'une opinion a priori dont il sera prisonnier. Cependant, il ne prétendit pas que la science n'ai jamais pu se substituer à Dieu, la véritable science et les religions, n'ayant aucun point d'occurrence, aucun vocabulaire commun qui leur permit de communiquer.

En page 3 de son numéro du vendredi 8 juin 1917, 63e année de sa parution, le Figaro annonce : *Mort de Félix Le Dantec. On annonce la mort de M. Félix Le Dantec, docteur ès sciences, chargé du cours de biographie* (sic) *à la Sorbonne. Né dans le Finistère, à Plougastel Daoulas, en 1869, M. Félix Le Dantec, avait été admis à l'École Normale en 1885 ; il entra ensuite à l'Institut Pasteur, où il demeura jusqu'en 1892. L'année suivante, il fut envoyé par Pasteur, qui s'intéressait à ce jeune savant, en mission au Brésil pour l'étude de l'épidémie de fièvre jaune de Santos. À son retour, il était nommé maître de conférence à la Faculté de Lyon (1893), puis chargé du cours d'embryologie générale à la Sorbonne en 1899. Il y occupait, quelque temps après, la chaire de biologie, qu'il aura gardée jusqu'à sa mort.*

Le nom de Le Dantec ne demeurera peut-être attaché à aucune grande découverte scientifique. Il n'en est pas moins certain que sa grande puissance de travail, la valeur pédagogique de son enseignement et la variété encyclopédique de ses connaissances lui assuraient une influence et une notoriété réelles. Le nombre des ouvrages qu'il a écrits est considérable et si l'on a pu lui reprocher de s'être constamment satisfait trop aisément des réponses qu'il apportait aux problèmes les plus malaisément solubles de la science, on ne peut lui refuser le mérite d'avoir abordé les plus difficiles questions avec une constance et une loyauté incontestable. Ses premiers ouvrages -il avait publié en 1896 à vingt-sept ans, sa « Théorie nouvelle de la vie »- étaient plus spécialement destinés au monde scientifique. Il en écrivit plus tard beaucoup aussi qui, sans être ce qu'on appelle proprement des œuvres de vulgarisation, s'adressaient cependant au grand public et à qui leurs prétentions, plus philosophiques que scientifiques, donnaient un véritable caractère d'apostolat. C'est cette partie de son œuvre qui a fait le plus de bruit autour de son nom et suscité aussi les plus vives critiques. Le mérite de ses véritables travaux scientifiques, plus discret sans doute, sera assurément plus durable.

La cérémonie religieuse aura lieu demain 9 juin, à midi, à l'église Saint-Pierre de Montrouge.

L'inhumation se fera à trois heures, au cimetière Saint-Denis (sic), *à Versailles.*

Le 10 juin 1917, l'*Action Française* consacre une notice nécrologique à Le Dantec, mort quatre jours auparavant : *Le philosophe et le savant qui le premier ait appliqué à l'étude des êtres vivants les méthodes qui avaient servi jusque-là pour l'étude des corps bruts ; qui se flattait d'être arrivé à raconter tous les phénomènes vitaux objectifs dans le « langage général de l'équilibre » et que les étrangers tenaient pour l'égal de Comte... Félix Le Dantec vient de mourir. La suite de l'article est empruntée à Charles Le Goffic, dont il était l'ami le plus cher, et qui met en lumière dans la « Liberté » le studieux caractère de cet étrange matérialiste intégral, que nous citons plus loin...*

Le 13 juin 1917, le *Bonnet Rouge*, quotidien républicain du soir, journal à fort tirage, publie une nécrologie de Le Dantec. Ce journal est fondé par Eugène Vigo, dit Miguel Almereida (1883-1917) photographe, militant anarcho-syndicaliste, antimilitariste et anarchiste, puis socialiste, père du cinéaste Jean Vigo. Pour propos anti militaristes et incitation à la désobéissance civique, il est incarcéré à Fresnes et son journal est interdit. Il est retrouvé étranglé par un lacet dans sa cellule le 14 août 1917 : crime ou suicide ? Il avait assisté au meurtre de Jaurès au café du Croissant mais se rallia néanmoins à l'Union Sacrée dès la déclaration de guerre.

L'article du *Bonnet Rouge* s'intitule *Le Dantec et les prêtres : Le Dantec qui est mort il y a une quinzaine fut accompagné à sa dernière demeure par des prêtres catholiques.*

Les cléricaux triomphèrent. L'œuvre entière du savant et du philosophe est un démenti formidable opposé aux dogmes de l'Église romaine. Il avait donc renié ses convictions en mourant ! l'Église avait conquis un agonisant ; elle ajoutait un cadavre à ceux qu'elle a déjà incorporés.

Les curés et leurs plumitifs devront en rabattre.

Un journal qui n'est pas suspect d'anticléricalisme, bien qu'il soit dirigé par un universitaire israélite, Le Cri de Paris, nous dit quelles étaient les pensées profondes de Félix Le Dantec-, et l'Église n'a pas à se réjouir de ces révélations :

Félix Le Dantec est mort, dit le Cri de Paris. Les journaux, trop occupés par la guerre, ont enterré en quelques lignes ce grand savant, qui ne voulait pas qu'on dise de lui qu'il était un philosophe et qui se dénommait lui-même plus simplement biologiste.

On n'a pas manqué naturellement d'observer que ses obsèques avaient été religieuses. Or Le Dantec était athée, mais aucun esprit n'était plus libéral.

Il y a deux ans, exactement en juillet 1915, un de nos amis eut avec lui une conversation, où l'on parla des grands problèmes de la vie, de la mort et de la guerre. Atteint d'une maladie incurable, Le Dantec se savait condamné et ne se donnait pas plus de deux ans d'existence.

Je suis né athée ; dit-il. Je mourrai donc athée. Et cependant, je laisserai conduire ma dépouille à l'église. Je ne veux pas que ma femme qui est une croyante, ait sa foi empoisonnée par ce souvenir...

Il en va de même de la plupart des pseudo-conversions « in extremis » que l'Église se plaît à enregistrer.

Onze jours après sa mort, un étrange article paraîtra dans la *Tribune de Lausanne* sous la plume d'un prolifique auteur de théâtre bien oublié de nos jours, Albin Valabrègue (1853-1937) intitulé : L'agonie du matérialisme. Après avoir rappelé que la religion apporte la foi et l'espérance, que l'athéisme et le matérialisme anéantissent, il fait grief au défunt d'imaginer qu'il détient la vérité, que cette vérité est lamentable et que son existence est en contradiction totale avec ses convictions. *M. Le Dantec oublie,* précise Valabrègue, et *l'oubli n'est pas mince, que nous avons constaté « officiellement » en France la faillite de la morale quelques années avant la guerre.* L'auteur dont la piété judaïque ne fait aucun doute, pas plus que la bonne foi, est convaincu qu'en passant de l'Église seule à l'école sans Église la morale a perdu sa sève. Et de citer Spinoza pour qui on triomphe de ses passions non pour accéder aux béatitudes mais bien au contraire que c'est l'accès aux béatitudes qui nous permet de triompher de nos passions. L'auteur termine ce pamphlet par une superbe envolée dans laquelle on devine l'auteur de pièces et d'opérettes à succès : *Je dirai qu'à la morale va succéder la sur-morale, si cette expression n'était pas de nature à rabaisser un passé dont les hommes ne veulent voir que les crimes, les erreurs et les tares au lieu de le juger d'ensemble et de comprendre, qu'il a créé l'homme social, l'homme de devoir, qu'il a donné à nos pères, dans la majesté des temples, des consolations, des espérances, des promesses, que la science provisoire a effacées, mais que les sciences de demain, les sciences psychiques, sans cesse en progrès, rétabliront en faisant la preuve. Ainsi les espérances deviendront des certitudes et notre vie illimitée se déroulera devant nous, avec ses perspectives grandioses et dans l'enveloppement magnifique de l'immortalité.*

Le dimanche 17 juin 1917, le journal *Le Cri de Paris,* publie en page 9, la notice nécrologique de Félix Le Dantec reproduisant une partie de l'article du *Bonnet Rouge* paru quatre jours auparavant. On pouvait y lire sous le titre *Un voyant :... Je mourrai sans rien regretter de ma vie, ajouta-t-il après un silence, car la science m'a donné toutes les joies qu'il est permis à un homme de connaître et j'ai dit tout ce que j'avais à dire. Il n'y a qu'une chose qui m'ennuie, c'est que je ne verrai pas la fin de la guerre.*

Non, je ne verrai pas la solution provisoire de cette révolution mondiale. Elle remue trop de choses pour pouvoir aboutir, en peu de temps, à un dénouement, qui même ne saurait être définitif... N'en doutez pas, le feu va encore gagner de proche en proche, et tous les peuples, ceux d'Europe comme ceux d'Amérique, seront emportés dans le tourbillon.

Avant deux ans, l'idée d'une Allemagne victorieuse deviendra insupportable à l'âme américaine. Et M. Wilson lui-même que je ne connais pas, mais qui me fait l'effet d'un démocrate, d'un homme de liberté, se mettra à la tête du mouvement.

Et pour le tsarisme, croyez-vous que ce régime puisse survivre à une pareille secousse ? Moi pas ! Je ne serais pas surpris s'il était emporté avant la fin. Et ce sera tant mieux ! Car, voyez-vous, le tsarisme c'est le poids lourd que les Alliés traînent avec eux.

Et l'Allemagne ? demanda notre ami. Y croyez-vous une révolution possible ?

Non ! répondit le savant, nettement. Le cerveau de l'Allemand est serf de naissance. Voyez leurs savants...

Et Le Dantec dit beaucoup de mal des savants allemands.

C'est à la une de *L'Ouest-Éclair* du 19 juin 1917 que paraît un article signé du journaliste Jean des Cognets (1883-1961) intitulé : *Sur la tombe de Félix Le Dantec.* Il mérite d'être reproduit dans son intégralité car il résume le personnage de Le Dantec, sa carrière et son œuvre : *La Bretagne a perdu un de ses fils illustres qui l'aimait le plus passionnément, et moi le plus sûr et le plus affectueux des amis. L'image funèbre de Félix Le Dantec, étendu sur son lit de mort est encore toute vive en moi, et n'est pas près de s'y effacer. Les prières de ceux qui l'aimaient entouraient, sans l'importuner, son agonie stoïque. Il semblait que la religion, avec une grave pitié, regardait mourir cet athée sans haine. Seule sa pensée restait vivante et le veillait, seule, dans ses dernières souffrances, lorsqu'il eut clos ses yeux et qu'il se fut enfoncé d'avance, par un décret de sa propre volonté, dans le silence éternel. Il n'avait pas souhaité pour le grand passage, d'autres lumières que sa raison, qui n'éclairait pour lui au-delà du tombeau que d'impénétrables ténèbres. Son désir fut accompli. Mais l'église, du rivage, l'accompagna comme ses pères, de ses chants qui, depuis tant de siècles consolent la douleur humaine.*

Après des ouvrages de science pure, son livre sur l'Athéisme fit, en son temps, un grand éclat et de certains ravages parmi les gens de demi-culture. Il n'avait pas recherché l'éclat et il fut toujours étonné des effets. J'avoue que je partage encore son étonnement. Jamais livre ne prétendit moins à être une démonstration objective. Il l'affirme lui-même à diverses pages : « Je suis assez sage pour me dire, avec M. de la Palisse, que, si je ne crois pas en Dieu, c'est que je suis athée ; c'est la seule bonne raison que je puisse donner à mon incrédulité... N'est pas croyant qui veut ! J'ai été obligé ne pouvant être croyant, de faire de grands efforts pour me raconter les choses d'une manière convenable ; j'y ai pris du moins beaucoup de plaisir, et cela n'est pas vain : j'ai été payé de ma peine ». Et, plus loin, dans la réponse aux objections de son ancien maître de l'École normale, Jules Tannery : « Évidemment je tourne dans un cercle vicieux, et je ne démontre rien à personne. » Ses preuves démontrent, simplement, que Félix Le Dantec ne croyait pas en Dieu, parce qu'il s'était fait une règle essentielle de limiter la connaissance de l'homme aux doses « susceptibles de mesure » et que Dieu ne s'exprime pas en langage mathématique.

Jamais livre ne fut plus exempt de tout esprit de prosélytisme : « Je resterai athée après l'avoir fini et le lecteur aussi, s'il l'était ; sinon il restera croyant, comme devant ; le plus curieux serait qu'un athée l'ayant lu devînt croyant ; mais cela n'est pas impossible, car beaucoup d'athées n'ont pas voulu voir toutes les conséquences de l'athéisme ; or je n'en déguiserai aucune, et il en est qui ne sont pas pour plaire à tout le monde ». Ajoutons que son athéisme était soigneusement expurgé de tout sectarisme anticlérical.

Aussi fallait-il voir les belles colères où le jetaient les lettres de ses adversaires naïfs qui sans avoir sans doute beaucoup approfondi le monisme intégral, mais dociles à l'argument d'autorité le félicitaient de les avoir affranchis de la superstition : « Ils m'ont peut-être lu, disait-il, mais ils ne m'ont sûrement pas compris. Si mon livre leur a fait perdre la foi, eh bien ! c'est qu'ils ne l'avaient pas et n'ont même jamais su ce que c'était. Esprits serfs, ils changent de maître, voilà tout ».

La « philosophie biologique », la seule qu'il admit, avait pour fonction, selon lui, de détruire des « idoles ». Or, l'idolâtrie à laquelle il a porté les plus rudes coups est celle de la science, de la fausse science, avec un grand S, celle qu'on invoque dans les réunions contradictoires et qu'on présente aux adorations des foules ignorantes, celle qui figure dans les programmes des partis politiques et dans les réclames des marchands de pilules.

On prétendait faire de cette science le Dieu des temps nouveaux, qui ne détrônerait le Dieu des religions que pour s'emparer de son sceptre. Or il a prétendu démontrer qu'il n'y avait entre la vraie science et les religions, aucun point de rencontre, aucun langage qui leur permît de correspondre. Il est possible que la religion ait à s'occuper de la science ; mais il nie que la science ait à s'occuper de la religion, tout extérieure à son domaine.

On comptait sur cette fausse science divinisée pour établir sur cette terre le paradis que la religion promettait dans l'autre monde. Or il a toujours maintenu - et il y a insisté à plusieurs reprises - que cette notion du bonheur était aussi étrangère à la vraie science que la notion de foi : « La science objective est sans pitié, sans entrailles... Certains philosophes ont essayé de résoudre la question de savoir si l'homme est plus heureux dans l'état de civilisation ou dans l'état de barbarie. Il est évident que cette question ne saurait être tranchée d'une manière absolue... Ces rêves de bonheur et de repos ne sont-ils pas des utopies que la science doit ignorer ? ... Je commençais à comprendre, ce qui pour moi est devenu depuis l'évidence même, que les vérités scientifiques n'ont rien à voir avec les vérités humaines ou vérités sociales ». Non seulement la science qui produit uniquement ce qu'on appelle civilisation, c'est-à-dire le perfectionnement mécanique des conditions de l'existence, est indifférent au bonheur des individus, mais il semble qu'en certains points, elle le contrarie : « Plus l'industrie progresse, plus la science étend son domaine, plus diminue l'indépendance de chaque individu ».

On demandait encore à cette science de donner des lois à une Société nouvelle, plus juste, plus généreuse, et d'en être la pierre angulaire. Or il déclare avec franchise que la science reconnait l'inégalité comme la loi même de la vie, inégalité qui engendre la lutte, dont la science ne juge pas le résultat qui est toujours l'écrasement du faible par le plus fort. Il a écrit tout un livre - d'ailleurs très paradoxal et fort injuste pour l'humanité : « L'égoïsme seule base de toute société. Étude des déformations résultant de la vie en commun », Paris, 1911*-dans le dessein avoué d'établir que l'égoïsme est le ressort de toute activité et la base de toute société : « Il y a dans tout pays, a-t-il écrit, des gens qui possèdent et des gens qui ne possèdent pas. Cela est fatal et sera toujours tant qu'il y aura des hommes, puisque tous les hommes ont l'instinct de la propriété... Si les pauvres devenaient riches et les riches pauvres, il n'y aurait rien de changé... ».*

Mais une révolution ne changerait-elle pas tout cela ? « Comme les appétits actuels seuls sont en jeu, et que personne ne voit au-delà des besoins du moment, le résultat de la révolution peut être la destruction même de la Société ». Soit, mais de vrais révolutionnaires ne reculent pas, devant cette conséquence, puisque cette destruction est le but même qu'ils se proposent : détruire une Société injuste. Mais peu importe à Le Dantec qu'elle soit juste ou injuste, du moins en tant qu'il raisonne comme savant (car personnellement, il était plus sensible à l'injustice que n'importe qui), la question est de savoir s'il est bon que la Société tout court soit détruite. Et il répond négativement, parce que l'homme actuel ne peut vivre que dans la civilisation, qui lui ayant créé des besoins peut seule les satisfaire : « La vie barbare ne pourrait pas nourrir sur la terre la centième partie de l'effectif humain que nourrit la vie sociale appuyée sur la Science et l'industrie ».

Ainsi Le Dantec dépouille la Science de tout attribut vivant, de toute couronne royale et de toute baguette magique. Il lui assigne deux fins : l'une purement utilitaire de perfectionnement matériel, l'autre purement abstraite : satisfaire la curiosité de l'homme en lui permettant de saisir des lois, et de les fixer en formules. Au fond sa philosophie aboutit à un nihilisme radical : « C'est bien par un zéro que peut se résumer l'activité totale des hommes. L'homme roi du monde a, à sa disposition, des provisions de matière et d'énergie, mais il ne peut les dépenser. Tous ses efforts, finalement, égalent zéro ».

C'est de cette science toute nue qu'il s'est fait le serviteur volontaire, par une sorte d'ascétisme singulier. Et pourtant il a toujours proclamé qu'il était un homme heureux. D'où tirait-il son bonheur ? De l'exercice quotidien des vertus communes : fils admirable, parfait époux, excellent ami, il refusait d'en retirer aucun mérite, mais seulement, disait-il, la satisfaction des hérédités, que le christianisme avait formées en lui.

Il repose maintenant sur une colline toute fleurie de roses, couronnée de bois sombres, environnée de toutes parts par cette belle campagne d'Ile-de-France qu'il aimait tant, qu'il connaissait si bien, et qui ne nous verra plus cheminer côte à côte, dans les beaux jours, notre veste sur le bras, en parlant de notre Bretagne.

Son ami Charles Perez (1873-1952) lui consacre une brochure en 1918 : *Il me reste à dire ce que fut, dans la vie pratique de tous les jours, ce contempteur de toutes les traditions et de tous les devoirs sociaux, ce mécaniste raisonneur qui poursuivit inlassablement, avec une sorte de fureur d'iconoclaste, la destruction de toutes les illusions spiritualistes. Car, à le juger sur ses livres, on aurait une idée singulièrement fausse de ce que fut Félix Le Dantec ; et seuls ceux qui l'approchèrent de très près purent estimer l'étendue de son cœur. Ce sceptique désabusé fut un modèle de toutes les vertus altruistes. À un âge où les jeunes gens gaspillent volontiers leur argent de poche à des plaisirs égoïstes, il dépensait en aumônes souvent jusqu'à son nécessaire ; et ayant inconsidérément épuisé en largesses aux pauvres la totalité de ses ressources, il lui arriva de devoir mettre sa montre au Mont-de-Piété pour finir son mois. À Ty Plad, je l'ai déjà dit, il était la providence de tout le pays ; une pauvre vieille aveugle était sa voisine : tous les jours il s'astreignait à aller lui faire en breton la lecture de son journal. Parmi les savants, les littérateurs, les artistes, Le Dantec s'était fait un choix d'amis dont l'affection fut une des grandes joies de sa vie ; et pour eux aussi il ne songeait qu'à se dévouer : les frères Bonnier, Charles Le Goffic, Georges Flé, le peintre Theo van Rysselberghe, qui nous a conservé son image en traits impérissables ; tous l'adoraient pour sa vive intelligence, son inflexible droiture et sa rude franchise, son ardeur enthousiaste et son inépuisable bonté. Le Dantec de son côté leur avait donné tout son cœur et je crois répondre à un vœu qu'il eut pu exprimer, en associant à sa mémoire les noms de ceux qu'il a tant aimés.*

Vis-à-vis de sa famille, ce ne serait pas assez dire qu'il fut le modèle des fils ; il fut véritablement l'esclave de son dévouement, ne songeant qu'à rendre service à tous, en s'oubliant lui-même. Pendant les dernières années de la vie de son père Félix se consacra à lui avec une abnégation touchante : le docteur Le Dantec venait à la Sorbonne, suivre les cours de son fils ; mais il était devenu assez dur d'oreille, et bien des points lui échappaient : la leçon finie, Félix ramenait son père à la maison, à petits pas en lui donnant le bras, et pour lui tout seul il répétait son cours ; tous les jours il le promenait, à la maison il lui tenait compagnie, s'ingéniant à le distraire, le couvant de soins pour ainsi dire maternels. Son mariage avec une femme qui l'adorait ne fut pour lui qu'une occasion d'étendre à sa nouvelle famille le champ de son dévouement inlassable et de son infinie bonté. Mais il n'abandonna point les siens pour cela : sa famille continuait d'habiter la même maison que lui, et il lui consacrait une grande partie de son temps.

Félix Le Dantec a employé sa vie à faire le bien avec un dévouement sans bornes, discret et toujours désintéressé ; on a dit de lui que ce fut un saint laïque ; et, en effet, cet athée convaincu, ce rationaliste impénitent, avait l'enthousiasme d'un grand mystique, l'ardeur convaincue d'un apôtre, l'abnégation d'un martyr. Stoïque dans sa longue souffrance, envisageant d'une conscience calme le terme qui approchait, il ne s'apitoyait que sur la douleur des siens, sur le vide immense qu'il allait laisser au milieu d'eux, sur le désespoir de sa mère, de sa femme, qu'il ne pourrait plus consoler. Sa vie reste un admirable exemple et un singulier réconfort pour ceux qui, détachés comme lui de toute croyance métaphysique, pensent que la plus haute tenue morale et la pratique des plus grandes vertus peuvent se concilier avec le culte exclusif de la science et la recherche austère de la vérité.

En 1918, René, Albert, Marie, Lote (1883-1944) publie *Les intellectuels dans la société française de l'ancien régime à la démocratie. Ouvrage suivi d'une étude sur Félix Le Dantec*. Rappelons qu'Albert Lote, résistant, fut sans doute trahi avant d'être livré puis exécuté par les Allemands, au lendemain de son arrestation, le 18 août 1944 avec son ami, le docteur Yves Diény (1911-1944).

Il écrivait dans le dernier chapitre de cet ouvrage intitulé *Méditation sur la mort d'un sage (À la mémoire de FÉLIX LE DANTEC) : « L'expérience souveraine, avec les leçons que l'on en déduit par raisonnement » ; donc, « pas de grandes idées incontrôlables, pas d'empirisme au jour le jour » : tel est le point de vue de la vraie science, tel aurait dû être celui d'une bonne politique. Tout esprit raisonnable nous le dirait. Au sortir des excès d'idéologie que nous avons connus, et pour éviter une réaction inintelligente qui serait une chute vers des besognes trop exclusivement manuelles et primaires, il est bon de revenir à la tradition de quelques sages - car nous en avons eu - : ainsi nos grands classiques qui sont toujours vrais, ou encore nos grands fondateurs de sciences -dont Lavoisier est le type intellectuel le plus parfait. Quel que soit le sujet, peu importe : ce qu'il faut leur demander c'est une méthode pour l'intelligence, un réalisme générateur de raison.*

Tel était bien l'avis d'un penseur qui, à une époque toute récente, a fait figure de « révolutionnaire », de matérialiste et d'athée. Il vient de mourir. Et je ne crois pas, que jamais nul se soit avisé et que nul y songe surtout aujourd'hui au milieu de l'idéologie, au milieu de l'empirisme de la Grande Guerre, de dégager la permanente leçon de sagesse qui émane de cette œuvre lumineuse et vivante. Comme je ne voudrais pas que pareille injustice fût commise-ce qui serait une perte pour l'intelligence française, -je ne saurais donner à mon livre une meilleure condition qu'en prévenant ce grave oubli.

Il déplore que la presse ne se soit pas emparée avec plus d'empressement de ce triste évènement et que les témoignages aient été laconiques le plus souvent, sauf quand ils émanaient d'amis fidèles, comme le journaliste *d'Ouest Éclair*, Jean des Cognets.

Pour ce grand continuateur de Lamarck, qui sut défendre la claire raison française parmi les brumes plus ou moins métaphysiques de la science teutonne, Le Dantec était un esprit rationnel qui ne connaissait pas d'autres voies que celles de l'expérience et qui fustigeait les charlatans de la pensée. Il avait son franc-parler et un tempérament pugnace ! Mais, contrairement à un Pascal ou un Rousseau, il excluait toute inspiration étrangère pour se rallier sans hésitation à la logique expérimentale.

Cette passion de la vérité lui faisait rejeter l'érudition médiocre des arrivistes pour éprouver le pur plaisir de comprendre. Pour lui, le déroulement des phénomènes qu'il étudiait obéissait à des lois mathématiques, mécanique universelle qui faisait l'objet de la science. Il ne se contentait pas de collectionner les faits comme les empiriques, de les collecter comme les pédants, de les auréoler de mystérieux principes comme un Paracelse. Il se contentait de les démasquer, de renverser les idoles, de chasser du temple de la science ces immortels principes sources d'ancestrales erreurs. Certes, il publia son ouvrage scandaleux, *l'Égoïsme, seule base de toute société,* véritable prémonition de la catastrophe qui allait détruire toute une civilisation et ouvrait la voie à des horreurs pour les années futures, dominées par la Force et l'Intérêt. Ainsi va la nature humaine, dominée par l'égoïsme abject teinté d'hypocrisie, de mensonges sournois.

Surtout, Le Dantec n'était accessible ni à la crainte, ni à l'espérance et il se méfiait des ruses de la vérité qui dissimulent l'erreur sous un masque séduisant. Il s'appliquait à étudier la logique du réel que l'on observe, que l'on constate, que l'on mesure.

Déterministe, il admet la réalité telle qu'elle se manifeste, étudie ses causes et s'incline sereinement devant les spectacles de la nature, telle qu'elle est, bonne ou mauvaise. Pur observateur, il se résigne raisonnablement à subir les exigences de la vie et à disparaître un jour. Il se promène dans la lande bretonne, sur les grèves bercées par le ressac, le vent du large lui fouette le visage, et il médite. Et il comprend la part de vanité de l'effort humain, qui souvent n'aboutit qu'à la guerre. La science y changera-t-elle quelque chose un jour ? Savoir pour agir, est-ce la solution ? Certainement pas, et Le Dantec considérait ces vaticinations comme d'inopportunes chimères.

Le commentaire de Lote devient plus familier et désormais, il parle de son cher Maître, il rappelle ses conseils : *Ainsi ne vous est-il jamais arrivé de concevoir que bien des choses chez nous fussent allées mieux, si des esprits justes et droits, aux idées claires, avaient pris dans l'état la place des rhéteurs, des sophistes ; si la compétence avait eu le pas sur l'art de plaire ; en un mot, si notre régime d'opinion publique avait fait une autre part à l'autorité du « Savoir » ?*

Et pourtant, quand on voyageait en pays étranger où l'on respectait son statut, on était désolé du mépris ou de l'indifférence avec lesquels, dans nos frontières, on traitait l'homme de science, le seul pourtant véritable chercheur de vérité. Combien de fois avait-il côtoyé Le Dantec, enveloppé de couvertures, de plus en plus défaillant, sentant sa fin prochaine mais sans crainte ni angoisse. Rien ne le surprenait, ni les idéologies, ni la stupidité humaine. Néanmoins, à l'échelle de l'état, il n'était rien, lui qui aurait mérité le titre de « Prince de la science ». Mais ce flambeau que les générations se transmettent, parviendra-t-il un jour à modifier le comportement des sociétés humaines ?

Ce vilain renom de matérialiste et d'athée, par ces vertes leçons aux philosophies de mensonge et à l'hypocrisie sociale, Le Dantec risquait, fort, une fois dissipé certain tapage de scandale - auquel il resta toujours bien étranger -, d'avoir contre lui, un jour, non seulement l'oubli fatal de la foule moutonnière et versatile, mais l'oubli volontaire, la rancune de tous les faiseurs d'illusion, qu'il avait fustigés.

Le Dantec était, selon Lote, un timide et, paradoxalement, un téméraire plein d'audacieuses initiatives. Son inaction, consécutive à des institutions sclérosées, sera un handicap pour un pays qui se vante d'être un flambeau éclairant les autres nations. Espérons que la postérité rendra justice au génie de Le Dantec, *car il faut bien que ce pur esprit scientifique, cet indépendant, cet incrédule, prenne sa place dans le panthéon des maîtres de la pensée - si du moins la voie de l'avenir est celle du progrès (comme il en doutait quelquefois) - de ce progrès qui n'est pas celui des démagogues, mais qui s'obtient par les efforts de l'esprit... et de la volonté.*

En définitive, ne valait-il pas mieux *cheminer droit devant soi sans y croire, jusqu'à l'heure inéluctable de l'éternel repos.*

Roger Martin du Gard,
Jean Barois... et Le Dantec...

Beaucoup plus intéressante est l'influence de notre ami Félix sur le jeune Roger Martin du Gard (1881-1958) qui admet avoir pour auteurs préférés, Renan, Montaigne et Félix Le Dantec, si l'on en croit André Daspre (1928-2013), fin connaisseur de Martin du Gard, qui l'affirmait dans un article de 1982. Le Dantec, contrairement à Ferdinand Brunetière (1849-1906) qui récuse les progrès de la science, est conscient des oscillations de la vie scientifique, en progrès un jour, en régression le lendemain, les savants seuls étant compétents pour juger et se forger une opinion. Martin du Gard exprimant à travers les convictions de Maumort, qui, dans sa jeunesse, discutait de Darwin et de l'évolution, et, quelques années plus tard, argumentait en faveur de Lamarck et du transformisme ou évolutionnisme, deux théories labiles et provisoires qui expliquaient l'évolution par transformations successives, qu'il adopta tour à tour. Rien n'est jamais acquis en matière de science et ce qui est admis la veille peut être remis en question le lendemain.

Martin du Gard a lu les *Influences ancestrales* de Le Dantec publiées en 1904. Le livre débute par une citation de Renan : « *La science des littératures et des philosophies, c'est l'histoire des littératures et des philosophies ; la science de l'esprit humain, c'est l'histoire de l'esprit humain* ». Le Dantec complète cette définition : *La théorie transformiste permet de donner à cette proposition un sens beaucoup plus étendu que ne l'avait peut-être prévu l'illustre auteur des « Origines du christianisme » ; si l'histoire nous montre l'enchaînement des concepts d'ordre religieux ou philosophiques qui se sont succédé dans l'esprit des hommes, nous avons aujourd'hui le droit de penser que la préhistoire nous ferait assister à l'apparition progressive des éléments mêmes de notre esprit ; si l'histoire nous apprend, comme disait Darwin, la variation dans l'intérieur de l'espèce humaine, la préhistoire nous ferait saisir les variations plus profondes qu'ont subies nos ancêtres avant de devenir les hommes dont s'occupe l'histoire... et néanmoins, grâce au génie de Lamarck et de Darwin, nous savons aujourd'hui faire, sans craindre de nous tromper, la philosophie d'une histoire et d'une préhistoire que nous ne connaissons pas.* Pour Martin du Gard, admettre que l'absence de continuité entre les différentes phases de l'existence humaine selon l'environnement et le stade de la vie implique de se pencher sur la biographie de l'individu à différents âges plutôt que de s'attarder sur des épisodes détachés de sa destinée. On rejoint ici le conseil de Renan qui suggère d'étudier l'esprit humain de préférence à l'histoire des lettres, de la psychologie, de la morale et de la logique. Une autre citation de Renan explicite les convictions des protagonistes du roman : *Garder du christianisme tout ce qui peut se pratiquer sans la foi au surnaturel.*

Cette phrase de Jean Barois est significative : *Croire ou ne pas croire, ce n'est pas ça qui importe ; l'essentiel, c'est la façon dont on croit ou la façon dont on ne croit pas...*

Quand il s'adresse à ses élèves du collège Venceslas, en présence du directeur de l'établissement, outré de ce qu'il entend, on croirait écouter Félix Le Dantec, s'exprimant sur le rôle déterminant en biologie de Lamarck et Darwin : *Je veux surtout graver dans vos mémoires et de telle façon qu'elles n'en puissent jamais perdre l'empreinte, l'importance essentielle du transformisme, son utilité indispensable, pour l'éducation des intelligences modernes ; pourquoi il est en quelque sorte le noyau de toute la science biologique ; et comment on doit reconnaître, sans dépasser les limites d'une scrupuleuse exactitude scientifique, que cette nouvelle façon d'envisager la vie universelle a pu modifier entièrement les bases de la philosophie contemporaine* ... Et d'évoquer Le Dantec, *l'un des esprits les plus avertis et les plus indépendants de la science contemporaine.*

RMG en mai 1917 lit *Savoir* de Le Dantec. Il sait que l'auteur est atteint de tuberculose osseuse, qu'il est perdu. Son chagrin est immense et il pense que c'est un flambeau qui s'éteint en pleines ténèbres, dans un univers confus et inconnu. Ce livre rédigé pendant les brèves périodes où son créateur ne souffre pas, dénonce la propagande qui intoxique le public français, l'immoralité qui progresse, la triste réalité du monde contemporain fait de faussetés, de mensonges, de poudre aux yeux.

Félix Le Dantec meurt à 48 ans, à Paris, le 6 juin 1917. Il semble qu'il ait eu des obsèques religieuses sans doute à l'instigation de la famille. RMG estime néanmoins que cette pseudo-palinodie ne peut nuire à la mémoire du biologiste athée. C'est du moins ce que suggère RMG dans sa lettre à Pierre Margaritis du 11 juin 1917. Il raconte qu'il venait d'écrire à l'auteur. Ce deuil l'affecte profondément. Il admet que cette disparition lui a fait prendre conscience *de la place qu'il tenait dans ma vie*. Sa peine est accentuée par l'idée que Le Dantec n'aura jamais pu les lire. RMG est *comme devant une porte qui se ferme à jamais.* Il déplore d'autant plus cette disparition, qu'il imagine les innovations et les trouvailles qui auraient germé dans l'imaginaire de ce savant susceptible peut-être d'orienter les humains vers un autre destin. L'auteur de Jean Barois est en harmonie avec la vision scientifique de Le Dantec, qui exprime sa surprise de voir un jeune homme de 32 ans montrer une telle maîtrise dans sa description de la vieillesse. Le Dantec l'aurait pris pour un vieillard !

Les derniers instants de Jean Barois qui renie son passé et trahit ses convictions évoquent néanmoins les dernières heures de vie de Félix Le Dantec qui, lui, si l'on en croit la description de son agonie, est resté fidèle à ses croyances, à sa foi en la science. Il est vraisemblable que Martin du Gard pensait à Le Dantec, mais l'assimilant à l'ami de Barois, le stoïcien Marc-Élie Luce, resté fidèle à ses convictions, toutefois trahi dans son amitié. La lecture du testament par l'abbé est un démenti cinglant de la pieuse comédie qui entoure le mourant : *Ce que j'écris aujourd'hui, ayant dépassé la quarantaine, en pleine force et en plein équilibre intellectuel, doit, de toute évidence, prévaloir contre ce que je pourrai penser ou écrire à la fin de mon existence, lorsque je serai physiquement et moralement diminué par l'âge ou par la maladie. Je ne connais rien de plus poignant que l'attitude d'un vieillard dont la vie tout entière a été employée au service d'une idée, et qui, dans l'affaiblissement final, blasphème ce qui a été sa raison de vivre, et renie lamentablement son passé.*

L'abbé tressaille, tourne la page et lit : *Je ne crois pas à l'âme humaine substantielle et immortelle... Je sais que ma personnalité n'est qu'une agglomération de particules matérielles, dont la désagrégation marque la fin.*

Quel contraste avec la fin apaisée de Luce, qui parle comme le père Hébert et pense comme Le Dantec mais qui meurt entouré des siens et dont les derniers mots seront : *Qu'ils sont beaux, mes enfants.*

Un autre biologiste, René Quinton (1867-1925), contemporain de Le Dantec, pensait comme lui qu'au-delà de la science existaient une éthique et une vision du monde.

Le Dantec lira-t-il les dernières volontés de Jean Barois que leur auteur ne respectera pas ? Cela a dû le renforcer dans ses convictions scientistes.

Au début de Jean Barois, l'enfant écoute son père, médecin, lui dire : *L'existence tout entière est un combat ; la vie, c'est de la victoire qui dure...* L'entretien avec l'abbé Joziers est tout à fait dans le ton des conversations entre Tacaud, alias Le Dantec, et l'abbé Jozon tels qu'on les découvre dans *Le Conflit*.

Quand Le Dantec dit de l'homme qu'il n'est qu'une marionnette, Martin du Gard répond : *Je nie donc que l'homme ne puisse en rien influer sur sa destinée... L'intelligence doit vivifier l'action ; sans elle l'action est vaine. Mais sans l'action, comme l'intelligence est stérile.* Il ajoute ailleurs : *L'homme est l'homme, avec son fond abject.*

Rappelons-nous néanmoins cette phrase de Spinoza : *Telle est cette liberté humaine que tous les hommes se vantent d'avoir et qui consiste en cela seul que les hommes sont conscients de leurs désirs et ignorants des causes qui les déterminent.* Après tout, Le Dantec avait peut-être raison ?

La croyance c'est à la fois simultanément un acte intellectuel, une démarche d'acceptation, une position de réceptivité, un comportement confiant mais également une volonté de soumission.

La mortalité par tuberculose, en 1909, était de 2,71 pour 1000 habitants en France, de 1,62 en Allemagne, de 1,46 en Angleterre, de 1,39 en Belgique, de 1,62 en Espagne, de 1,66 en Italie, de 2,31 en Suisse et de 1,60 en Hollande. Elle fauche Jean Barois un peu plus âgé que Le Dantec qui lui en mourra à 48 ans, en 1917. Ce parallélisme pathologique n'est sûrement pas fortuit mais de la volonté de Martin du Gard d'identifier Barois et Le Dantec ou du moins de comparer leurs destinées dans la mesure où les convictions de Le Dantec sont plus proches de celles de Luce et plus robustes que celles de Barois.

Tout ce que RMG reproche à Félix Le Dantec, c'est de réduire la société à deux catégories d'individus : les faibles dévots et croyant en l'équité ; les forts qui simulent et trichent par intérêt ; sans compter les convaincus.

Or Le Dantec a lu Jean Barois. Et il a apprécié ce roman au point d'écrire à Martin du Gard une lettre que celui-ci recopiera pour l'envoyer à son futur gendre Marcel de Coppet (1881-1968), administrateur colonial, marié en secondes noces à sa fille, Christiane. Le Dantec n'a pu s'arracher à la lecture de l'ouvrage et l'a dévoré tout un dimanche. Il avoue une parenté de pensée entre l'auteur et lui. Il loue l'impartialité de RMG et l'admire d'avoir si bien rendu le dilemme de l'athée qui cherche la foi et du religieux qui redoute de la perdre. Il le félicite d'avoir bien restitué les affres du grand âge, lui si jeune. Il lui promet de faire connaître son roman et lui souhaite tout le succès qu'il est en droit d'espérer. Il conclut : *Vous avez écrit un beau livre. Avant-hier j'ignorais votre nom et vous êtes aujourd'hui l'un des rares hommes qui comptent pour moi.*

Félix Le Dantec meurt donc le 6 juin 1917. Roger Martin du Gard lui avait écrit une missive bouleversante qu'on retrouve dans le tome 2 de sa *Correspondance générale*, le 7 mars de la même année. Il a découvert dans la vitrine d'un libraire un des ouvrages de Félix, vraisemblablement *Le problème de la mort et la conscience universelle,* écrit en 1914, édité en 1917, à moins que ce ne soit *Savoir,* ultime œuvre de Le Dantec. RMG choisit ses mots pour exprimer sa joie de retrouver un auteur qui l'accompagnait depuis sa jeunesse et dont il évoque le souvenir avec nostalgie, comme on adresse un dernier salut à un vieil ami. Il lui dit combien de fois il a évoqué son souvenir dans les moments difficiles, quand on doute de tout et quand on se raccroche au moindre esquif de sauvetage. Il lui souhaite une longue vie et espère sa présence au sortir de cette guerre pourvoyeuse de morts, de destructions et de ténèbres. Il ne veut pas lui parler de son ouvrage car cette lettre est destinée à l'homme qui a exercé une si puissante influence sur lui et sur son œuvre, l'homme authentique, campé sur le rivage, stable, comme un phare qui éclaire et dissipe l'obscurité. Il écrit : *Les quelques pages de votre préface me remuent comme une voix connue, chérie et retrouvée. Cette rencontre m'a fait beaucoup de bien ; j'en accentue simplement pour mon propre plaisir, le bienfait, en y ajoutant l'appel direct de cette lettre. Et je m'excuse des quelques minutes que je vous ai fait perdre, égoïstement.*

Trois lettres sont destinées à Madame Felix Le Dantec les 23 et 30 novembre 1917, le jeudi 23 mai 1918, toujours dans le tome 2 de la *Correspondance générale* de Martin du Gard.

La missive du 23 novembre évoque le souvenir de l'académicien Jules Sageret (1861-1944) qui lui raconta les derniers moments de Le Dantec. L'auteur explique comment il a envoyé à son mari son roman *Jean Barois* et combien celui-ci l'a apprécié. Non seulement Le Dantec restait pour lui un maître mais il devenait un ami. Et son chagrin n'en est que plus profond, d'autant que s'il n'était pas disparu, il aurait sans doute apporté des réponses à toutes les questions posées par cette époque tourmentée.

La réponse de Madame Le Dantec satisfait RMG par sa *cordiale simplicité.* Il lui rappelle que son mari le considérait comme un honnête homme. Il évoque une lointaine relation avec un cousin germain de Madame Le Dantec, Pierre d'Hugues, qui avait épousé Nicole de Martel, amie d'enfance de Martin du Gard. Ce serait entre les bras de cette ancienne compagne de jeu de RMG que Félix aurait rendu le dernier soupir…

Le jeudi 23 mai 1918, c'est le dernier courrier entre RMG et Madame Le Dantec. Les souvenirs évoqués sont remplis d'affection et d'attention. On élude un peu le savant pour contempler l'être humain fraternel et enthousiaste. Même pour ceux qui ne le côtoyaient pas, on éprouvait un profond attachement pour cet homme généreux et bon. Son livre sur l'égoïsme n'entache en rien son sincère dévouement et son absolu désintéressement. Tous les témoignages concordent pour affirmer son altruisme, sa probité et sa lucidité. RMG ajoute : *Le cœur de l'homme qui n'est pas seulement un savant pénètre son œuvre, et enlève toute âpre sécheresse, toute nocivité sociale aux plus rudes conclusions de la logique. C'est le sort des plus grands, depuis Goethe… Je n'ai pas connu M. Le Dantec, mais plus je pense à lui, et plus j'apprends de détails sur son caractère et sur sa vie, mieux je comprends le désespoir de ceux qui l'aimaient, et plus grande est ma pitié pour ceux qui le pleurent.*

Par la suite, RMG ne parlera plus de Le Dantec et le voile de l'oubli tombera sur le souvenir du biologiste Breton. Tout au plus trouvera-t-on dans le *Lieutenant-Colonel de Maumort* deux allusions à l'auteur des *Influences ancestrales.*

Sic transit gloria mundi. Vanitas, vanitatum et omnia vanitas. (Ainsi passe la gloire du monde, vanité des vanités, tout est vanité).

Les Pasquier de Georges Duhamel et le Pr Schleiter

On n'aurait garde d'oublier qu'un des personnages de la saga des Pasquier de Georges Duhamel, le savant Léon Schleiter qui apparaît dans *Vue de la terre promise* et serait un avatar de Félix Le Dantec. En lisant ce portrait qu'en fait Laurent Pasquier, et en cherchant bien, notamment en ce qui concerne l'application des mathématiques à l'étude de la vie, on peut trouver des analogies entre Félix et Léon, mais aussi dans la rude austérité du héros proche de celle de son modèle, à la fois froid et rigoureux, conciliant et libéral. Voici ce qu'en dit Duhamel : *Il est aujourd'hui de ces savants assez nombreux somme toute, qui ont, de bonne heure, déserté le laboratoire et le délicieux tourment de la connaissance pour les aventures de la vie publique. Je me suis longtemps demandé, songeant à Léon Schleiter, si l'ivresse de la popularité, la passion de l'influence ou même le jeu des idées pouvaient vraiment faire hésiter un homme de haute culture entre deux destinées, deux carrières, deux fortunes, celle du savoir et celle du pouvoir, j'entends ce pouvoir évident, sensible, grossier, qu'est le pouvoir public.* Il est vraisemblable que Schleiter est désabusé et que ses recherches ne l'intéressent plus du tout. Il est d'autant plus déçu que toute son attention, il la consacrait à l'application des mathématiques à la biologie, ce qui déconcertait ses maîtres et le lassait. L'extinction de la flamme de son génie, son attirance pour la philosophie et la politique trouvent ici l'explication de leur émergence.

On verrait bien l'auteur de *L'égoïsme seule base de toute société* et de *Savoir* prononcer ces paroles que Duhamel met dans la bouche de Schleiter, sachant que Le Dantec espérait un socialisme scientifique comme il le proclamait dans « *Le problème de la mort et la conscience universelle* », en 1917 : *L'énormité du risque, prononça-t-il, n'empêchera sûrement pas la société bourgeoise de faire encore la guerre. Et la guerre nous délivrera de la société bourgeoise. Pas d'autre solution. Il n'y aura de paix que dans l'ordre socialiste.*

Quand Joseph Pasquier l'interroge : *Pouvez-vous nous expliquer, demanda posément Joseph, ce que vous appelez un bourgeois ?*

-Vous ! répliqua Schleiter.

Il réapparaîtra notamment dans *Le désert de Bièvre, Les Maîtres, Cécile parmi nous, Le Combat contre les ombres*, totalement converti à la politique, ce qui ne sera jamais l'objectif de son présumé modèle.

L'Œuvre

Recherches sur la digestion intra-cellulaire chez les protozoaires, thèse de doctorat en sciences, Paris, 1891

Cette thèse de 70 pages, soutenue le 14 mars 1891 à la Faculté des sciences de Paris, est dédiée à *Monsieur Pasteur : « Très respectueux hommage de profonde reconnaissance »*.

La commission d'examen est présidée par le botaniste Gaston Bonnier (1853-1922) assisté d'Alfred Giard et du géologue Charles Vélain (1845-1925).

La table des matières est divisée en cinq chapitres :

Introduction

I Étude de la digestion intracellulaire au moyen du tournesol

II Étude de la digestion intracellulaire au moyen de l'alizarine sulfoconjuguée :

A. Propriétés de l'alizarine sulfoconjuguée

B. Rhizopodes

C. Infusoires ciliés

III Modifications générales des substances ingérées par les Protozoaires

A. Amibes

B. Infusoires ciliés

IV Nature de la sécrétion effectuée dans les vacuoles des Protozaires

V Conclusions générales :

Ingestion

Vacuoles

Assimilation

Défécation

Index bibliographique

La thèse inaugurale de Félix Le Dantec lui a été inspiré par Metchnikoff comme nous l'avons vu et il y développe les qualités de minutie et de scrupuleuse honnêteté qu'on retrouvera dans tous ses ouvrages même si parfois il pousse l'amour du paradoxe un peu loin. Préparateur à l'Institut Pasteur, il est alors âgé de 22 ans. Il rend justice à Félix Dujardin, le premier à décrire le protoplasme et dont les études sur les protistes sont pour beaucoup exactes et prémonitoires, notamment la description des vacuoles dont il pressent le pouvoir digestif. C'est précisément sur ce point que Le Dantec, en employant des réactifs sensibles et non utilisés jusqu'ici, va découvrir que le contenu de ces cavités est acide et participe au processus d'assimilation des unicellulaires. Il substitue notamment l'alizarine sulfo-conjuguée au tournesol beaucoup trop lent dans sa diffusion. Il recourt à l'outil mathématique, et cette pratique l'habitera dans tous ses futurs travaux. Par exemple dans la formule **p=2a/r**, **p** étant la pression, **a** étant la tension superficielle du liquide de la vacuole au contact du protoplasme et **r** le rayon de la vacuole sphérique, il développe le raisonnement suivant : **a** doit varier avec la composition du liquide de la vacuole, et précisément, le phénomène observé indique le sens de cette variation. La jeune vacuole contenant un liquide proche de l'eau est expulsée avec force, indice d'une pression **p** élevée. En revanche, la vieille vacuole dont la composition est proche de celle du protoplasma est évacuée en douceur, la pression **p** étant faible. Le rayon vacuolaire étant dans les deux hypothèses très semblables, on observe que **a** présente une forte diminution du premier au second cas.

Il résume ainsi son travail : *J'ai établi à la fin de chaque chapitre le résumé des faits principaux qui y sont démontrés, je vais maintenant tâcher de coordonner tous les résultats obtenus.*

Ingestion. – *Chez les amibes, la formation de pseudopodes et leur anastomose brusque par contact en un point, englobe le corps étranger dans une vacuole, remplie au début de l'eau extérieure, qui est à ce moment le siège d'une pression proportionnelle à la tension superficielle au contact de cette eau. Cet acte de l'ingestion est déterminé par la présence au voisinage de l'amibe d'un corps de composition chimique quelconque, dont les dimensions seules et non la valeur nutritive semblent avoir une influence sur la plus ou moins grande facilité d'accomplissement du phénomène. Ainsi l'amibe ingère des grains solides de certaines dimensions, inutiles à sa nourriture, en quantité plus considérable que d'autres plus grands qui lui seraient utiles.*

La façon dont se passe le phénomène montre que la facilité d'ingestion dépend de la tension superficielle au contact du protoplasma et du liquide. De cette tension superficielle dépend également le sort du corps ingéré pendant les premiers instants qui suivent son ingestion ; c'est-à-dire en résumé, que si cette tension est faible, les corps étrangers en suspension dans l'eau ont plus de chances d'être ingérés et d'être conservés dans le corps de l'amibe au moins pendant les premiers instants, et qu'ils en ont moins dans le cas contraire, quelle que soit leur valeur nutritive. Or nous avons vu dans la vacuole que la simple sécrétion d'un acide et d'une diastase fait décroître rapidement la tension superficielle du protoplasma au contact du liquide intérieur ; il est donc permis de penser que la présence de certaines diastases dans le liquide ambiant peut être favorable ou défavorable à l'ingestion et qu'il y a une analogie entre ce phénomène et l'action des diastases vaccinales sur la phagocytose.

Chez les infusoires à tourbillon, comme chez les amibes, les dimensions des corps suspendus dans l'eau semblent seules intervenir dans l'acte de l'ingestion ; d'ailleurs les phénomènes qui se passent dans le tube à paroi gélatineuse de DUJARDIN (Félix Dujardin, 1801-1860, *Histoire naturelle des infusoires*, 1841) : voici comment Dujardin décrivait ce sac : « *Le courant produit dans le liquide (par le mouvement vibratile) vient heurter incessamment le fond de la bouche qui est occupé seulement par la substance gélatineuse vivante de l'intérieur ; il la creuse en forme de sac ou de tube fermé par en bas et de plus en plus profond, dans lequel on distingue par le tourbillon des molécules colorantes le remous que le liquide forme au fond. Les particules s'accumulent ainsi visiblement au fond de ce tube, sans que l'on puisse voir en cela autre chose que le résultat physique de l'action même du remous. En même temps que le tube se creuse de plus en plus, ses parois formées, non par une membrane, mais par la substance glutineuse seule, tendent sans cesse à se rapprocher en raison de la viscosité de cette substance et se soudent vers le milieu de la longueur du tube, en interceptant toute la cavité du fond sous la forme d'une vésicule remplie d'eau et de matière colorante. C'est une véritable vacuole, une cavité creusée dans une substance homogène, mais puisqu'elle renferme les aliments entrés par la bouche, et que ses parois, formées d'une substance vivante, ont la faculté de digérer le contenu, on peut, si l'on veut, la nommer estomac* ».

Le Dantec reprend la parole après cette longue citation de Dujardin :

La formation d'une vacuole par suite de l'anastomose qui survient entre les différents points de la région moyenne de ce tube a une grande analogie avec ceux que nous avons constatés chez les amibes ; le courant déterminé par les cils apparaît comme un perfectionnement destiné à rendre l'ingestion plus facile, en déterminant sur la matière gélatineuse du fond de l'œsophage une pression antagoniste de celle qui résulte de la tension superficielle.

Chez les infusoires capteurs, au contraire, nous trouvons une complexité beaucoup plus grande ; il y a une véritable préhension régie par un instinct qui se traduit par la non-ingestion des substances indigestibles.

***Vacuoles**. – Dans tous les cas la vacuole apparaît au début comme le résultat de l'introduction dans le protoplasma d'une goutte liquide du milieu extérieur contenant en suspension certains corps solides ; cette vacuole n'a, par conséquent, pas plus de paroi propre qu'une goutte d'eau enrobée dans de l'huile, et elle mérite bien par cela même le nom de vacuole.*

Les phénomènes, dont cette vacuole est le siège, sont peut-être différents selon que le milieu extérieur n'est pas aqueux comme chez le « Nictotherus cordiformis » chez lequel nous n'avons obtenu aucun résultat bien net, ou que ce milieu est au contraire aqueux, comme chez tous les autres protozoaires que nous avons étudiés : nous ne nous occuperons que de ce dernier cas.

Formée comme nous venons de l'expliquer, la vacuole remplie d'un liquide ayant à peu près la même densité que le protoplasma, est naturellement sphérique quand le protoplasma est homogène, et cela a lieu chez les amibes ; chez les infusoires, au contraire, on constate une différenciation progressive, un tracé de plus en plus complet de la marche à suivre par la vacuole, et dans certains cas nous avons vu la vacuole prendre une forme ellipsoïdale. Il faut remarquer que l'ellipsoïde est allongée dans le sens de l'axe de l'œsophage, et que par conséquent, la tension est plus faible dans la direction de cet axe que dans toute autre direction, ce qui est une bonne condition pour l'ingestion.

La vacuole, grâce à ses petites dimensions, constitue un milieu où la diffusion est très particulièrement rapide : la phycocyanine de l'oscillaire s'y répand avec une vitesse étonnante. C'est un phénomène du même genre qui détermine la sécrétion d'acide dans la vacuole, sécrétion absolument générale chez tous les protozoaires étudiés vivant dans l'eau. Cette sécrétion neutralise peu à peu l'alcalinité de l'eau ingérée, et finit par donner au liquide de la vacuole une acidité constatable, quand cette vacuole est conservée assez longtemps sans être rejetée. La formation de cet acide a lieu dans les vacuoles contenant, outre l'eau d'ingestion, des matières albuminoïdes, cellulosiques, amylacées, grasses ou minérales. Ce phénomène si général s'explique fort bien si l'on considère la surface de contact de l'eau et du protoplasma, comme une membrane dialysante qui, grâce aux conditions particulières de diffusibilité existant dans la vacuole, laisse passer rapidement dans celle-ci l'acide d'un ou plusieurs sels existant dans le protoplasma alcalin.

Peut-être doit-on considérer comme un phénomène de même nature la sécrétion des diastases dont nous avons constaté la présence par leurs effets dissolvants ; les expériences que j'ai relatées à ce sujet ne me permettent pas, par leurs résultats négatifs, d'émettre une opinion fondée. L'expérience faite sur le stentor bleu (stentor coeruleus, protozoaire d'eau douce cilié en forme de trompe muni d'une bouche) *est moins probante chez cet être qu'elle ne l'aurait été sur une amibe (où elle est impossible), car il y a peut-être chez le stentor une localisation de la fonction peptogène* (substance favorisant la sécrétion de suc gastrique), *comme il y a une spécialisation du trajet de la vacuole alimentaire chez certains ciliés.*

Dans tous les cas, sans entrer dans aucune considération théorique sur l'origine des diastases chez les infusoires, nous pouvons affirmer les résultats positifs suivants :

Tous les protozoaires étudiés digèrent les albuminoïdes animaux et végétaux ; leur sécrétion vacuolaire brunit la chlorophylle sans la dissoudre. Quelques infusoires modifient profondément dans leurs vacuoles l'amidon de pomme de terre, digèrent la matière zoogléaire (microorganismes qui se multiplient par simple scission) *et les membranes cellulaires de certaines bactériacées et cyanophycées, décolorent la phycocyanine* (pigment bleu contenu dans la spiruline ou algue bleue) *et transforment en matière jaune bien soluble le pigment du Thiocystis* (bactérie du soufre des eaux polluées).

La vacuole subit aussi des modifications physiques importantes dépendant des modifications chimiques que nous venons d'énumérer.

La réfrangibilité du contenu devient de plus en plus voisine de celle du protoplasma : il en est de même de sa tension superficielle. Ces deux phénomènes sont plus rapides quand il y a dans la vacuole des substances albuminoïdes.

Assimilation. – *Elle est peut-être directe dans le cas de l'ingestion d'une substance albuminoïde pure sans partie insoluble chez tous les protozoaires étudiés ; c'est-à-dire que dans ce cas, la vacuole finit peut-être par faire complètement corps avec le protoplasma, après que par suite des modifications chimiques dont elle a été le siège, les propriétés physiques de son contenu lui ont permis de se mélanger complètement avec ce dernier. Dans ce cas, en effet, il est impossible de dire qu'une partie du corps ingéré reste non dissoute et est rejetée, car on ne peut pas suivre le phénomène jusqu'à la fin.*

Il n'en est pas de même d'un corps albuminoïde accompagné de substances insolubles, comme par exemple une cellule végétale ou un infusoire contenant des matières minérales dans ses vacuoles. Dans ce cas, il semble qu'une partie de la substance dissoute se mélange au protoplasma voisin, et qu'une autre partie, moins bien liquéfiée, reste adhérente aux parties solides indigestes et est rejetée avec elles.

Défécation. – *On ne peut pas donner ce nom au phénomène de rupture brusque chez une amibe d'une vacuole récente, qui, étant le siège d'une forte pression, est amenée par les courants protoplasmiques au voisinage de la paroi extérieure du corps.*

Il n'y a même pas à proprement parler, défécation des résidus solides des matières ingérées depuis longtemps ; ces matières semblent abandonnées simplement, par un phénomène d'adhérence, par l'amibe qui rampe à la surface d'un corps quelconque. ; elles sont entourées au moment de leur abandon, d'une sphère glutineuse qui se délite petit à petit.

Il n'en est pas de même des infusoires ciliés chez lesquels il y a un anus fixe et une véritable défécation. Cette défécation est peut-être quelquefois déterminée par les phénomènes de pléthore que j'ai décrits, mais elle peut, dans tous les cas, avoir lieu, même quand le corps de l'infusoire est peu chargé de vacuoles.

Enfin, je dois dire en terminant que la digestion intracellulaire est véritablement pour les protozoaires un moyen de nutrition : l'observation directe nous a prouvé, dans certains cas, une véritable assimilation, mais la démonstration la plus nette de la valeur de ce procédé nutritif a été donnée par

M. MAUPAS (le biologiste Émile Maupas, 1842-1916) *dans ses essais de culture des infusoires* (*Archives de zoologie Expérimentale et Générale,* 1888).

Recherches sur la symbiose des algues et des protozoaires, *Annales de l'Institut Pasteur,* 6, mars 1892, 190-198

Le Dantec rappelle que, depuis une dizaine d'années, on admet que chez certains protozoaires la présence de chlorophylle dans leur protoplasme n'est plus considérée comme appartenant en propre à ces monocellulaires mais correspondant bien à des hôtes venus de l'extérieur. Dès lors, on se pose deux questions : ces corpuscules verts représentent-ils une cellule végétale intégrale ? Ces corpuscules peuvent-ils vivre et se reproduire en dehors du protoplasme qui les héberge. La plupart des scientifiques s'accordent pour les considérer comme des algues. Ils identifient à l'intérieur de ces organismes un noyau. Dès 1863, Edouard Balbiani (1825-1899) avait observé leur multiplication par division à l'intérieur des infusoires. Martinus Willem Beijerinck (1851-1931) trouve une algue qui séjourne notamment dans les hydres et qui ressemble beaucoup à la *Chlorella vulgaris* qu'il a isolée et cultivée sur la gélatine additionnée de sucre et de malt. Andrei Sergejewitsch Faminzyn (1835-1918) observe des Zoochlorelles se diviser en 4 pour se diviser à nouveau. Il constate le même phénomène avec les Zoochlorelles du stentor qui, après destruction de leur hôte, se multiplient dans un liquide inorganique.

Le Dantec décrit les expériences qui lui permettent en conservant des paramécies hyalines ou contenant des corpuscules verts et en les mélangeant de constater qu'elles deviennent presque toutes vertes, ce qui dénote leur supériorité dans la lutte pour la survie. En isolant une paramécie hyaline au voisinage de zoochlorelles, il observe la contagion de la propriété d'être verte. Il ne doute pas de la nature parasitaire des corpuscules verts dès lors qu'un seul inoculé à une paramécie se multiplie dans son protoplasme jusqu'à s'y répandre totalement, déterminant un échange bénéfique aux deux parties. Ainsi, la symbiose est installée. Il est vraisemblable que la vacuole dans laquelle la Zoochlorelle est introduite ne contient pas d'acide puisque la même Zoochlorelle au contact d'un acide brunit et se désagrège. L'obscurité a les mêmes effets délétères sur les Zoochlorelles.

La matière vivante, Paris, 1895

La préface est de son maître : Giard. L'ouvrage est divisé en neuf chapitres qui traitent successivement de la vie élémentaire et de la vie des êtres supérieurs, du mouvement, de l'addition, des phénomènes de l'addition, du rôle du noyau, des substances vivantes, de la morphologie et de la physiologie, de l'évolution du plastide et enfin, du noyau.

Les premières pages traitent de l'erreur anthropomorphique.

Chapitre 1, de la vie élémentaire et de la vie des êtres supérieurs.

Chapitre II considère le mouvement (influence de la lumière, de la chaleur, excitations mécaniques, électriques…, influence des substances chimiques, chimiotaxie, action des anesthésiques).

Chapitre III intitulé l'Addition est consacré aux rhizopodes réticulés (« gromies » appelés actuellement foraminifères d'eau douce) et aux rhizopodes lobés (amibes) ainsi qu'aux infusoires ciliés, aux plastides (appelés également plastes) parasites végétaux et de certains protozoaires (on trouve un plaste vestigial chez les apicomplexa ou sporozoaires, notamment chez le Plasmodium falciparum, agent du paludisme).

Chapitre IV traite uniquement des phénomènes consécutifs à l'addition.

Chapitre V est intitulé : Du rôle du noyau.

Chapitre VI : Il y a des substances vivantes.

Chapitre VII : Morphologie et physiologie.

Chapitre VIII : Évolution du plastide.

Chapitre IX est consacré au noyau : mérotomie, les monères de Haeckel, l'évolution de l'espèce, sénescence et rajeunissement.

Commençons par l'erreur anthropomorphique. L'auteur rend hommage à Claude Bernard qui, dans les *Leçons sur les Phénomènes de la vie,* écrit : *Les forces physiques ou chimiques agissent dans les organismes comme dans le monde minéral, tout phénomène reconnait une ou plusieurs causes déterminables, causes nécessaires et suffisantes pour amener sa production,* ce qui revient à dire que les évènements et les actions humaines, sont liées et déterminées par l'enchaînement des évènements antérieurs. L'auteur de *l'Introduction à l'étude de la médecine expérimentale* ajoute : *En admettant que les phénomènes vitaux se rattachent à des manifestations physico-chimiques, ce qui est vrai, la question, dans son essence, n'en est pas éclaircie pour cela, car ce n'est pas une rencontre fortuite de phénomènes physico-chimiques qui construit chaque être sur un plan et suivant un dessin fixe et prévu d'avance, et suscite l'admirable subordination et l'harmonieux concert des actes de la vie.*

Le Dantec n'est pas d'accord avec ce dernier point développé par Claude Bernard et conteste le rapport de finalité défendu par le fondateur de la physiologie moderne et qui aboutirait à la réalisation d'un modèle dont les plans seraient projetés par anticipation. On reconnaît bien là le néo-lamarckiste convaincu.

Mais, erreur bien plus sérieuse selon Le Dantec, l'abus de langage qui fait des manifestations vitales des phénomènes différents chez l'homme et chez les autres êtres vivants alors que tous ces êtres sont constitués de milliards de cellules.

L'abandon récent du principe vital, entité surnaturelle, mystérieuse étincelle, a permis de renoncer à ces apriorismes qui faisaient de la vie un principe occulte. Autant donner une âme à un protozoaire.

Le Dantec commence par décrire le mouvement des plastides dans l'eau : *Pour nous rendre compte des causes du mouvement dans chaque cas, nous pourrions songer à procéder par élimination en supprimant un à un tous les facteurs qui peuvent entrer en jeu dans les réactions chimiques complexes dont nous venons de parler, mais nous nous heurtons là à une grave difficulté ; le plastide à l'état de vie élémentaire manifestée est dans un état d'équilibre mobile provenant de ce que le résultat de l'ensemble des réactions dont il est le siège est de ne pas altérer, en définitive, sa composition générale, autrement dit, de le laisser semblable à lui-même.* Ce qui revenait à dire que le vivant reflétait un état d'équilibre susceptible à tout moment de se modifier si les deux forces auxquelles il était soumis, l'hérédité et l'environnement, emportaient la partie au profit de l'une ou de l'autre.

Puis il s'attache à l'influence des agents physiques et chimiques sur la vie : lumière, chaleur, stimulations mécaniques, électriques..., action des agents chimiques, chimiotaxie, anesthésiques. Il développe ensuite les notions qu'il a acquises chez Metchnikoff : rhizopodes réticulés, gromies, tension superficielle, apparition des pseudopodes, ingestion, digestion, propriétés des vacuoles, infusoires ciliés, plastides parasites et végétaux, rôle du noyau, dégénération, respiration, motilité, additions, cicatrisation, régénération, assimilation, mérotomie (ablation du noyau cellulaire), les monères de Haeckel, l'évolution de l'espèce, sénescence et rajeunissement.

Il définit le protoplasme qu'on appelait aussi sarcode à l'époque et qui, avec le noyau et la membrane cellulaire, est le matériau de base de tous les organismes pluricellulaires. Leur vie est le résultat de la coordination de milliards de vies élémentaires. Il envisage le phénomène de l'addition qu'il décompose en trois temps : 1° diffusion vers l'extérieur 2° modification chimique du milieu (digestion) 3° diffusion vers l'intérieur de la levure ou addition. On constate les mêmes phénomènes chez les amibes.

Après avoir critiqué la définition donnée par Claude Bernard de l'irritabilité : *1° La propriété de l'élément vivant d'agir suivant sa nature sous une provocation étrangère... il y a dans tous les tissus vivants une faculté commune de réagir sous l'influence des excitants extérieurs, c'est l'irritabilité ; le tissu n'est déclaré vivant qu'à cette condition. 2° Il existe en même temps dans tous les tissus vivants une réaction particulière et autonome ; c'est la propriété organique qui caractérise physiologiquement le tissu,* Le Dantec y voit une contradiction. Pour lui soit l'irritabilité est la propriété de l'élément d'agir selon sa nature, soit elle est une faculté commune à tous les éléments, mais pas les deux à la fois, ce qui revient un peu à jouer sur les mots, puisque finalement il adopte une position qui admet que l'irritabilité est indépendante de l'espèce.

Il expose ensuite son plan : *Nous nous occuperons d'abord des plastides vivants isolément ; il serait beaucoup moins simple de s'attaquer immédiatement à ceux qui font partie d'une individualité d'ordre supérieur. Nous parlerons plus tard des plastides dépourvus de noyau auxquels Haeckel a donné le nom de monères* (masse de gelée sans noyau de la taille d'une petite tête d'épingle, organisme sans organes) *mais il est plus intéressant d'étudier d'abord ceux qui sont nucléés et par conséquent immédiatement comparables aux éléments histologiques des êtres complexes.*

Nous avons distingué plus haut deux catégories de phénomènes vitaux : ceux que l'on constate au cours d'une observation de peu de durée et dont la constatation suffit à nous faire dire qu'il y a une vie élémentaire manifestée, à savoir le mouvement et la nutrition, et ce que nous ne découvrons que par une étude longue et suivie. Nous nous occuperons d'abord des phénomènes de la première catégorie, et particulièrement des phénomènes de nutrition.

Mais il y a, dans les plastides nucléés les plus simples, deux éléments distincts, le protoplasma et le noyau ; après avoir étudié les manifestations de la vie élémentaire chez les plastides considérés dans leur ensemble, nous nous efforcerons de découvrir quelle part revient dans leur genèse à chacun des éléments pris en particulier.

Il sera utile dans certains cas, d'observer des phénomènes chez des plastides de complications diverses ; il faudra alors, naturellement, passer des plus simples aux plus différenciés. Pour l'étude de la nutrition, les exemples seront pris de préférence dans les plastides qu'on est convenu d'appeler animaux, parce qu'ils présentent bien plus de manifestations vitales constatables optiquement que les plastides végétaux entourés d'une membrane de cellulose.

Il s'intéresse à la mérotomie, cette ablation du noyau cellulaire qui aboutit à la dégénération du protoplasme ce qui démontre le rôle déterminant du noyau dans l'assimilation et dans la fabrication de la substance spécifique du protoplasme des plastides. Il écrit notamment : *La destruction vitale constante, a-t-on dit, fait ce que nous faisons dans les expériences de mérotomie, une ablation de substance qui est réparée sous l'influence du noyau, et la forme ne change pas.* Le noyau dans tous ces phénomènes n'agit pas comme un organe, mais comme une substance chimique. Comme le démontre Edouard Balbiani, la vie de la cellule se ramène à l'ensemble des réactions de deux complexes chimiques, les substances nucléaires et les substances cytoplasmiques :

Recherches expérimentales sur la mérotomie des infusoires ciliés, *Recueil zoologique suisse*, 1889.

En 1868, Huxley remarque dans de la boue de fond marin une substance albumineuse sillonnée de veines. Il l'appelle *Bathybius haeckelii* en référence au philosophe allemand Ernst Haeckel (1834-1919) qui croyait au limon originel source initiale de toute vie. Les recherches qui suivirent ne confirmèrent pas cette hypothèse, concluant que cette substance était un précipité de sulfate de calcium qui avait réagi avec le liquide conservateur. Huxley reconnut son erreur. En revanche, Haeckel persista à affirmer l'existence de son *Urschleim* (limon originel) contre vents et marées. Le Dantec reprend cette idée à la mode en son temps mais sans l'adopter véritablement et rappelle le rôle du noyau cellulaire dans les combinaisons chimiques lentes qui caractérisent la synthèse de la vie élémentaire : nucléoles, filaments chromatiques, hyaloplasma (cytosol associé au cytosquelette), paraplasma (ensemble des enclaves cyto-plasmiques qui paraissent inertes, produits d'élaboration ou de déchets : vacuoles). Ces phénomènes se déroulent dans le plastide, cellules formées seulement par une petite masse de protoplasme sans membrane cellulaire, comme on le pensait à l'époque. Il souligne l'adaptation au milieu quand celui-ci se modifie ce qui détermine l'évolution de l'espèce. Pour lui, il existe, à côté de caractères communs tenant à la composition atomique de ces substances, des groupements fonctionnels spécifiques propres à leur constitution chimique générale. Ces concentrations pourront, par exemple, chez les végétaux, correspondre à la synthèse de la cellulose, ou, chez les arthropodes à celle de la chitine. Il termine ainsi : *D'une façon générale, il semble établi que toutes les propriétés d'un être vivant sont inhérentes à la composition chimique du protoplasme de son œuf, que tous les phénomènes considérés comme mystérieux, par exemple l'adaptation (habitude), l'évolution, etc., sont réductibles à des phénomènes chimiques.* Les phénomènes d'évolution sont déterminés par leur durée prolongée, la permanence de leur trajectoire, la continuité de leur taux de transformation et sa concordance avec des facteurs sélectifs ou non, la régulation des orientations possibles ou réalisables de mutations, les tendances retrouvées dans les phylums apparentés mais différents, l'ébauche de trajectoires amorçant une évolution sur le long terme, l'indépendance de cette progression indépendamment de l'environnement et, enfin, l'aboutissement parfois inadapté et amenant la disparition éventuelle de l'individu.

Théorie nouvelle de la vie, Paris, 1896

En 1896 paraissait cet ouvrage de Le Dantec : 321 pages, trois parties, cinq livres.

Introduction

Première partie : vie des êtres monoplastidaires ou vie élémentaire

Livre premier : première approximation : observation de courte durée :

Chapitre I : Structure.

Chapitre II : Mouvement ; influence de la lumière ; influence de la chaleur ; chimiotaxie.

Chapitre III : Addition ; rhizopodes réticulés ; rhizopodes lobés. Amibes ; plastides parasites.

Chapitre IV : Mérotomie ; respiration ; mouvements ; addition.

Chapitre V : Conclusion du livre premier.

Livre II : deuxième approximation : observation de longue durée :

Chapitre VI : Phénomènes consécutifs à l'addition.

Chapitre VII : Mérotomie. Dégénération. Cicatrisation, régénération, rôle du noyau.

Chapitre VIII : Équation de la vie élémentaire manifestée.

Chapitre IX : Définitions ; vie élémentaire manifestée ; vie élémentaire latente ; mort élémentaire.

Chapitre X : Continuité de la substance du plastide.

Chapitre XI : Irritabilité, anesthésiques et poisons.

Chapitre XII : Morphologie et physiologie des plastides. Le noyau dans la mérotomie.

Chapitre XIII : Évolution du plastide en milieu illimité et limité.

Chapitre XIV : Mort du plastide ou mort élémentaire.

Chapitre XV : Notion de l'individualité des plastides.

Livre III : troisième approximation : observation de très longue durée :

Chapitre XVI : Évolution de l'espèce des plastides.

Chapitre XVII : Apparition de la vie élémentaire. Concurrence vitale.

Deuxième partie : vie des êtres polyplastidaires.

Livre IV l'individu métazoaire :

Chapitre XVIII : Théorie des plastides incomplets.

Chapitre XIX : Milieu intérieur.

Chapitre XX : Système nerveux.

Chapitre XXI : Loi de l'assimilation fonctionnelle.

Chapitre XXII : L'excitation fonctionnelle et la différenciation histologique.

Chapitre XXIII : L'individualité des métazoaires.

Chapitre XXIV : Vie ; état adulte ; balancement organique.

Chapitre XXV : Vieillesse et mort : mort naturelle, accidentelle, par le milieu intérieur, par discontinuité nerveuse.

Livre V la reproduction des métazoaires :

Chapitre XXVI : Parthénogenèse.

Chapitre XXVII : Fécondation.

Chapitre XXVIII : Hérédité.

Troisième partie : vie psychique

Livre VI

Chapitre XXVIII : L'individualité psychique.

Conclusion et Table

La première partie étudie la vie monoplastidaire ou vie élémentaire dont l'observation se répartit en analyse brève (mouvement, lumière, chaleur, chimiotaxie, addition, mérotomie) ; viennent ensuite les analyses de longue durée : régénération, rôle du noyau, vies élémentaires manifestées et latentes, mort élémentaire, continuité de la substance du plastide, irritabilité, anesthésiques et poisons, morphologie et physiologie des plastides et leur évolution en milieu illimité ou limité, mort du plastide, leur individualité. Les observations de très longue durée : évolution de l'espèce des plastides, apparition de la vie élémentaire et concurrences vitales.

La seconde partie est consacrée aux polyplastidaires : l'individu métazoaire est observé sous l'angle des plastides incomplets, du milieu intérieur, du système nerveux, de la loi de l'assimilation fonctionnelle, de l'excitation fonctionnelle et de la différenciation histologique, de l'individualité des métazoaires, de la vie à l'état adulte et du balancement organique et enfin sous l'aspect vieillesse et mort qu'elle soit naturelle, accidentelle, consécutive au milieu intérieur ou par discontinuité nerveuse.

La reproduction des métazoaires ouvre la perspective sur la parthénogenèse, la fécondation et l'hérédité.

La troisième partie esquisse la vie psychique dans son individualité.

Il est intéressant d'en lire la critique par Alfred Binet (1857-1911), parue dans *L'année psychologique* la même année, **3**, 350-354. Certes, admet Binet, Le Dantec est un penseur original dont les arguments ne sont pas absolument convaincants et qui s'aventure avec témérité dans le champ difficile des théories de la vie. L'auteur distingue la vie des microorganismes qu'il désigne comme vie élémentaire et celle des êtres pluricellulaires qu'il désigne comme la vie tout court. C'est une nouveauté purement métaphorique qui amène Le Dantec à diviser l'ouvrage en trois parties : 1° étude des monocellulaires qu'il appelle plastides, 2° examen des êtres polyplastidaires, 3° phénomènes de conscience. L'auteur étudie les particularités qui caractérisent la vie élémentaire : 1° structure particulière du plastide qui n'explique pas la vie puisqu'elle se maintient chez l'animal mort ; 2° la teneur chimique qui caractérise uniquement le plastide vivant ; enfin 3°, le mouvement variable selon les espèces et défini par Claude Bernard comme *la propriété que possède tout élément anatomique d'être mis en activité, et de réagir d'une certaine manière sous l'influence des excitants extérieurs.* Mais les agents physiques ou chimiques possèdent également ces propriétés.

Le Dantec s'étend longuement sur la motilité des microorganismes qui réagissent à la lumière qui les attire ou les repousse, à la chaleur, aux stimulations chimiques ou mécaniques.

Il est persuadé qu'il faut assimiler les mouvements du vivant à ceux de la matière brute, la comparant au comportement du potassium jeté dans de l'eau et qui virevolte en libérant de l'hydrogène et des étincelles. En ce qui concerne la nutrition, l'auteur veut réduire ce phénomène biologique à celui de l'activité de la matière brute. Qu'est-ce qui distingue la matière vivante de la matière brute ? L'assimilation : *Nous ne connaissons en chimie aucune substance qui ne se détruise en tant que composé défini chaque fois qu'elle réagit d'une manière quelconque... il y a reconstitution des substances mêmes qui sont actives dans les réactions considérées...* chez le vivant !

Il récapitule ses conceptions dans une formule qu'il considère comme l'équation de la vie : a=les substances plastiques de la cellule ; Q=les substances prises au milieu extérieur ; R=les substances restituées ; l=un nombre quelconque>1 : a+Q=la+R.

Et il approfondit son idée : *Les phénomènes vraiment vitaux, ceux par lesquels se manifeste la vie, accompagnent la synthèse des substances plastiques, comme la production de chaleur et de lumière accompagnent la synthèse de l'eau ; on admet généralement le contraire, c'est-à-dire que les phénomènes qui caractérisent la vie accompagnent la destruction de substances plastiques, comme la chaleur accompagne la destruction par combustion du gaz d'éclairage.* Cette équation contredisait la loi mécanique de destruction fonctionnelle de Claude Bernard qui stipulait que tout tissu qui fonctionne se détruit pour assimiler ensuite au repos.

Selon Le Dantec tout comme la levure de bière se multiplie et produit la fermentation ou comme les muscles grossissent quand ils travaillent ou s'atrophient quand ils sont inactifs, la fonction crée l'organe. L'asthénie est la conséquence de l'accumulation de la substance R qui accompagne la vie primitive. Cette substance engendre le sommeil. L'influx nerveux remet dans l'état de vie élémentaire les plastides qui, avant ce stimulus, étaient des plastides incomplets...

Et Binet de conclure, avec justesse : *Telles sont les idées les plus originales de ce livre, dont le principal défaut est un caractère hautement hypothétique. Remarquons aussi chez l'auteur une tendance scholastique à la discussion des mots, plutôt qu'à la discussion des faits d'expérience.*

La critique et les craintes de Binet étaient justifiées. Ces lignes écrites par Le Dantec dans l'avant-propos de la troisième édition de son livre en 1904 sont accablantes pour l'auteur : *Je dirais volontiers que l'étude de la karyokinèse* (mitose) *n'est pas plus utile, dans la recherche de l'essence de la vie, que l'étude de la forme des flammes dans l'explication des combustions. Cette simple comparaison de la vie avec un phénomène, la flamme, dont la nature chimique, produit et dirige la morphologie, amène à subordonner toutes les manifestations morphologiques aux réactions dont elles dépendent. J'ai déjà rapproché, dans l'introduction de ce livre même, l'erreur vitaliste et l'erreur du phlogistique ; il y a lieu de pousser ce rapprochement encore plus loin et de classer les phénomènes vitaux, dans les réactions chimiques qui, comme la flamme, font de la morphologie. Et cela suffit pour montrer que l'étude des éléments figurés n'est pas indispensable à ceux qui se préoccupent seulement de l'essence des phénomènes vitaux.*

En 1907 parait, dans le *Mercure de France,* un article intitulé La philosophie de M. Le Dantec. Ce papier cible essentiellement la *Théorie Nouvelle de la vie* dans sa troisième édition, revue, de 1904. Une quatrième paraîtra en 1908. La signature au bas des dix-sept pages de l'article, Marius-Ary Leblond, nom de plume correspondant en fait à deux journalistes de l'île de la Réunion, Georges Athénas (1877-1953) et Aimé Merlo (1880-1958) qui obtiendront le prix Goncourt en 1909 pour leur roman, *En France.* Considérant Le Dantec comme le continuateur de Claude Bernard, ils font remarquer qu'il conteste et réfute de nombreux points de doctrine du grand physiologiste dont il pourchasse avec détermination les derniers vestiges de vitalisme. Il affirme haut et fort que la vie de l'être humain est la résultante des activités coordonnées de milliards de cellules, les plastides, et que c'est une erreur de ne pas distinguer la vie d'une cellule de celle de la coopération de milliards d'éléments constituant les organismes vivants. L'originalité de Le Dantec, comme le souligne Giard, c'est de montrer que les phénomènes fonctionnels accompagnent l'assemblage de substances plastiques, comme la production de chaleur et de lumière va de pair avec certaines synthèses chimiques. Claude Bernard disait qu'il y avait comme un dessein préétabli de chaque organisme qui guide chaque être et chaque organe dans son trajet et dans sa fonction. Le Dantec n'est pas de cet avis et voit une intime relation entre morphologie et physiologie, entre le fonctionnement des organes et la détermination et le développement des morphologies.

M. Le Dantec a réalisé une œuvre très originale et moderne en faisant de la polémique une forme nouvelle et non moins créative de la science. Tandis que d'autres partent presque exclusivement de leurs observations et idées pour édifier leur système, M. Le Dantec préfère tirer sa philosophie scientifique de la vie de la discussion point à point des systèmes qui ont été établis avant lui : la science a passé d'une période exclusivement constructive à une période de critique.

Dans *Évolution et hérédité,* Le Dantec montre que la seule particularité qui sépare les corps bruts des corps vivants, c'est l'assimilation.

En revanche, définir l'espèce par ses caractéristiques chimiques et la race par ses proportions quantitatives est plus discutable, la qualité n'étant qu'une question de quantité. Il a tendance à tirer de ses prémisses par une cascade de syllogismes serrés, ses déductions sur la mérotomie en fournissant un bon exemple.

Il remet en question le langage car nous employons des mots utilisés par nos ancêtres qui ont fixé leur façon de sentir et d'apprécier dans les idiomes qu'ils utilisaient : *Notre langage est rempli d'erreurs, puisque nous le tenons des ignorants qui étaient nos ancêtres,* affirme-t-il dans *Le Conflit.* Notre conception de la mort vient de cette incompréhension : dire « Je suis mort » est une aberration car « Je » prouve que je suis en vie. Mais c'est aussi le corollaire de la croyance en la survie de l'âme. Il est convaincu que la vie est d'essence chimique. Il ajoute : *Ce qui n'agit sur rien de ce que nous connaissons nous est parfaitement indifférent, et il est vraiment illogique d'attribuer à cette inconnaissance la direction du monde.*

Dans *Lamarckien et Darwinien,* 1899, Le Dantec résume les théories des deux biologistes et tente de concilier les deux théories en les transposant de l'observation des êtres supérieurs à celle des êtres simples.

Dans son *Évolution individuelle et hérédité,* 1898, il récupère les hypothèses de Roux et de Delage *et reprend leurs théories incomplètes et infirmées par des explications vitalistes mystérieuses ; il remplace celles-ci par des explications mécanistes de biochimie, et il expose une théorie qui donne toutes les conséquences des prémisses. Cette façon d'arriver à établir sa solution en reprenant les définitions des autres et en y utilisant tout ce qui s'y trouve de bon est caractéristique de son procédé général d'esprit : c'est d'un savant avant tout logicien, organisateur. Il introduit à titre capital la Logique dans la science, faisant une Biologie avant tout logique, et c'est une opération très importante.*

Les auteurs soulignent pour conclure, le caractère éminemment philosophique de l'œuvre de Le Dantec qui se comporte avec les philosophes de manière catégorique, flegmatique et stricte. Il donne ainsi le spectacle d'un esprit scientifique moderne et révolutionnaire face à la philosophie du passé.

Bactéridie charbonneuse, assimilation-variation-sélection, Paris, 1897

Accepté sur recommandation de Giard et de Julien Costantin (1857-1936) comme préparateur à l'Institut Pasteur, il aura l'opportunité de développer des arguments expérimentaux à propos du charbon concernant ses conceptions néo lamarckiennes et de l'évolution des espèces. On peut y lire : *Le milieu animal est infiniment plus hétérogène que tout milieu artificiel, il est donc tout naturel que des variations de divers sens se produisent aux différents endroits d'une culture de bactéridie qui s'y développe. Mais précisément dans un tel milieu, la bactéridie ne donne pas de spores, de telle sorte qu'aucune des variations ne se trouve fixée à un moment donné à l'état permanent. Ce sont des conditions excellentes pour que la sélection naturelle s'exerce à chaque instant et favorise la multiplication du plus apte, et que, par conséquent, ceux des plastides qui ont subi une variation dans le sens d'une augmentation de virulence deviennent à chaque instant plus nombreux par rapport aux autres... Tout ce qui précède montre l'extrême complexité de cette question de la variation et en même temps l'utilité immense du principe de Darwin qui nous sert de fil d'Ariane à travers tous ces dédales. Chaque fois qu'il semble en défaut, c'est qu'il y a eu analyse incomplète du phénomène.*

Le déterminisme biologique et la personnalité consciente, esquisse d'une théorie chimique des épiphénomènes, Paris, 1897

Cet ouvrage de 156 pages pour la première édition sera réédité de nombreuses fois, en 1908 puis en 1912 notamment, et le juriste Jean Halleux (1868-1936) en fera la critique dans la *Revue néo-scolastique de philosophie* en 1914.

Il comprend deux parties :

Première partie : les phénomènes

I-La volonté des plastides

II-Passage des plastides à l'homme

III-Définition de l'instinct et de l'intelligence.

IV-Développement du système nerveux.

Deuxième partie : les épiphénomènes

V-Conscience élémentaire et conscience somme (Théorie de Haeckel)

VI-Chez les polyplastidaires (énergie spécifique ; raison ; sommeil, rêves ; mémoire, oubli ; mort ; résumé et conclusion).

Au tout début de l'introduction, on trouve cette phrase qui résume assez bien l'état d'esprit de l'auteur : *Quand nous nous livrons à l'observation d'un phénomène quelconque, nous faisons naturellement abstraction de nous-même ; nous sommes témoins sans songer à nous demander comment il se fait que nous puissions être témoins. Nous arrivons facilement ainsi à nous convaincre qu'un corps chimique donné réagit toujours de la même manière, dans les mêmes conditions. Nous concluons au déterminisme chimique. Une étude approfondie des phénomènes vitaux nous amène de la même manière, quoique plus difficilement, à conclure au déterminisme biologique, lorsque nous procédons du simple au complexe.* L'être humain est soumis aux mêmes contraintes : il est un animal comme les autres et il est astreint au même déterminisme biologique. Il faut d'abord distinguer ce qui est du domaine de l'instinct et ce qui revient à l'intelligence. L'instinct c'est l'opération mentale qui se traduit par un mouvement adapté, antérieur à l'expérience individuelle et qui s'exécute de manière uniforme dans les mêmes conditions chez tous les animaux appartenant à la même espèce. En revanche, l'intelligence est une faculté qui permet d'adapter de façon délibérée les moyens à l'objectif visé. Cela implique la compréhension de la relation entre les moyens et la fin, mécanisme qui s'adapte à toutes les circonstances aussi bien pour l'individu que pour l'espèce. On notera que l'intelligence se différencie de l'instinct par l'intervention de la volonté qui stimule l'activité dans une direction choisie avec perspicacité.

À propos de l'intelligence des plastides, Le Dantec insiste sur la nécessité, quand on aborde ces questions, de commencer par le bas de l'échelle des êtres les plus simples pour aller jusqu'à l'homme. Ainsi les unicellulaires quand on sait que l'être humain est un œuf au début de son existence et que sa croissance s'accompagne d'une croissance de cellules semblables à celles des protozoaires qui peuplent les eaux des rivières et des étangs, soumis à l'instinct de conservation selon certains, interprétation spécieuse et anthropomorphique. En réalité, cet instinct est la conséquence des facultés d'assimilation spécifiques à la matière vivante et celle-ci dépend des propriétés chimiques qui déterminent notamment leur mobilité. Imaginer qu'une conscience existe chez les protozoaires revient à admettre qu'elle est dépourvue d'activité directrice et ne peut être qu'un épiphénomène car tous les protozoaires sont déterminés par les conditions du milieu et liés aux propriétés chimiques des corps en général.

Quand on transpose à l'homme, évidemment, la conscience devient une réalité. *Nous savons ce que nous faisons, nous ne faisons pas ce que nous voulons ; il y a en nous que des épiphénomènes de conscience concomitants à des phénomènes chimiques ; la volonté est une illusion... Cette illusion de la volonté provient naturellement de la notion d'individualité, de personnalité, dont l'inutilité physiologique ressort clairement du passage suivant de M. Ribot (Les maladies de la personnalité) : L'unité du moi, au sens psychologique du mot, c'est la cohésion pendant un temps donné d'un certain nombre d'états de conscience clairs accompagnés d'autres moins clairs, et d'une foule d'états physiologiques qui, sans être accompagnés de conscience, agissent autant qu'eux. Unité veut dire coordination.* Le commentaire de Le Dantec est le suivant : *Tout acte exécuté par l'homme à un moment donné est précisément la résultante de son état au moment considéré et est, par conséquent en harmonie avec sa pensée du moment (épiphénomène inactif) ; c'est là qu'est l'explication de l'illusion de la volonté dans les opérations conscientes.*

Voici d'ailleurs un moyen très simple d'exprimer d'une manière précise ce qu'on doit entendre par ces mots : l'illusion de la volonté.

Supposez (cas purement hypothétique) qu'il y ait, à un moment déterminé, deux hommes identiques atomes à atomes. Ces deux hommes auront naturellement les mêmes souvenirs (mémoire histologique). Eh bien ! placés à ce moment déterminé dans des conditions identiques, ils VOUDRONT exactement la même chose, ce qui est la négation d'une volonté absolue, d'une liberté véritable.

Contestant, une fois de plus, Claude Bernard auquel il reproche de n'avoir pas suffisamment approfondi l'étude du développement de l'être vivant et même de l'avoir dit explicitement dans ses *Leçons sur les phénomènes de la vie* : *Nous voulons bien faire comprendre ce point essentiel que la morphologie doit être complètement distincte de l'activité physiologique des organes. Les lois morphologiques sont des lois que nous avons appelées dormantes ou expectantes, qui n'empêchent ni ne produisent aucun phénomène vital, qui n'agissent pas et sur lesquelles on ne saurait agir.*

Le Dantec prend comme exemple le « cinématographe » pour démontrer le contraire en soulignant que le film d'une vie met en évidence le lien entre morphologie et physiologie, ne serait-ce que le passage de l'enfance à l'âge adulte. En fait, les deux activités morphogéniques et physiologiques, l'une plus lente que l'autre, dépendent toutes deux d'une semblable activité chimique. L'auteur de *l'Introduction à l'étude de la médecine expérimentale* estimait que le fonctionnement de l'organisme vivant se déroulait comme s'il n'y avait pas de force vitale et que par conséquent il fallait écarter des études physiologiques des questions qui ne les concernaient en aucune façon. Notre auteur conteste cette façon de voir et affirme qu'en associant physiologie, morphologie et psychologie *on obtient les avantages suivants :*

1° Il est bien certain, une fois admis le rôle purement passif des épiphénomènes de conscience, qu'on ne voit aucun intérêt à tenir compte de ces épiphénomènes dans l'étude de la vie ; aussi les néglige-t-on toutes les fois qu'il s'agit d'étudier des phénomènes observables ; mais il n'y a pas que des phénomènes observables, au moins avec nos moyens actuels d'investigation ; nous ne savons pas, par exemple suivre directement les phénomènes physiques et chimiques qui se produisent dans le cerveau d'un mammifère ; or, ces phénomènes lorsqu'ils se produisent en nous-mêmes, s'accompagnent d'épiphénomènes témoins, et seuls ces phénomènes peuvent nous renseigner, quelque obscurs que puissent être les renseignements qu'ils nous donnent, sur ce qui se passe dans un cerveau de mammifère. Essayer d'établir un parallélisme entre tel épiphénomène de conscience et tel phénomène de conduction nerveuse, c'est donc se préparer un nouveau moyen d'exploration physiologique, que rien jusqu'à présent ne peut remplacer et qui conduira peut-être à des résultats très importants.

2° Outre les renseignements physiologiques précieux que l'on peut tirer de cette méthode de recherche, on y trouvera probablement aussi l'explication des illusions que nous appelons volonté, liberté, etc., et de leurs variations dans le sommeil, la folie et toutes les altérations de la personnalité.

Définition de l'instinct et de l'intelligence : Tous les comportements sont déterminés par l'environnement. La volonté n'est qu'une illusion et l'observation du résultat d'un réflexe ne doit pas amener à se demander s'il est conscient ou inconscient, objectif qui sera sans doute à jamais inaccessible. *En résumé, ce que nous appelons facultés des plastides, ce sont uniquement les propriétés chimiques de leurs substances constituantes. Si ces substances constituantes sont exactement les mêmes dans tous les plastides d'une même espèce, leurs propriétés seront identiques, et tous réagiront de la même manière dans les mêmes conditions.* C'est pour certains la définition de l'instinct chez tous les individus d'une même espèce. Ça ne l'est pas pour Le Dantec. Il estime que pour les unicellulaires, il ne convient pas de parler d'instinct, encore moins d'intelligence ; en revanche pour les animaux supérieurs, *un acte est intellectuel tant que le chemin suivi par le réflexe correspondant dépend d'un état de l'organisme, variable à chaque instant avec les circonstances extérieures ; il est instinctif quand ce chemin est tracé une fois pour toutes, originellement pour les instincts spécifiques, secondairement pour les instincts individuels acquis. Autrement dit un acte est instinctif quand il dépend d'un chemin nerveux, immuable, adulte ; il est intellectuel quand il dépend d'un chemin variable, sans cesse modifié par les rapports des diverses parties du système nerveux.*

Développement du système nerveux : Les mathématiques ne sont d'aucun secours pour démêler l'écheveau inextricable des synapses qui relient entre eux les neurones, leurs dendrites et leurs cylindraxes. Bien sûr, le lamarckien surgit à propos de l'interprétation du fonctionnement de ce maillage inextricable : il faut la répétition, encore la répétition, pour que le chemin de l'influx soit tracé, sillon élémentaire de la mémoire, de l'habitude, le mot est lâché et… la fonction crée l'organe ! Il cite néanmoins Ramõn y Cajal (1852-1934) et ce passage lyrique du grand neurologue espagnol : *Si nous ne craignions d'abuser des comparaisons, nous dirions que l'écorce grise cérébrale est pareille à un jardin semé d'arbres innombrables qui, grâce à une culture intellectuelle, peuvent multiplier leurs branches (panaches), enfoncer plus loin leurs racines (cylindre-axes et leurs ramifications), et produire des fleurs et des fruits (travail intellectuel) chaque fois plus variés et plus exquis,* ce que Le Dantec interprète comme une application de l'assimilation fonctionnelle. Son interprétation du mot « adulte » pour désigner un achèvement, l'existence d'un fonctionnement neurologique identique à lui-même et l'acquisition d'instincts secondaires ou acquis, peut prêter à confusion car trop restrictif. Et l'ombre de Lamarck revient, un peu obsessionnelle : On peut perdre une habitude si les circonstances sont telles que le réflexe correspondant reste longtemps sans se produire, etc., etc. Oui, et cætera, et après, cher Félix ?

On en arrive aux épiphénomènes :

Conscience élémentaire et conscience somme (Théorie de Haeckel). La comparaison du neurone avec un plastide est à la fois audacieuse et périlleuse. On en arrive à Haeckel et à son hypothèse également téméraire de la conscience atomique. Ainsi les atomes auraient une conscience, du moins ceux qui sont présents dans les substances colloïdes : carbone, azote, hydrogène. Le Dantec n'y voit pas d'objection. Il admet cependant la différence qui existe entre une goutte d'eau et un plastide. La sensation moléculaire est extemporanée car les déplacements d'atomes détruisent la molécule. Pour le vivant, ces déplacements d'atomes reconstruisent inlassablement les molécules détruites. Cette continuité pourrait être considérée comme l'épiphénomène d'une mémoire élémentaire consciente, autrement dit l'équivalent de l'assimilation. Le métabolisme des plastides entretient un équilibre de la composition du protoplasma par une activité chimique continue. Selon notre auteur, il y aurait *constamment « sensation » par suite des déplacements d'atomes qui constituent les molécules de substances plastiques ; on peut appeler cette sensation la sensation de vie élémentaire manifestée ; c'est l'épiphénomène concomitant des réactions chimiques qui se produisent sans cesse dans le plastide, et qui, par suite de l'assimilation qui en résulte, peuvent continuer à se produire dans un milieu convenable.*

Mais revenons-en à Haeckel qui soutient imperturbablement que les atomes sont vivants et bénéficient de tous les attributs de la vie : ils souffrent, ils jouissent, ils ressentent des attirances ou des répulsions, ils possèdent une volonté qui explique leur comportement qui ne souffre aucune déviance : leur réaction est irrémédiablement fixée et ce qu'ils ont fait ils ne peuvent que le faire à nouveau. Naturellement, Le Dantec y voit une déplorable confusion entre phénomène et épiphénomène. Enfin, il n'admet pas d'assimiler la mémoire qui accompagne la vie élémentaire à la mémoire qui accompagne la vie et qui résulte de l'organisation d'innombrables neurones qui disposent comme tous les plastides, d'une mémoire élémentaire.

Et chez les polyplastidaires ? Autrement dit chez l'homme. L'habitude fait qu'un acte primitivement conscient devient inconscient par habitude ce qui est comparable au fait qu'un acte initialement intellectuel devient ultérieurement instinctif.

L'énergie spécifique correspond à un facteur physique ou chimique qui détermine chez un plastide des réactions spéciales inexistantes si l'agent en question n'intervient pas. Le fait que nous rapportions à la lumière la sensation lumineuse, au son la sensation auditive, au toucher la sensation tactile, ne prouve pas qu'il y ait un rapport entre ces sensations spécifiques et les phénomènes physiques qui en sont le support.

La raison, c'est la possibilité qui est donnée à l'homme de mettre ses actes en conformité avec les circonstances extérieures, et de tirer parti de son expérience. Ces mécanismes impliquent l'existence d'une volonté qui est raisonnable, cela étant pour ceux qui admettent l'existence de cette volition. Pour ceux qui en doutent, comme notre auteur, et qui n'y voient qu'une illusion, qu'un témoin épi phénoménal sans conséquences qui amène une seule question : comment l'être humain peut-il être raisonnable dès lors qu'en lui tout est déterminé par son organisation fonctionnelle et par son environnement ? On peut l'expliquer en rappelant la loi d'assimilation fonctionnelle qui fait que chaque organe est adapté à sa fonction et à son auto-préservation. On n'oubliera pas le rôle prépondérant du système nerveux dont les fonctions restent mystérieuses. Lamarck apparaît dans cette phrase : *La raison est donc, au point de vue des phénomènes apparents, un résultat de l'assimilation fonctionnelle et de la similitude de structure des hommes ; au point de vue des épiphénomènes sensationnels, un résultat de l'habitude que nous avons acquise de constater que tel épiphénomène accompagne toujours tel phénomène correspondant, par suite même de la structure de notre cerveau ; si nous savions ce que pense un chien, nous trouverions probablement qu'il est fou, parce que son cerveau est différent du nôtre.*

Pendant le sommeil les seuls actes déterminés en nous par les excitations extérieures sont des actes instinctifs et par suite inconscients, tandis que les opérations conscientes qui correspondent à l'activité chimique des diverses parties du système nerveux absolument dépourvues de relation avec l'extérieur. Les excitations chimiques d'origine interne suscitent des sensations de phénomènes extérieurs sans véritable existence. Pour Le Dantec, l'illusion du rêve est une folie périodique.

La mémoire et l'oubli. Deux phénomènes se côtoient dans la souvenance : d'une part le fait que nous nous remémorons une chose que nous n'avons pas oubliée, d'autre part le mécanisme qui consiste à nous en souvenir.

La mort détruit simultanément les personnalités physiologiques et psychologiques. On distingue la mort générale ou mort proprement dite de l'animal, et la mort élémentaire des tissus.

En résumé, pour établir le parallélisme de la psychologie et de la physiologie d'un être supérieur, nous avons uniquement admis :

1°-*Que les atomes ont une conscience fixe et immuable pour une espèce atomique déterminée*... ce qui reste à démontrer !

2°-*Que les consciences atomiques s'ajoutent dans une molécule, les consciences moléculaires dans un amas continu de substances plastiques, et les consciences plastidaires dans l'ensemble du système nerveux d'un être supérieur.*

En partant de ces seules hypothèses, qui nous ont d'ailleurs été suggérées par les phénomènes chimiques particuliers aux substances plastiques, nous avons pu nous expliquer tous les épiphénomènes de conscience des êtres supérieurs et de l'homme. On pourrait peut-être s'expliquer ces épiphénomènes en partant d'autres hypothèses ; l'important est de montrer qu'on peut se les expliquer sans admettre quelque chose de contraire au déterminisme chimique.

En effet, nous avons dû constamment nous rendre compte que, dans toute la biologie, il n'y a pas d'intervention mystérieuse de principes immatériels ; les épiphénomènes sont des témoins inactifs et leur étude est absolument inutile à celle des phénomènes de la vie.

Tout se passerait de même dans la nature si les corps conservaient toutes leurs propriétés à l'exclusion de la propriété de conscience ; les substances plastiques sont, comme toutes les autres substances brutes, soumises à la loi d'inertie : « Un corps ne peut modifier par lui-même son état de repos ou de mouvement ».

Comme nous l'avons vu au début de cet examen du *Déterminisme biologique*, Jean Halleux (1868-1936), juriste, professeur de droit et de morale, se livre à une critique systématique de cette œuvre de Le Dantec, sans doute sur la quatrième édition datée de 1912. Halleux, en deux articles totalisant 27 pages, reproche à l'athée qu'est l'auteur de l'ouvrage, son monisme, car il est convaincu que l'âme n'existant pas, la vie intellectuelle et morale n'est due qu'à l'action des forces physico-chimiques. Or, ce monisme que revendique l'auteur et qui lui permet d'expliquer la vie est bel et bien une métaphysique proche de celle des matérialistes. Il en arrive à concevoir l'homme à l'image du plastide. Mais Le Dantec va plus loin : pas de libre arbitre puisque toutes les activités physiques et psychiques obéissent à un rigoureux déterminisme. La conscience se contente d'enregistrer, témoin inactif, spectatrice impavide. Le rapprochement entre le plastide isolé et l'agglomérat de plastide qui constitue l'être humain, fait que le comportement du plastide est commun au protozoaire et à l'homme.

Halleux s'élève contre cette théorie : *M. le Dantec connaît mal le dualisme et son déterminisme biologique n'est qu'une construction de l'esprit dépourvue de toute base positive.* Il reproche à l'auteur de n'être ni aristotélicien ni cartésien et souligne le fait que la perception d'un organe sensoriel et sa répercussion psychique sont inséparables. La perception externe, fonction de l'âme, est soumise à des impératifs organiques. Toute sensation dépend d'une modification du cerveau, de même que toute pensée, ce qui présume que la sensation stimule la pensée. Mais l'âme, qu'est-ce qui prouve son existence ? Certes les tissus qui constituent le corps sont constitués d'une myriade incalculable de cellules. Néanmoins, selon Halleux, *au point de vue psychique, c'est-à-dire tel que j'apparais au regard de ma propre conscience, je suis tout autre chose. J'ai le sentiment d'être un seul être et non plusieurs. Sans doute, des tendances opposées luttent en moi ; malgré tout, mon unité fondamentale s'affirme. Il ne s'agit pas ici d'une simple unité de coordination, comme si plusieurs êtres s'associaient en vue d'une œuvre commune, mais d'une unité foncière. Je ne suis pas un être collectif, une société, je suis un individu. Rien de plus certain que l'unité de la personne. Supprimez l'unité, la personne s'évanouit. Dans les propositions suivantes : je pense, je vois, je veux, j'entends, etc., c'est bien le même agent, le même principe dynamique, la même force qui désigne le pronom personnel. Cette force, je la sens positivement agir au-dedans de moi, je la retrouve toujours identique à elle-même sous les manifestations les plus diverses de ma vie consciente, non seulement je la sens agir en moi, mais je sens qu'elle est moi-même, qu'elle me constitue dans ce que j'ai de plus intime, elle n'est pas seulement objet de conscience, elle est la conscience même, elle est tout à la fois le connu et le connaissant, et c'est elle que j'appelle : l'âme.*

L'auteur du *Déterminisme biologique* admet que l'exclusivité du biologique dans la constitution de l'organisme humain interdit toute individualité puisque finalement chaque cellule est un échantillon d'être humain bien incapable de la moindre singularité. L'analogie avec une foule constituée d'une multitude d'individus étrangers les uns aux autres est tout à fait adaptée, selon Halleux, qui ajoute que la complexité du fonctionnement du cerveau ne laisse pas la moindre place aux hypothèses de Le Dantec, le moi cérébral pensant, voulant, sentant serait multiforme, et le moi sensoriel et celui qui agit seraient distincts.

Il y a une certaine analogie entre les idées de Le Dantec, qui affuble la matière d'une conscience, et l'animisme qui peuplait les phénomènes naturels d'entités mystérieuses et de créatures imaginaires.

Autre argument contre les idées contenues dans le *Déterminisme biologique,* comment expliquer, si les faits psychiques sont liés aux faits physiques, l'abstraction et le caractère universel de la pensée. Si véritablement nos pensées étaient liées à des phénomènes physico-chimiques siégeant dans les neurones, il semble que toute réflexion se résumerait à des données matérielles, bien éloignées de toutes conceptions abstraites.

D'autre part, Le Dantec ne tient aucun compte du déterminisme psychologique. Pour lui, la causalité est un bloc qui n'admet pas de nuances. Comme les plastides, l'homme n'est pas libre. Mais en est-il réellement ainsi ? *On a vu que l'être psychique s'oppose à l'être physique comme l'un s'oppose au multiple. L'argument n'est pas nouveau. Aussi bien, n'ai-je pas eu la prétention d'exposer ici des vues originales. Mon but était surtout de montrer que M. Le Dantec combat une philosophie qu'il ignore.*

L'individualité et l'erreur individualiste, Paris, 1898

Préfacée par Alfred Giard (1846-1908), biologiste radical-socialiste, cette œuvre de 196 pages est le quatrième livre publié par Le Dantec et comporte quatre grands chapitres :

I-L'erreur individualiste et la conscience épiphénomène (déterminisme et vitalisme ; l'individualité dans le temps ; Edward D. Cope (1840-1897) et le rôle de la conscience dans la formation des espèces ; objections au déterminisme).

II-Pourquoi l'on devient vieux (vieillesse et vétusté ; réactions chimiques ; vieillissement des plastides ; sénescence des infusoires ; vieillesse des plantes ; fatigue et état adulte chez les animaux ; vieillesse des animaux qui ressemblent à des plantes ; vieillesse des animaux artiozoaires, animal à forme paire ou symétrique).

III-Individualité dans l'espace : individualité et polyzoïsme.

IV-L'erreur individualiste dans l'étude de l'hérédité : la variation spécifique.

Dans sa préface, Giard souligne l'antagonisme qui oppose souvent le philosophe qui poursuit la nature de la vie et de la pensée, et le savant qui ne se satisfait pas de la collecte de faits minutieusement observés. Quant à ceux qui croient utile de mettre en harmonie leurs croyances religieuses et leurs certitudes scientifiques, ils aboutissent à un salmigondis qui discrédite à la fois la philosophie et la science qu'une spécialisation envahissante cantonne dans des domaines bien trop limités. S'en est suivi un chauvinisme scientifique aussi déplorable que l'esprit de clocher le plus borné. La contradiction n'est qu'apparente entre nos méthodes d'observations de phénomènes strictement déterminés et celles des psychologues qui pratiquent l'introspection et sont persuadés d'agir en totale autonomie, en dépit d'une causalité sans laquelle il n'existe pas de démarche scientifique possible. Aussi, croyant être libres nous sommes victimes d'un épiphénomène, d'une illusion qui ne change rien au déterminisme radical de l'univers. Envisager ainsi notre liberté ne modifie en rien notre comportement moral et ne nous libère en aucune façon de nos responsabilités. À quand la fusion entre la biologie et la psychologie ? Nul ne le sait mais vous, Le Dantec, aurez contribué à ce rapprochement.

L'introduction de *L'individualité* pose comme acquis la notion selon laquelle le déterminisme absolu n'est pas incompatible avec ce que nous désignons comme la liberté individuelle. Quant au problème de l'hérédité, il est mal posé.

Le Dantec rappelle qu'il a recueilli pas mal de reproches de la part de ses collègues et de certains philosophes pour avoir outrepassé les limites de la physiologie en abordant des questions philosophiques qui dépassent ses compétences. À ce propos, il cite Claude Bernard qui, en 1878, dans les *Phénomènes de la vie,* indique : *Le malentendu entre les philosophes et les physiologistes vient sans doute de ce que le mot déterminisme est pris par eux dans le sens de fatalisme, c'est-à-dire dans le sens du déterminisme philosophique de Leibnitz... Personne ne contestera qu'il y ait un déterminisme de la non-liberté morale. Certaines altérations de l'organe cérébral amènent la folie, font disparaître la liberté morale comme l'intelligence et obscurcissent la conscience chez l'aliéné. Puisqu'il y a un déterminisme de la non-liberté morale, il y a nécessairement un déterminisme de la liberté morale, c'est-à-dire un ensemble de conditions anatomiques et physico chimiques, qui lui permettent d'exister. Nous affirmons ce fait et nous disons : Bien loin que les manifestations de l'âme échappent au déterminisme physico chimique, elles s'y trouvent assujetties étroitement et ne s'en écartent jamais, quelle que soit l'apparence contraire. Le déterminisme, en un mot, loin d'être la négation de la liberté morale, en est au contraire la condition nécessaire, comme de toutes autres manifestations vitales.* Le Dantec juge ce discours avec méfiance car, pour lui, si l'on en croit Claude Bernard, l'âme aurait toute liberté de diriger le corps dans telle ou telle direction qu'elle choisirait, abstraction faite de l'environnement et que, par conséquent, il serait impossible de savoir quel serait le comportement du corps même en connaissant toutes les conditions déterminantes. Le déterminisme des physiologistes les oblige à l'associer à la liberté individuelle. En revanche pour les psychologues la liberté individuelle est un point de départ mais ils sont bien obligés de tenir compte du déterminisme indéniable qui existe chez les êtres inférieurs. Le Dantec est persuadé que l'origine de cette querelle c'est la notion d'individualité dans le temps. Selon Pascal, *le temps guérit nos douleurs et nos querelles, parce qu'on change, on n'est plus la même personne.* La machine animale et humaine va agir de façon variable car elle dépend de multiples phénomènes moléculaires. Ainsi l'amibe qui bouge dans le champ du microscope est le siège de phénomènes physico-chimiques déterminés avec une grande rigueur. La cellule travaille, se nourrit, se scinde. L'assimilation fait que les matériaux plastiques qui la constituent se reproduisent semblables à eux-mêmes au cours de la vie élémentaire qu'elle manifeste. Pour l'être humain constitué de milliards de cellules, le problème est plus complexe : *Je suis aujourd'hui le résultat de tout ce que j'ai fait, de tout ce que j'ai pensé et appris ; et voilà pourquoi le déterminisme biologique n'entraîne pas l'irresponsabilité individuelle, quoiqu'il soit synonyme d'irresponsabilité absolue.*

Selon Lamarck, et cette théorie est reprise par Edward D. Cope, c'est le mouvement des activités chimiques et physiques qui est dominant dans la formation des espèces et pour les espèces munies d'un système nerveux, les contractions sont provoquées par cette énergie nerveuse. Chez les animaux sans système nerveux et chez les végétaux, il est probable que les stimulations externes se transforment en énergie qui circule dans le protoplasme contractile. Ici intervient la notion d'effort qui est à l'origine de tout mouvement. C'est l'opinion de Cope, ce n'est pas celle de Le Dantec qui estime que les animaux ne se sont pas perfectionnés par le mouvement mais qu'ils ont exploité les ressources d'un cerveau plus performant qui, lui-même est devenu complexe parce que les animaux ont exécuté de nombreux et divers mouvements complexes. Il a beau jeu de railler son collègue quaker qui affirme que les battements cardiaques, le péristaltisme du tube digestif, la sécrétion urinaire, les organes génitaux sont apparus chez les animaux primitifs dans des états consécutifs de conscience à l'origine d'une stimulation de mouvements volontaires devenus par la suite rythmiques…

Les objections au déterminisme sont formulées par Jean d'Estienne qui conteste l'interprétation purement matérialiste de Le Dantec pour lequel les instincts, les volitions, les appétits sont du domaine de la physique et de la chimie d'où il résulte que tous nos actes sont déterminés par des causes matérielles extérieures. La conscience est un vulgaire appareil d'enregistrement. Quant à l'âme, c'est une vue de l'esprit. On touche là le nœud du problème : d'un côté une vision a priori de l'individu comme une entité ; de l'autre, comme le résultat sans cesse en mouvement d'une multitude d'éléments variables. Un peu plus loin il écrit : *J'ai été amené plus haut à considérer l'individu tant physiologique que psychique comme une fonction continue mais variable du temps, autrement dit que la vie de l'individu est une série de renaissances successives réunies dans le temps par la continuité assimilatrice au point de vue physiologique, par l'épiphénomène corrélatif de cette continuité ou mémoire élémentaire au point de vue psychologique. Je trouve intéressant de rapprocher de cette conception la démonstration suivante que les psychologues donnent contre la théorie de la conscience épiphénomène :… une représentation mentale, un plaisir nettement senti, par exemple, a en soi une continuité d'existence telle qu'il a en commençant ses caractères psychiques essentiels et qu'il les conservera pendant toute sa durée. Il est dès le début un tout, pendant que le mouvement est un devenir. Enfin tous ces moments sont pour ainsi dire groupés en un seul... Or réunir en une seule vue le présent au passé, telle est la mémoire ; et telle est aussi selon nous la condition première de la conscience, dont l'essence est d'être une synthèse...* La réponse ou plutôt l'esquive de Le Dantec n'est pas très convaincante : *C'est précisément de la même manière que j'ai été amené à conclure, de la nature de l'assimilation, à une existence psychique continue dans le temps pour les plastides, tandis que pour les corps bruts, la sensation moléculaire extemporanée n'a aucune importance. Je n'ai pas à m'étendre de nouveau sur ce sujet.*

Le chapitre V aborde le problème de la vieillesse et de la vétusté, ce qui permet de distinguer chez l'individu qui a longtemps vécu les stigmates de la sénilité et pour les objets anciens les indices de la vétusté. On doit distinguer l'âge durée et l'âge structure, ce qui fait dire que certains ne font pas leur âge et que d'autres paraissent prématurément vieillis. Dès sa venue au monde l'homme vieillit et, en dehors du développement embryonnaire, c'est à l'âge adulte qu'apparaissent les signes du vieillissement. Le Dantec pense que l'étude des monocellulaires, les plastides, permet de mieux comprendre la sénescence mais auparavant, il se penche sur les modifications chimiques de quelques corps bruts.

Il étudie ainsi le vieillissement du vin, mystérieux jusqu'à ce que Pasteur démontre qu'il dépend de l'oxydation lente de certains de ses éléments. L'oxygène joue ici un rôle essentiel surtout lors d'une oxydation ménagée. Il compare également la production de gaz carbonique consécutive à l'action sur la craie de l'acide chlorhydrique : tant que les éléments qui rentrent dans la réaction sont abondants, la production du gaz est suffisante. L'acide vient à manquer, la réaction s'arrête car l'appareil est vieux par défaut d'un de ses éléments.

Imaginons qu'on remplace l'acide chlorhydrique par de l'acide sulfurique, le gaz carbonique est produit mais le sulfate de chaux insoluble se dépose sur la craie et entrave la production du gaz. Le vieillissement est consécutif au dépôt à son intérieur de substances qu'il a lui-même engendrées.

Pour Le Dantec, chez les plastides, on découvre les mêmes phénomènes et cela lui permet d'expliquer leur vieillissement par inanition et accumulation de substances **R**. Il résume ce phénomène dans la formule suivante :

a+Q=delta a+**R**

-a représente la totalité des substances plastiques du plastide considéré.

-Q les substances empruntées au milieu.

-delta un coefficient plus grand que l'unité.

Deux éventualités se présentent : soit le plastide est recouvert d'une substance solide qui l'encroûte à mesure qu'il vieillit, soit selon l'abondance d'aliments du milieu où il évolue, il pourra se nourrir plus ou moins longtemps, mais finira par mourir d'inanition quand il aura épuisé cette nourriture.

Il envisage ensuite la sénescence des infusoires (protozoaires ciliés) et des plantes, la fatigue à l'âge adulte des animaux due à la rétention de substances toxiques, la similitude entre le vieillissement des plantes et celui des animaux qui leur ressemblent comme le corail, le vieillissement des artiozoaires ces animaux à symétrie bilatérale, l'individualité et le polyzoïsme typique de certains animaux constitués d'une association d'individus élémentaires. Enfin il dénonce l'erreur individualiste dans l'hérédité et défend la transmission des caractères acquis.

En conclusion, il écrit : *Voici, somme toute, à quelle question se ramène l'étude de l'évolution spécifique des êtres vivants : Les êtres vivants assimilent et, par suite de leurs dimensions limitées, se reproduisent. Ils varient ; quelques-uns disparaissent quand les conditions extérieures leur sont défavorables ; seuls persistent ceux qui sont adaptés aux conditions de milieu (Darwin). Comment varient-ils ? Comment les variations profitables sont-elles transmises aux enfants, si elles le sont, voilà deux grands points à élucider. À ces deux questions les néo-darwiniens et les néo-lamarckiens répondent de deux manières tout à fait différentes. Il est à remarquer d'ailleurs que les sciences naturelles sont encore si jeunes que même les questions de faits les plus importantes sont discutées ; les adeptes des diverses théories sont animés d'un esprit de combativité qui les amène à vouloir tout interpréter par le système qu'ils ont adopté et à nier les faits qui ne se plient pas à leur mode d'explication.*

Évolution individuelle et hérédité, Paris, 1898 : voir la seconde édition de 1913

Cette première édition de 308 pages est divisée en trois parties :

Première partie : les monoplastides soit scissipares (assimilation, sporulation, variations, sélection naturelle, corrélation, première notion de l'hérédité) ; soit à évolution cyclique (simple accroissement, intervention des substances R dans l'évolution).

Deuxième partie : les êtres polyplastidaires : évolution individuelle (formation, corrélation et coordination, caractères spécifiques et topographiques, cicatrisation). Hérédité chez les êtres polyplastidaires (hérédité des caractères spécifiques, différences individuelles, classification chimique, caractères de race, hérédité des caractères individuels, le sexe, formation des espèces).

Troisième partie : discussion de quelques faits et de quelques théories ayant rapport à l'hérédité (causes de la variation spécifique, faits relatifs à l'hérédité des caractères acquis, théorie du plasma germinatif, théorie de la diplogenèse du quaker Cope, théorie des causes actuelles de Delage, télégonie ou influence du premier mâle).

Nous n'en retiendrons que l'introduction qui insiste sur la notion d'assimilation spécifique de la matière vivante par contraste avec la matière brute qui en est évidemment dépourvue. Toute étude biologique repose donc sur cette propriété. Le Dantec précise sa position : *Le but que je me proposais en écrivant cet ouvrage était de voir s'il était possible d'arriver, par la méthode que je viens d'exposer, à la compréhension de l'hérédité des caractères acquis ; j'ai donc tout sacrifié à ce but et j'ai évité de m'étendre sur toutes les questions étrangères, comme celle de la formation des espèces qui en est cependant une conséquence.*

La sexualité, Paris, 1899

Cet ouvrage de 108 pages compte dix grands chapitres :

I-Phénomènes essentiels de la reproduction (assimilation, génération agame, hérédité).

II-Notion de la sexualité (plastides incomplets par mérotomie ou division hétérogène ; plastides incapables par sénescence ; deux manières d'envisager la sexualité ; apparition du dimorphisme dans les éléments reproducteurs. Plastides équilibrés et déséquilibrés).

III-Formation des produits sexuels chez les animaux supérieurs.

IV-Les caractères sexuels secondaires. Sexe somatique. Sélection sexuelle (sélection sexuelle ; aspect général du dimorphisme sexuel ; résultats de la castration ; hermaphrodites).

V-La fécondation : hybrides.

VI-La parthénogenèse (artificielle, occasionnelle, partielle, saisonnière, juvénile, totale).

VII-Le sexe du produit dans la reproduction sexuelle et la parthénogenèse.

VIII-Époque de la détermination du sexe (expériences sur les têtards, les papillons, les plantes ; observations sur les mammifères et l'homme : détermination du sexe dans l'œuf fécondé et par les conditions du développement embryonnaire).

IX-Récapitulation.

X-Théorie du sexe (attraction des éléments sexuels ; fécondation. Loi du plus petit coefficient ; phénomènes consécutifs à la fécondation ; hérédité à la première génération : métis, hybrides ; formation des produits sexuels ; sénescence des infusoires ; produits de la seconde génération : métis, hybrides).

L'introduction débute par un rappel des premiers pas de la biologie dans la connaissance approfondie de la reproduction sexuée et de ses avatars : *Quand Albrecht raconta, en 1701, qu'il avait vu pondre des œufs féconds par un papillon de vers à soie isolé toute sa vie des autres individus de son espèce, on ne voulut pas le croire. En 1745, Bonnet se heurta à la même incrédulité lorsqu'il exposa ses observations de la reproduction des pucerons par un seul parent ; Dufour d'abord puis Kirby et Spence vérifièrent le fait, et ces auteurs y virent « un des mystères du créateur que l'intellect humain ne peut pénétrer complètement ».*

C'est une des remarques les plus curieuses et les plus fréquentes dans l'étude de la biologie générale, que la constatation de nos tendances irraisonnées à l'anthropomorphisme. Il faut pour produire un enfant, la collaboration d'un homme et d'une femme ; une nécessité de même ordre se rencontre dans la reproduction des chiens, des rats, des poulets, des lézards. C'est là un fait de notoriété publique et que nous enseigne l'observation quotidienne des animaux supérieurs. Or, les notions familières nous paraissent simples, et nous les considérons volontiers comme primitives. Nous ne nous étonnons pas de ce qu'il y a dans chaque espèce de mammifères, deux types nettement distincts et indispensables à la reproduction, parce que c'est la même chose chez l'homme. Bien plus, nous restions incrédules, il y a moins de deux siècles, ou nous criions au miracle, quand on nous annonçait qu'une abeille peut produire des rejetons bien conformés sans le secours du faux bourdon… Ces recherches ne sortiront pas du domaine empirique et auront, par conséquent, bien peu de chances d'aboutir, tant qu'on n'aura pas remplacé par une notion scientifique précise la notion anthropomorphique vague qui existe aujourd'hui dans le langage courant. Qu'est-ce que le sexe ? Quelle est la nature, l'origine des différences sexuelles qui sont la règle chez les êtres supérieurs ? Les faits connus aujourd'hui permettent-ils de répondre à ces questions ; c'est ce que nous allons chercher ici.

Le Dantec énumère les faits essentiels de la reproduction : les protozoaires, les plastides autrement dit, se multiplient par scissiparité, vie élémentaire qui se distingue ainsi des corps bruts qui se détruisent en tant que composés chimiques définis, alors que l'assimilation s'accompagne de multiplication. Un individu donne ainsi naissance à un individu identique à celui dont il est issu, première forme de reproduction.

Certains plastides donnent naissance à des êtres polyplastidaires qui ont une structure histologique personnalisée ne reproduisant pas la structure de l'élément initial dont ils proviennent. Dès lors, il y aura identité qualitative mais différence quantitative et topographique…

L'hérédité englobe non seulement les caractères spécifiques mais aussi l'hérédité des caractères de race et des caractères individuels.

Certes pour les animaux supérieurs, la reproduction par spores ou par boutures est exclue. C'est l'œuf qui joue ce rôle et, pour Le Dantec, cet élément n'est pas un élément histologique du parent. Il résulte de la fusion de deux éléments tissulaires qui, pour notre biologiste, seraient incapables d'assimilation, en quelque sorte un plastide incomplet.

La sénescence quand elle touche un plastide provoque, comme le constate Émile Maupas (1842-1916), une réduction de ses dimensions avec disparition de certains constituants du protoplasme, perte du pouvoir de se multiplier et finalement lyse totale, phénomènes qu'il désigne comme la sénescence.

On est surpris quand l'auteur de *La sexualité* affirme sans sourciller que les produits sexuels, spermatozoïde et ovule, sont des plastides incapables ! Il n'hésite pas à écrire :… *que le noyau cellulaire contient un nombre défini de corpuscules appelés chromosomes et que l'on peut mettre en évidence, à certains moments, par des réactifs particuliers... Le nombre des chromosomes est le même dans tous les éléments histologiques d'une espèce vivante sauf dans les éléments sexuels où il est réduit de moitié. On dit que, dans ces éléments sexuels, il y a réduction chromatique. Cette réduction chromatique n'est peut-être pas le seul phénomène qui rende incapables les plastides considérés, mais elle est importante parce qu'elle porte sur des corps observables.* L'ovule est volumineux et immobile. Le spermatozoïde est petit et mobile. Ce sont des plastides incapables d'assimilation. En revanche leur fusion produit un œuf, plastide capable, stade initial d'un nouvel individu. Un peu plus loin, il poursuit : *L'agglomération polyplastidaire qui résulte de l'œuf se compose, nous l'avons vu, de deux parties distinctes : le soma formé de plastides équilibrés et le tissu reproducteur formé de plastides déséquilibrés.*

Évidemment, les cellules somatiques sont destinées à disparaître avec l'individu qu'elles constituent quand il mourra. En revanche, les cellules reproductrices sont destinées à quitter l'individu avant qu'il ne meure et à participer à la création d'un nouvel être vivant. Trois éventualités peuvent se présenter : soit chez un même individu coexistent des cellules reproductrices mâles et femelles : ce spécimen est dit hermaphrodite ; soit les éléments reproducteurs sont des spermatozoïdes et l'individu est un mâle ; soit enfin ce sont des ovules que l'on trouve et dans ce cas on a affaire à une femelle. Bien entendu, au niveau du soma, bien que la distinction entre mâle et femelle soit souvent impossible chez les animaux inférieurs comme les échinodermes, cette différence est très apparente chez les animaux supérieurs : caractères sexuels primaires liés au tissu génital lui-même et secondaires qui concernent l'aspect extérieur ou le comportement.

Darwin nous apprend que les animaux dotés de force et de beauté ont éliminé ou vaincu leurs adversaires moins bien dotés.

Alfred Russel Wallace (1823-1913) interprète d'une autre façon le dimorphisme sexuel et fait remarquer que les femelles d'oiseaux dont les nids sont découverts ont des plumages ternes ou mimant l'environnement alors que les femelles dont le plumage est aussi voyant que celui des mâles ont des nids couverts.

En conclusion Le Dantec affirme :

1° Les éléments histologiques du soma n'ont pas de sexe.

2° Le dimorphisme sexuel du soma est uniquement le résultat de l'influence du tissu génital dans la corrélation générale.

Et l'hermaphrodisme, cette coexistence chez un même individu des tissus génitaux mâles et femelles ? C'est commun chez les cestodes comme le ténia. Il y aurait trois éventualités d'hermaphrodisme : 1° Espèces contenant des individus tous hermaphrodites ; 2° Espèces contenant des individus hermaphrodites et des individus mâles ; 3° Espèces contenant des individus mâles et femelles.

La chimiotaxie explique le mécanisme de la fécondation, l'ovule attirant le spermatozoïde en répandant dans le liquide où a lieu la fécondation une substance qui attire le gamète mâle. Les biologistes ne s'accordent pas sur le mécanisme qui préside à la fécondation. Pour les uns l'élément sexuel n'assimile pas car il est dépourvu des substances chimiques nécessaires. Pour les autres, la fécondation procure à l'élément sexuel une énergie qui le stimule. Le Dantec reste sur sa position de toujours : le plastide incomplet, incapable d'assimiler et de se reproduire par scissiparité.

Apparemment, il ignore qu'il existe deux sortes de spermatozoïdes porteurs du gène X ou porteurs du gène Y. Il récuse donc l'hérédité du sexe. Il étudie un hyménoptère, l'abeille, un minuscule rotifère sexué, *l'hydatina senta,* et la daphnie, petit crustacé d'eau douce. De ces trois cas, on déduit tous les phénomènes connus concernant l'alternance des générations sexuelles et parthénogénétiques.

À quelle époque le sexe se détermine-t-il ? La nourriture influence la détermination du sexe si l'on en croit le résultat des expériences de Yung qui obtient 78 % de femelles en nourrissant les grenouilles avec de la viande de bœuf et 92 % de femelles en leur donnant de la chair de grenouille... La nourriture végétale habituelle aurait donné 43 mâles. Les chenilles de papillons mises à la diète deviennent des mâles ; celles gavées donnent des femelles. Chez les plantes, les résultats sont moins probants.

Observation sur les mammifères et l'homme*. Ici, les conditions ne sont pas favorables à l'expérience. Le premier âge du jeune animal se passe dans l'utérus maternel, et quand il vient au jour, son sexe est déjà déterminé irrévocablement. Comme il est difficile d'influer directement sur les conditions de milieu réalisées dans l'utérus, on ne peut pas donner de preuves* *expérimentales à l'appui de la théorie qui veut que le sexe soit déterminé dans l'œuf fécondé, ou de celle qui veut que les conditions extérieures aient, au contraire, une influence sur la détermination du sexe pendant le premier âge de l'embryon. L'étude morphologique des embryons humains montre que pendant les premiers temps, les deux sexes sont construits sur le même type ; la différenciation apparait plus tard. Il est donc vraisemblable d'admettre avec Laulanié* (Frédéric Laulanié 1850-1906*) que les très jeunes embryons sont hermaphrodites comme les jeunes têtards ; seulement nous dirons toujours sous la réserve expresse que nous ne savons pas ce qu'est la quantité de sexe, qu'il y a des degrés quantitatifs dans cet hermaphrodisme individuel comme chez les têtards. Alors, toujours comme chez les têtards, le sexe futur du jeune serait déterminé dans l'œuf pour les types extrêmes, c'est- à-dire pour les types presque uniquement mâles ou presque uniquement femelles (L'œuf est neutre c'est-à-dire ni mâle ni femelle, mais il peut être tel que le soma neutre qui en dérivera sera plus favorable au développement du tissu mâle ou du tissu femelle pour des conditions de nutrition inhérentes à la nature de ce soma), mais, pour les types moyens, les conditions ambiantes pourraient avoir pendant le jeune âge une influence déterminatrice. La possibilité de ces deux cas expliquerait le peu de concordance qui existe entre les résultats expérimentaux ; il y a, somme toute, plus de théories que d'expériences à propos des mammifères.*

Le Dantec s'égare et se perd dans des hypothèses abracadabrantesques. Il avance l'hypothèse que l'utérus peut créer un environnement favorable à l'apparition du sexe féminin ou du sexe masculin. Il adhère à la possibilité qu'un vieux spermatozoïde pénétrant un ovule jeune donnera une femelle alors qu'un spermatozoïde juvénile fécondant un vieil ovule engendrera un mâle. Si les deux éléments sont vétustes, c'est l'environnement qui fera pencher la balance d'un côté ou de l'autre. Il ajoute : *En effet si les mâles sont rares, ils auront beaucoup de femelles à féconder et videront sans cesse leurs vésicules séminales, ils féconderont toujours avec des spermatozoïdes frais et donneront des œufs à tendance mâles ; si les mâles sont abondants, ils féconderont plus rarement et leurs spermatozoïdes ayant séjourné longtemps dans la vésicule séminale donneront la tendance femelle aux œufs fécondés.*

Détermination du sexe par les conditions du développement embryonnaire : Le Dantec envisage successivement le rôle d'une alimentation abondante qui favoriserait la naissance de femelles ; chez l'homme, il y a plus de naissances de filles dans les familles nanties et bien nourries que chez les prolétaires faméliques ; les petits placentas génèrent des garçons car la nutrition du fœtus est de moins bonne qualité ; certains médecins préconisent pour la mère un régime spécifique ce qui semble une voie prometteuse pour notre auteur.

Il va même chercher chez Pasteur une explication reposant sur la dissymétrie moléculaire : *Il faut que ces substances, identiques à presque tous les points de vue, diffèrent, au moins d'une manière, par un caractère qui les rende complémentaires l'une de l'autre. J'ai été amené par les réflexions précédentes à songer aux phénomènes de dissymétrie moléculaire découverts par Pasteur, et à y voir l'explication de l'origine du sexe et de la sexualité.*

La dissymétrie moléculaire est très répandue dans les substances d'origine organique ; quoi de plus naturel que d'admettre que chaque espèce de substance plastique a deux types dissymétriques : l'un droit, l'autre gauche, et par conséquent un troisième type neutre, résultant de l'accolement des deux premiers, molécule à molécule ?

Le type droit et le type gauche, identiques quant à leurs propriétés chimiques par rapport aux substances dépourvues de dissymétrie, sont différents quant à certaines propriétés physiques et aussi quant à leurs propriétés chimiques par rapport à d'autres substances dissymétriques.

Le type droit et le type gauche ont quelque chose de déséquilibré, de non pondéré ; ils ne trouvent leur équilibre véritable qu'en s'appuyant l'un sur l'autre, en se complétant l'un l'autre dans le type neutre ou équilibré. Ne vous souvenez-vous pas que Pasteur défiait les chimistes de produire, de toutes pièces, dans leurs laboratoires, une substance dissymétrique du type droit, sans produire fatalement par la même réaction la substance complémentaire du type gauche ? L'immortel cristallographe accordait à la nature vivante seule le pouvoir de réaliser cette synthèse séparée des deux substances inverses. Il faut donc que ces substances manquent réellement d'équilibre quand elles sont séparées l'une de l'autre, et c'est pour cela que j'ai employé la qualification de déséquilibré, de préférence à toute autre, dès le début de ce travail. Chaque substance plastique a donc deux types déséquilibrés ou types sexués, et un type équilibré, neutre ou asexué.

Un plastide est équilibré, neutre ou asexué quand il contient uniquement des substances plastiques équilibrées, neutres ou asexuées. Un plastide est déséquilibré ou sexué quand il contient au moins une molécule de substance déséquilibrée de type droit sans contenir le même nombre de molécules du type gauche de la même substance.

Ce plastide est mâle quand il contient des substances déséquilibrées, uniquement du type mâle (est-ce le droit ou le gauche, je l'ignore ; supposons que c'est le droit pour fixer le langage). Ce plastide est femelle quand il contient des substances plastiques déséquilibrées appartenant uniquement au type femelle ou gauche.

Voilà encore notre Le Dantec qui s'envole sur les ailes de son imagination !

Pour conclure, il fait remarquer : *On voit combien il est facile de raconter les faits en partant de la notion de quantité de sexe ; mais il y a beaucoup de danger à interpréter les faits par là même qu'on les raconte et c'est pour cela qu'il faut faire les plus expresses réserves sur les théories séduisantes dont l'origine a été uniquement l'emploi d'une expression obscure d'apparence précise.*

Qu'est-ce que le sexe ? Tant que nous ne le saurons pas nous n'avons pas le droit de parler de la quantité de sexe existant dans l'œuf.

Néanmoins, les travaux sur ces problèmes existaient à foison.

C'est Oscar Hertwig qui le premier en 1875 observe à l'intérieur de l'œuf d'oursin récemment fécondé deux noyaux qui se rapprochent l'un de l'autre pour n'en plus former qu'un. Il interprète cette image comme la fusion du noyau de l'ovule avec celui du spermatozoïde fécondant. Mais c'est Walther Flemming (1843-1905) qui désigne sous le nom de chromatine la substance dont sont constituées les particules colorantes nucléaires, montrant que la scission des particules s'effectue dans le sens de la longueur. Puis vient Wilhelm Waldeyer (1836-1921) qui, en 1888, appellera ces particules colorées, des chromosomes. Enfin, Edouard van Beneden (1845-1910), de 1883 à 1887 montre qu'il y a le même nombre de chromosomes dans le noyau de l'ovule et dans celui du spermatozoïde. August Weismann (1834-1914), vitupéré par Le Dantec, s'est trompé en opposant le plasma des cellules germinales et celui des cellules somatiques dont on sait aujourd'hui que les chromosomes sont strictement identiques. En revanche, il avait raison en rejetant la variation adaptative de Lamarck. Hugo Marie de Vries (1848-1935), très critiqué lui aussi par Le Dantec, pour avoir substitué au transformisme la théorie des mutations sporadiques et brutales telles que le botaniste hollandais la soutenait dans ses cultures pédigrées d'Œnothères. Félix Le Dantec a été le contemporain de tous ces biologistes dont, semble-t-il, il ne subit pas l'influence et qui, pourtant, gravitaient dans le même univers scientifique et à la même époque que lui.

En conclusion, Le Dantec s'exprime ainsi : *Les faits semblent d'accord avec la théorie à laquelle nous a conduit l'étude générale du sexe ; s'il n'y a pas là une démonstration absolue du bien fondé de notre hypothèse, du moins avons-nous le droit, cette constatation faite, de nous appuyer sur elle pour coordonner les phénomènes connus tant qu'une autre théorie ne sera pas proposée, et il n'y en a pas jusqu'à présent. Geddes et Thomson ont bien essayé de démontrer que, d'une manière générale, les femelles sont anaboliques et les mâles cataboliques ; mais ils le reconnaissent eux-mêmes, cela ne donne aucune notion de la nature du sexe. Nous avons été amenés par des déductions dont la logique me semble inattaquable à admettre que chez les êtres sexués, chaque substance plastique a deux types moléculaires inverses et complémentaires ; voilà l'hypothèse fondamentale. J'ai pensé à la dissymétrie stéréochimique, comme à une chose concrète permettant de comprendre aisément l'existence de ces deux types moléculaires et je ne vois pas d'autre moyen de concevoir ces deux types déséquilibrés, mais il y en a peut-être. En tous cas ce que nous avons vu en rapport avec les faits connus de la biologie générale, c'est l'existence de deux types moléculaires complémentaires de substances plastiques, et non la dissymétrie inverse de ces deux types. Une molécule neutre ou équilibrée résulte de l'accolement de deux molécules déséquilibrées inverses. Eh bien, l'assimilation ne produit que des substances neutres ; il faut un processus spécial de destruction, s'adressant seulement à un des types moléculaires inverses, pour mettre l'autre en liberté. Chez certains êtres vivants, ce phénomène spécial ne se produit jamais ; ces êtres sont asexués.*

Chez la plupart des animaux et des végétaux, en particulier chez tous ceux que nous appelons supérieurs, il y a une partie asexuée, le soma, et une partie soumise à la destruction dissymétrique, savoir : le tissu génital. La destruction dissymétrique transforme les éléments génitaux en plastides incapables d'assimilation ; la fusion de deux éléments génitaux complémentaires donne un plastide capable, l'œuf fécondé, qui est le point de départ du nouvel individu.

Il y a des êtres hermaphrodites chez lesquels les deux éléments complémentaires se produisent dans un seul individu. Il est vraisemblable que cela a été ainsi au début pour toutes les espèces sexuées ; mais il est arrivé que dans quelques-unes d'entre elles, un antagonisme est apparu entre ces deux éléments, antagonisme qui a abouti à la transformation en êtres unisexués d'êtres primitivement hermaphrodites. Les mammifères supérieurs et l'homme sont toujours unisexués. Quelle est la cause qui détermine, au cours du développement individuel la victoire de l'élément mâle ou de l'élément femelle ? Il est bien difficile de répondre à cette question. Il est probable que le plus souvent le sexe de l'animal n'est pas déterminé dans l'œuf, mais dépend des conditions ambiantes.

Il semble cependant que dans des cas exceptionnels, le sexe puisse être déterminé dans l'œuf, et alors, les œufs petits donnent des mâles et les œufs gros des femelles.

Cette question de la détermination du sexe des individus tire son intérêt particulier, pour l'homme et les mammifères, de l'existence du dimorphisme somatique sexuel. Le soma n'a pas de sexe, mais sa morphologie est, partiellement au moins, guidée par le sexe du tissu génital qu'il contient, de sorte qu'il peut être avantageux, pour les éleveurs par exemple, de déterminer la production de celui des sexes qui donne au soma les caractères les plus précieux. Beaucoup d'efforts ont été tentés ; il y a peu de résultats jusqu'à ce jour.

La loi du plus petit coefficient, déduction logique de notre hypothèse fondamentale, nous a amené à concevoir que les unions sexuelles ont la propriété d'entraver la variation des individus et de les fixer autour de certains types moyens qui constituent les races. Chez de rares espèces animales, chez certains papillons par exemple, il y a plusieurs types moyens dans une race donnée ; mais les caractères sexuels secondaires manquent chez le mâle, cette pluralité de type qui reste seulement visible chez la femelle (polymorphisme féminin).

L'explication darwinienne des faits de la biologie générale a amené certains chercheurs à se demander si la sexualité est une chose utile aux espèces. Il ne me semble pas que la question se pose ; les conditions de destruction qui transforment en plastides incapables les plastides équilibrés existent dans la nature ; elles ont déterminé l'apparition de la sexualité qui s'est conservée depuis. Quant au remaniement total de la cellule qui résulte de la fusion, molécule à molécule, des éléments sexuels complémentaires, il est probable qu'il est avantageux, quoique, l'exemple de la pomme de terre le prouve, il ne soit pas indispensable. En tout cas, cette question de l'utilité du sexe a fait faire à de nombreux auteurs des raisonnements téléologiques qu'il vaut mieux éviter.

Mais, après tout, la finalité de la sexualité n'est-elle pas tout simplement la perpétuation de l'espèce et celle, par conséquent, de la vie !

Il publiera dans la *Revue Blanche,* **XXX**, 83, en 1903, un article intitulé : « La virulence du sexe », dans lequel il reprend sa théorie aberrante selon laquelle l'organe génital est comparable à un parasite similaire à celui qui atteint un animal malade. Selon lui, les excréments solubles des glandes génitales diffusent dans l'organisme de chaque individu, à l'identique des toxines dans le corps d'un enfant atteint de diphtérie. Cette diathèse sexuelle correspond aux caractéristiques que détermine chez l'être humain le parasitisme de leurs organes génitaux. Cette pathologie persiste chez l'homme toute sa vie alors que chez la femme, elle s'arrête à la ménopause. Le Dantec précise sa pensée en écrivant ces lignes incroyables : *La simple constatation des troubles qui accompagnent chez beaucoup de femmes cette période du retour d'âge nous suggère une remarque importante ; c'est que la diathèse sexuelle est devenue normale pour nous par une longue habitude et que sa suppression brusque chez la femme entraîne des accidents quelquefois graves ; c'est la même chose qui se passe quand on supprime brusquement la morphine ou l'alcool chez un morphinomane ou chez un alcoolique ; on le rend très malade quand on ne le tue pas ; il faut supprimer progressivement ces poisons usuels.*

Pasteur darwiniste, *Revue encyclopédique,* 1900, 9, 845

Cinq années après la disparition de Pasteur, dans cet article, Le Dantec expose sa conception sélectionniste de la modification du pouvoir infectieux d'un germe : *C'est cette remarque qui a dicté à M. Pasteur le procédé purement darwinien par lequel il rend la virulence à des cultures affaiblies conservées au laboratoire sans soins particuliers. Ces cultures sont des mélanges de bactéridies de virulence différente ; Pasteur les inocule à un mouton : si la virulence a trop diminué, les bactéridies meurent toutes ; mais s'il y a encore dans la culture un petit nombre de bactéridies virulentes, celles-là se développent seules, et le mouton meurt bientôt, fournissant une culture de bactéridies virulentes ; voilà de bonnes sélections naturelles, et c'est précisément le procédé qu'enseigne Pasteur pour exalter de temps en temps la virulence, qui se perd plus ou moins dans les cultures conservées au laboratoire.* Une jeune chercheuse russe, Praskovia Tsiklinski (1859-1923) démontre que le passage successif d'une souche microbienne atténuée chez une même espèce animale lui restitue sa virulence, ce que Le Dantec interprète ainsi : *La sélection naturelle, s'exerçant à chaque instant, favorisera donc la multiplication de toute bactéridie ayant acquis par hasard une virulence plus grande que ses voisines ; les bactéridies ayant subi une variation dans le sens de l'augmentation de la virulence deviennent à chaque instant plus nombreuses par rapport aux autres ; et ainsi de suite, le même phénomène se reproduisant sans cesse jusqu'à la mort de l'hôte, la virulence des bactéridies que l'on retirera de son corps à la fin de l'expérience sera plus forte que celle des bactéridies qui lui avaient été inoculées au début... C'est exactement de la même manière que, sous l'influence de la lutte constante avec les éléments histologiques du mouton, les variations désordonnées des bactéridies isolées sont, dans l'organisme de cet animal, canalisées par la sélection naturelle dans le sens de l'augmentation de virulence. Il est impossible de trouver un meilleur exemple de ce que Darwin appelle l'adaptation au milieu sous l'influence de la sélection naturelle.*

Le Dantec avait donc totalement réalisé que la sélection naturelle pouvait susciter la génération de transformations évolutives sous réserve que les variations soient homogènes et de minimes dimensions. Il se distinguait dès lors des premiers pastoriens qui s'étaient ralliés à l'interprétation lamarckienne du résultat de leurs expériences ; pour lui le lamarckisme relevait du macroscopique et le darwinisme du microscopique.

Le conflit, entretiens philosophiques, Paris, 1901

Cet essai anticipe de six ans sur la parution en 1907 de *L'Athéisme*. Il oppose deux personnages fictifs, l'abbé Jozon, érudit, qui se consacrait à l'étude des débuts du christianisme et Fabrice Tacaud, scientifique, qui se destinait à la pratique des sciences positives. On retrouvera ces deux personnages dans *La définition de la science*, qui paraîtra en 1908. Une solide amitié les réunissait. Tacaud, après avoir tâté des mathématiques et de la physique, se jeta dans les sciences naturelles. Voyages, études des hommes, des animaux et des plantes furent ses premières occupations. Mais sa santé déclinante l'obligea à rester au pays : dès lors il partagea son temps entre son labo et sa Bretagne bien aimée. Un courrier de l'abbé lui rappela leur ancienne amitié et il lui manifesta qu'il serait heureux de l'accueillir et de lui faire visiter le pays. Il se rappelait avec un peu d'appréhension leurs discussions sur la religion. Il se promit d'éviter tout sujet philosophique et de ne parler que de la langue et des antiquités de la

Bretagne. Tout en se disant, in petto, que ce ne serait pas forcément facile ! L'abbé avait bien changé. Sa maigreur et son visage émacié surprirent Tacaud. Après que le voyageur se fut installé et qu'ils eussent diné, ils assistèrent au coucher du soleil derrière les îles. Et voilà que l'abbé revient à son dada : les vérités éternelles qu'il agrémente d'une phrase de Bacon : *Peu de science nous éloigne de Dieu, beaucoup nous y ramène*. Tacaud lui rappelle que la science au temps de Bacon n'atteignait même pas le niveau du bagage intellectuel d'un étudiant à l'université. L'abbé n'en démord pas et lui rétorque qu'il aura peut-être le bonheur de lui montrer le côté faible de ses raisonnements et de le ramener à la vérité. Il cite même cette phrase de Duclaux : *Un raisonnement scientifique c'est un raisonnement fait avec la crainte salutaire de se tromper et la ferme volonté d'en éviter l'occasion.* Tacaud après mûre réflexion, se décida à révéler à l'abbé sa répugnance à accepter des formules toutes faites et son admiration pour Claude Bernard qu'il avait lu et relu, notamment *Les Recherches sur les phénomènes de la vie communs aux animaux et aux végétaux* publiés en 1878, l'année de la mort du grand physiologiste. Eh bien, après l'avoir lu et relu, il y découvrit des obscurités et des contradictions, constatation qui lui fit perdre sa foi primitive dans l'argument d'autorité. Tacaud s'attaqua ensuite à la lecture de *l'Origine des espèces* de Darwin. Et il ne fut pas satisfait non plus des explications du savant anglais. Sa confiance en l'autorité des érudits en fut définitivement abolie. Il se promit de désormais retenir uniquement les résultats positifs des travaux des scientifiques en ne mémorisant que ce qui paraissait évident.

Pour moi, les manifestations vitales se résument à des phénomènes physico-chimiques. L'abbé lui fit remarquer qu'il niait Dieu plutôt que de remonter aux faits prouvant son existence et dénonça son matérialisme qu'il condamnait formellement. Tacaud lui rétorqua qu'il était trop facile de condamner des théories sans les connaître. L'abbé lui répliqua que tôt ou tard les scientifiques constateront la vanité de leurs efforts pour trouver dans la science des arguments contre la foi. Tacaud répondit que tout se passait comme si Dieu n'existait pas et que ses seules explications consistaient à remplacer un mystère par un plus grand mystère. L'abbé, loin d'être démonté lui rappela que Newton avait écrit : *Dieu régit tout, non comme âme du monde, mais comme souverain absolu de ce qui est. Puissance, Providence, causes finales constituent la divinité ;* Descartes renchérissait : *S'il y a encore des hommes qui ne soient pas assez persuadés de l'existence de Dieu et de leur âme, je veux qu'ils sachent que toutes les autres choses dont ils se croient peut-être plus assurés, comme d'avoir un corps, sont moins certaines.*

Et Tacaud de répliquer qu'entre les connaissances de Newton et de Descartes et celles des contemporains, le gouffre est immense. Peut-être dit l'abbé, mais alors que penser de ces mots de Pasteur : *En chacun de nous, il y a deux hommes : le savant, celui qui a fait table rase, qui, par l'observation, l'expérimentation et le raisonnement, veut s'élever à la connaissance de la nature ; et puis l'homme sensible, l'homme de tradition, de foi ou de doute, l'homme de sentiment, l'homme qui pleure ses enfants qui ne sont plus, qui ne peut, hélas, prouver qu'il les reverra, mais qui le croit et l'espère, qui ne veut pas mourir comme meurt un vibrion, qui se dit que la force qui est en lui se transformera.* Tacaud objecte que Pasteur et ses immortelles découvertes font de lui le père du matérialisme.

À propos des superstitions récupérées par le clergé catholique pour complaire à la population bretonne, Fabrice fait remarquer à l'abbé : *Fétichisme quand il s'agit de la pierre de Samson ou de la fontaine qui guérit la colique, religion de lumière et de vérité quand il s'agit du tibia de saint Victor ou de la grotte de Lourdes... je ne vois pas bien la différence... la croyance au surnaturel, aux miracles et autres choses analogues existait chez les païens et probablement chez les anciens Bretons, et que c'est par ce côté que la religion chrétienne a dû leur plaire... Ainsi, continue Tacaud, votre foi résulte d'un témoignage humain, et c'est au nom de votre foi que votre raison condamne toutes les légendes autres que celles dont vous avez, à priori, accepté l'authenticité ?* Argumentation à laquelle l'abbé répond en s'abritant derrière les textes sacrés de la Bible inspirés par Dieu en personne !

Fabrice Tacaud avait un chien appelé Mousse, bâtard de caniche et de terre-neuve, très attaché à son maître qui lui vouait une sincère affection. Il fut la cause des discussions entre Félix et l'abbé. Félix ne soutenait pas que les fourmis, les castors, les gloutons étaient des hommes, mais il était convaincu qu'il n'existait pas une différence essentielle entre les propriétés de l'être humain et celles correspondantes des animaux. L'abbé affirmait avec véhémence que jamais on ne trouverait chez les êtres les plus vils les sentiments les plus nobles de l'homme. Et il brandissait pour étayer ses affirmations les conclusions de divers conciles. Fabrice lui rétorquait que les pères conciliaires ignoraient tout des anthropoïdes.

Et la mort ? Comme dit l'abbé, Tacaud reste devant elle d'un incorrigible scepticisme. Le scientifique fait remarquer à l'ecclésiastique que ses croyances sont accessibles aux ignares et que, systèmes simplistes, elles ont le seul mérite d'être accessibles au plus grand nombre. Le fait de pouvoir dire « Je » atteste du fait que j'existe et de surcroit que je suis immortel. « Je » est incapable d'être mort puisque « je » est la résultante de la vie. Dieu n'explique rien et permet de ne pas essayer de comprendre notamment comment on ne peut pas imaginer de ne plus être soi. Après tout, il est peut-être aussi agréable de ne rien comprendre et de ne pas se poser de questions, d'avoir une raison et de ne point l'utiliser. Tout en sachant qu'il peut être périlleux de gober des sottises.

Le cinquième et dernier chapitre de *Conflit* oppose matière et pensée. L'abbé distingue la sécrétion biliaire du foie de celle du cerveau qui génère la pensée. Mais imaginerait-on une âme agir sans être associée à un corps ? La mort est toujours la conséquence d'une lésion matérielle de l'organisme. L'abbé réplique qu'une locomotive en panne ne peut faire marcher sa machine comme l'âme ne peut actionner un corps malade. Peut-être rétorque Tacaud, mais le mécano se manifeste en dehors de sa locomotive alors que l'âme n'anime jamais un corps autre que celui qu'elle a quitté.

Comment un esprit normalement constitué, s'exclamait Tacaud, peut-il, après cinq années de séminaire, s'y retrouver dans le maquis de la scolastique et ne pas se perdre dans cet obscur labyrinthe. Nous sommes constitués d'atomes et ils doivent se retrouver dans les éléments de ma pensée, affirme Fabrice pour répondre à l'abbé qui traitait, avec dédain, les atomes qui pensent et le carbone qui suppute.

En somme dit l'abbé, je suis un automate privé de libre arbitre.

Tout à fait. Les phénomènes naturels sont déterminés et moi qui suis constitué d'un agglomérat matériel comment pourrais-je ne pas croire que tout ce qui se passe en moi est déterminé.

L'abbé Jozon soutient qu'il est libre.

Fabrice lui cite cette réflexion de Charles Renouvier (1815-1903) : *Être réellement libre ce serait être susceptible de commencements absolus ; ce serait pouvoir introduire un élément nouveau dans le cours des choses ; ce serait pouvoir faire mentir les lois de la physique et de la chimie. L'étude de cette liberté-là est donc accessible à l'observation, puisque l'observation permet de s'assurer que les lois matérielles s'appliquent partout et toujours ; vous avez l'illusion de cette liberté absolue, lorsque vous raisonnez comme vous venez de le faire, avec vos conditionnels passés : J'ai fait ceci à tel moment, mais j'aurais pu faire autre chose au même moment si je l'avais voulu. Affirmation gratuite dont vous vous payez, car vous ne pouvez pas ne pas avoir voulu, à ce moment précis, ce que vous avez voulu.*

L'abbé répond avec pertinence : *Mais alors, si je ne suis pas libre, qu'ai-je besoin d'efforts contre le mal ; votre déterminisme mène directement au fatalisme... Si je sais que tout ce que je fais est indépendant de ma volonté, à quoi bon l'effort ?*

Fabrice, qui a réponse à tout, lui rétorque : *Mais ce que vous faites n'est pas indépendant de votre volonté... vous oubliez à chaque instant, que votre subjectivité de chaque instant est le reflet d'un état actuel de votre cerveau, état qui, lui-même, résulte de son état antérieur et des impressions reçues de l'extérieur par l'intermédiaire des organes des sens. Vous faites ce que vous voulez quand ça vous plait, et cependant vous n'avez pas de commencements absolus, vous n'êtes pas libre...*

L'abbé l'interrompit : *Vous avez, dit l'Arabe, supprimé les causes qui sont en lui, moi je supprime les causes qui sont en dehors de moi ; voilà des commencements absolus.* Et ajouta : *Je ne désespère pas encore de vous ouvrir les yeux à la lumière de la vérité, mais ce sera plus difficile que je ne le croyais, car vous avez un immense orgueil.*

Tandis que vous êtes tout humilité ! murmura Fabrice.

Au terme de cette lecture on a le sentiment irréfragable d'avoir assisté à un dialogue de sourd entre un abbé finaliste et croyant et un savant déterministe et athée.

Le Divin : article de Félix Le Dantec publié dans *La Revue blanche*, XXIX, 1902. Il comporte 8 pages

La Revue blanche paraîtra de 1889 à 1903. Littéraire et artistique, sa tendance politique était anarchiste. On y trouve des illustrations de Henri de Toulouse-Lautrec, de Pierre Bonnard, Maurice Denis, Odilon Redon, Paul Sérusier, et une gouache de Félix Vallotton représentant Félix Fénéon, le critique d'art, journaliste et anarchiste, qui figurera sur le tableau *La lecture* de Rysselberghe peint un an plus tard. Cette revue fondée initialement à Liège s'installe à Paris et concurrence celle du Mercure de France, son nom étant une provocation marquant la différence entre la couverture blanche de la Revue et celle du Mercure de couleur mauve ! Elle sera dirigée par Fénéon de 1896 à 1903. Elle défendra Dreyfus accusé à tort de trahison. *Le Journal d'une femme de chambre* d'Octave Mirbeau y sera publié en feuilleton, en 1900.

Que dit l'article de Le Dantec ? Il cite en exergue cette réflexion de Renan : *Le mot Dieu ayant pour lui une longue prescription, ce serait dérouter l'humanité que de le supprimer.* Le Dantec répond à l'abbé Marcel Hébert (1851-1916) qui vient de publier : « La dernière idole, étude sur la personnalité divine », dans la *Revue de métaphysique et de Morale,* 1902, **10**, 397-408. Prêtre catholique puis professeur à l'Université de Bruxelles, Hébert défendait l'idée de l'hellénisation de Jésus coïncidant avec la démythisation du message christique et l'abandon de l'archaïque image d'un Dieu personnel pour en extraire la part de vérité, autrement dit le bien, l'idéal, purifiés des scories de l'antique idolâtrie. Il démontre que les preuves de l'existence de Dieu sont d'inconscients sophismes qui furent acceptés avec d'autant plus d'empressement par ceux qui les recevaient qu'ils les jugeaient inutiles car convaincus par avance de l'existence de Dieu. Hébert reconnaît *qu'il est devenu à jamais impossible de dire, en les prenant à la lettre ces paroles : Je crois au Père Céleste, à l'Amour infini créateur de la phtisie, de la peste, du cancer, des cyclones et des volcans...*

Or, pour Le Dantec, Hébert se trompe et fait reposer tout son raisonnement sur l'affirmation suivante : *Omne quod movetur ab alio movetur* (Tout être mis en mouvement, est mis en mouvement par un autre être). Et le *primum movens* de ce mouvement c'est Dieu et l'âme qui habite en chacun d'entre nous.

L'erreur d'Hébert c'est d'imaginer l'immobilité des choses. Or, non seulement le corps des êtres vivants est parcouru par des fluides sanguins, lymphatiques, ou liés à des mouvements chimiques permanents, mais encore la matière brute est animée par des vibrations, par des pressions génératrices de mouvements d'ensemble. Donc l'idée de mouvement est inséparable de l'idée de matière. Que ce soient les conceptions de saint Thomas qui n'ont jamais reçu de confirmation scientifique ou celle de Voltaire imaginant un horloger céleste créateur de l'univers, il n'y a rien à glaner pour la science dans ces fables et dans ces contes.

Le Dantec rappelle qu'il a soutenu l'idée développée par Hébert dans son ouvrage intitulé *Le Conflit* : *Conclure que le divin est personnel... c'est oublier... que la personnalité humaine (à laquelle nous le comparerions) nous apparaît comme quelque chose d'essentiellement variable qui se fait, se réalise sans cesse. Il s'ensuit donc que nous ne pouvons affirmer la personnalité de Dieu, pas plus que nous ne pouvons lui appliquer les catégories d'espace et de temps.* Mais notre ami Félix conteste l'abbé quand il envisage de substituer au Dieu personnel le Divin impersonnel. En effet, l'abbé est persuadé que l'aboutissement des forces de l'univers est dirigé dans le sens du bien. Ce que Le Dantec conteste, c'est l'intentionnalité d'amélioration idéale qui animerait la Divinité dans son incessant effort. L'erreur anthropomorphique ici encore est tapie et conduit à des divagations sans justification.

Maeterlinck, dans le *Temple enseveli*, répond ainsi à ce genre d'arguments : *Il est bien rare qu'un mystère disparaisse ; d'ordinaire, il ne fait que changer de place. Mais il est souvent très important, très désirable qu'on parvienne à le changer de place. D'un certain point de vue tout le progrès de la pensée humaine se réduit à deux ou trois changements de ce genre ; à avoir délogé deux ou trois mystères d'un lieu où ils faisaient du mal dans un autre où ils deviennent inoffensifs, où ils peuvent faire du bien. Parfois même, sans que le mystère change de place, il suffit qu'on réussisse à lui donner un autre nom. Ce qui s'appelait « les dieux » aujourd'hui on l'appelle « la vie ». Et si la vie est aussi inexplicable que les dieux, nous y avons du moins gagné que personne n'a le droit de parler ou de nuire en son nom.*

Le Dantec dénonce, et combien il a raison, la croyance selon laquelle le monde s'améliore sans cesse. Certes, les progrès techniques ont amélioré les conditions d'existence de l'être humain. Néanmoins, en son temps, Erasme (1469-1536) affirmait : *Le bien, c'est le repos, le silence et la nuit !* Vaste programme qui évoque plus les cryptes et les tombeaux que la joie de vivre et la confiance en un avenir meilleur !

Il reste l'inconnaissable que l'homme ignore superbement ou qui, inversement, le préoccupe comme notamment le problème de ses origines. C'est le divin, me direz-vous. Le mot inconnaissable est plus adapté car il fait abstraction des attributs prêtés autrefois à Dieu : objectifs, puissance directrice tels admis par Hébert.

Mais la lune nous montre toujours la même face. Faut-il en déduire que sa face invisible est divine parce que nous ne la voyons jamais ?

L'Unité dans l'être vivant. Essai d'une biologie chimique, Paris, 1902

Ce volume de 433 pages a été publié par Alcan en 1902. Il est divisé en cinq livres.

Le livre I, l'auteur expose la méthode déductive en biologie, la biologie générale de l'être, et celle de la reproduction.

Le livre II détaille la définition de l'espèce et celle de l'individu.

Le livre III évoque les questions d'hérédité et de sexualité.

Le livre IV suggère l'unité dans le mécanisme.

Le livre V donne les principes de classification.

La distinction entre monocellulaires et pluricellulaires illustre bien la nécessité de procéder du simple au compliqué, sachant que la cytologie montre la ressemblance entre chaque élément qui constitue un être pluricellulaire et la cellule prise individuellement. La cellule implique une multitude de processus chimiques, physiques et morphologiques qui nécessiteraient une étude individuelle. Les possibilités d'analyses chimiques ne permettaient pas à l'époque de Le Dantec de préciser les phénomènes qui se déroulaient dans la cellule. On était contraint de s'en tenir à des généralités. La mitose par exemple (notre auteur parlait de karyokinèse) est surtout intéressante à étudier chez les êtres pluricellulaires les plus évolués, la contradiction avec le principe du processus qui suggère d'aller de l'élémentaire au complexe n'étant qu'apparente *puisque dans un être complexe, toute manifestation vitale est une synthèse d'activités élémentaires, ne serait-il pas possible d'établir, entre le fait complexe et les faits élémentaires, un lien assez solide pour que, de l'observation directe du fait complexe, se dégageât une connaissance nouvelle et plus profonde des faits élémentaires, dont le premier est la synthèse* ? L'auteur prend pour comparaison la démarche scientifique et surtout mathématique des astronomes pour prévoir la révolution ou la découverte des planètes et envisage une démarche identique en biologie. Dès lors, *l'hérédité d'un caractère acquis par un mollusque sous l'influence de l'enroulement en spirale, pourra nous amener à la connaissance des relations qui, dans une cellule quelconque, existent entre le protoplasma et le noyau.* Notre auteur retombe dans sa marotte à propos de la liberté de l'homme : l'homme ne peut être libre puisque, composé de cellules dont le métabolisme détermine son comportement, il est évident qu'il n'a pas d'autre choix que d'obéir à ces métabolismes ! La liberté humaine est-elle moins déterminée que celle de l'amibe ou de la paramécie ? Dans sa *Théorie nouvelle de la vie*, il explique comment ses études sur les blastomères l'ont amené à penser sans le moindre doute *que les propriétés élémentaires des blastomères ne diffèrent pas essentiellement de celles des êtres unicellulaires.* Il imagine la méthode de la navette, ce va-et-vient entre l'étude des unicellulaires et des êtres supérieurs permettant d'approfondir la connaissance du métabolisme cellulaire chez les uns et les autres. Cette façon de procéder permet d'envisager la *biologie tout entière comme un ensemble parfaitement harmonieux dans lequel les grandes notions d'hérédité, d'individualité, de sexualité ont des domaines presque entièrement confondus les uns avec les autres...* Ce qui permet de comprendre et d'expliquer *cette unité si mystérieuse et si imprévue de l'animal supérieur et de l'homme.*

En conclusion, Le Dantec s'exprime ainsi : *Pour pouvoir parler sans difficulté de tant d'objets dissemblables à l'étude desquels s'applique la Biologie, il est nécessaire de faire, dès le début, quelques observations générales sur les ressemblances que présentent entre eux un certain nombre de ces objets. Ces observations serviront à restreindre le nombre des êtres à étudier, au moins dans une première approximation ; s'il y a, par exemple, cent millions de moineaux, il suffit d'étudier un seul de ces moineaux, car ce qui est commun aux moineaux, aux chiens et aux rosiers, existera certainement dans n'importe lequel des moineaux. Avant donc d'entrer dans le domaine de la Biologie, il faudra s'occuper de ce qu'on appelle l'espèce ; ce sera une question de pure logique, que de déterminer, entre tant d'êtres vivants, tous individuellement différents, quels sont ceux qu'il est raisonnable de classer sous le même nom, quel est le degré de dissemblance qui doit au contraire amener à déclarer que deux êtres sont d'espèces différentes.*

Cette première étude de l'espèce nous amènera, toujours dans le domaine de la logique pure, à nous poser un certain nombre de questions fondamentales, à nous demander en particulier, s'il faut accorder à la forme des êtres ou à la nature de leur substance constitutive une importance prépondérante, s'il n'y a pas une relation de cause à effet entre ces deux éléments de la description d'un être, etc. Il nous sera d'ailleurs impossible de vider la question de l'espèce sans nous occuper des différences sexuelles, de sorte qu'avant d'entrer dans notre champ d'étude proprement dit, nous aurons déjà touché à plusieurs parties fondamentales de la Biologie... La notion d'espèce nous paraît très simple parce qu'elle nous est très familière, et cependant, il n'y a pas de définition plus controversée que celle d'espèce.

Et la loterie génétique, cher Félix, tu l'as oubliée !

Les limites du connaissable, Paris, 1903

Introduction : la philosophie zoologique de Lamarck.

I- La place de la vie dans les phénomènes naturels

Chapitre 1er : Étude objective des phénomènes :

-1- L'illusion du repos dans la matière brute (réactions chimiques, actions à distance, dimensions des mouvements vibratoires)

-2- Les dimensions de la vie (phénomènes molaires et moléculaires, le sexe, les diastases, conclusion, évolution, phénomènes chimiques)

Chapitre II : Étude de la connaissance chez les êtres vivants :

-1- Nous ne connaissons que le mouvement de la matière (nature de la conscience, quels mouvements pouvons-nous connaître ?)

-2- Limite du connaissable. Méthanthropie.

-3- La notion de forme.

a- Les limites de la biologie d'après M. Grasset.

b- Le divin.

c- Le mouvement rétrograde en biologie.

d- L'évolution et les apologistes.

e- La connaissance de l'avenir.

Appendices :

-1-Darwin

-2-La maturation de l'œuf

-3-L'hérédité c'est la vie elle-même

Cet ouvrage est consacré à Jean-Baptiste Lamarck (1744-1829) dans un premier temps, puis réserve deux chapitres à la place de la vie dans les phénomènes naturels, aux limites de la biologie, au divin, au mouvement rétrograde en biologie, à l'évolution et aux apologistes, à la connaissance de l'avenir, à la maturation de l'œuf et à l'hérédité.

Parlant de Lamarck qu'il considère comme un exemple de probité scientifique, il estime qu'il mérite d'être placé au premier rang parmi les scientifiques qui ont honoré la science et l'humanité. Il déplore que son inhumation ait eu lieu d'emblée dans une fosse commune du cimetière de Montparnasse et que ses ossements aient été exhumés peu après pour être déposés anonymement dans les catacombes.

On trouve ce passage étonnant chez Le Dantec, un élève de Pasteur : *M. Pasteur a fait justice de cette erreur : il a montré qu'on peut, avec certaines précautions, conserver du bouillon dans un vase sans que des animalcules s'y forment ; mais de là à soutenir l'impossibilité de la génération spontanée dans certaines conditions très précises, il y a loin ! ... La plupart des biologistes croient aujourd'hui avec Lamarck que la génération spontanée de substances vivantes a été réalisée, une fois au moins, à la surface du globe, dans des conditions très précises, et que ce phénomène se renouvellera dans les laboratoires quand on saura mettre en présence les mêmes éléments dans les mêmes conditions.*

À propos du divin, nous recueillerons cette phrase de Renan qui admet qu'il faut un dieu pour le peuple, pour les simples : *Dites-leur (aux simples) d'aimer Dieu, de ne pas offenser Dieu, ils vous comprendront à merveille... Mais c'est une faute contre toute critique que de prétendre ériger une telle méthode en méthode scientifique.* Et Le Dantec de préciser : *Je ne discute pas ici la question de savoir s'il est bon de tromper les pauvres gens et de leur raconter que Dieu place son arc dans les nuages uniquement parce que Moïse, ignorant, a méconnu le phénomène de l'arc-en-ciel ; je crois qu'il est préférable d'éduquer le peuple de manière qu'il n'ait plus besoin de croquemitaine pour être sage ; mais en dehors de cette question, il est bien évident que l'on doit écarter toute concession utilitaire de la discussion scientifique ; et ayant supprimé Dieu, maintenir le « divin », c'est perdre le terrain gagné.*

La lecture des publications du chimiste Armand Gautier (1837-1920) et du neurologue Joseph Grasset (1849-1918), suggère à Le Dantec cette réflexion : *Je ne crois pas que ce soit pour se plier aux exigences de certaines doctrines que les naturalistes d'aujourd'hui essaient de comprendre la nature des phénomènes vitaux. Je crois seulement que les sciences naturelles se sont substituées à l'histoire naturelle. Les naturalistes ne sont plus seulement des gens qui décrivent des formes et admirent avec Bernardin de Saint Pierre la sublimité des plans de la providence, ce sont des savants, et ils ne se paient plus de mots. Aujourd'hui on fait de la physique et des mathématiques avant d'entreprendre l'étude de la biologie ; on n'emploie plus à tort et à travers les mots force, énergie, potentialité, mots avec lesquels on dissimulait habilement autrefois l'absence totale d'explication des faits.*

À propos de l'évolution et des apologistes, c'est Ferdinand Brunetière (1849-1906) qu'il choisit comme cible après qu'il eut critiqué Darwin. Il cite le personnage de Tacaud qu'il avait inventé pour servir d'interlocuteur à l'abbé Jauzon dans « Le conflit » : *Et le dogme reculera toujours, toujours devant les conquêtes progressives de la science, mais en conservant son autorité et son intangibilité primitive.*

C'est dans *l'Histoire comique* d'Anatole France (1844-1924) et dans le *Temple enseveli* de Maurice Maeterlinck (1862-1949), tous deux perplexes devant notre incapacité à connaître notre avenir, qu'on trouve les réflexions de ces deux auteurs. Anatole France exprime ainsi l'incertitude déconcertante de l'être humain devant son futur : *L'univers se construit aussi fatalement qu'un triangle dont un côté et deux angles sont donnés. Les choses futures sont déterminées. Elles sont dès lors terminées. Elles existent déjà. Elles sont comme si elles existaient. Elles existent si bien que nous les connaissons en partie. Et si cette partie est infime par rapport à leur immensité, elle est en proportion très appréciable avec la partie que nous pouvons connaître des choses accomplies. Il nous est permis de dire que, pour nous, l'avenir n'est pas plus obscur que le passé. Nous savons que les générations succèderont aux générations dans le travail, la joie et la souffrance.*

Maeterlinck écrit sur le même thème : *N'appelons pas les dieux pour expliquer ces phénomènes. Ils n'auront qualité pour nous expliquer quelque chose, qu'après qu'ils se seront clairement expliqués sur eux-mêmes. Et le destin, qui n'est que le plus inconnu d'entre eux, à moins que tous les autres le droit d'intervenir et de nous crier comme il fait, du fond de son inébranlable nuit : « c'est moi qui l'ai voulu ». N'invoquons pas davantage les lois illimitées de l'univers, les desseins de l'histoire, la volonté des mondes, la justice des étoiles. Ces puissances existent et nous les subissons comme nous subissons la puissance du soleil. Mais de même que celle-ci agit sans nous connaître, il nous reste une liberté probablement immense dans le cercle démesuré de leurs influences, et elles ont mieux à faire qu'à se pencher sur nous pour poser un brin d'herbe ou soulever une feuille dans le petit sentier de notre fourmilière… Il y a en nous, sous notre existence consciente, soumise à la raison et à la volonté, une existence plus profonde, qui plonge, d'une part, dans un passé que l'histoire n'atteint pas, et de l'autre dans un avenir que des milliers d'années n'épuiseront jamais. Il n'est pas téméraire de croire que tous les dieux s'y cachent, et que ceux dont nous avons peuplé la terre et les planètes en sortiront tour à tour, pour lui donner un nom et une forme que notre imagination pût comprendre. À mesure que l'homme, voit plus clair, qu'il a moins besoin de symboles et d'images, il diminue le nombre de ces noms, le nombre de ces formes. Il arrive peu à peu à n'en prononcer qu'un, à n'en réserver qu'une, et soupçonne bientôt que cette dernière forme et que ce dernier nom ne sont eux-mêmes que la dernière image d'une puissance dont le trône fut toujours en lui-même. Les dieux rentrent alors en nous d'où ils étaient sortis ; et c'est là qu'aujourd'hui nous les interrogeons ?*

Le Dantec estime qu'il s'agit là d'un sophisme et que : *Les choses sont déterminées, cela est sûr ; il n'y a pas d'exception aux lois naturelles et nous sommes tous des pantins soumis à ces lois ; mais il y a trop de ficelles et personne ne peut les tenir toutes à la fois ; c'est pour cela que nul ne peut prévoir l'avenir.*

C'est un thème récurrent chez Le Dantec que cette affirmation que nous sommes des marionnettes et que le libre arbitre n'existe pas.

C'est Lamarck qui a le premier affirmé la possibilité de transmission des caractères acquis. C'est ainsi qu'il a expliqué l'évolution progressive des espèces. Les élèves de Darwin ont au contraire nié cette possibilité. Nous avons vu au contraire au cours de cette causerie, qu'il y a deux moyens de concevoir l'introduction de la variété dans les individus : 1° le hasard du mélange des sexes qui répartit inégalement chez l'enfant les caractères du père et de la mère, 2° la variation de la substance individuelle au cours de l'évolution individuelle, ou, si vous voulez, la variation adaptant aux conditions ambiantes. Les lamarckiens considèrent le second moyen comme capital pour l'explication de la progression des espèces. Les Néodarwiniens attribuent au contraire la progression aux hasards du mélange des sexes. Il semble aujourd'hui que cette nouvelle école a perdu beaucoup de terrain. On peut d'ailleurs montrer que le mélange des sexes, loin de produire des caractères nouveaux, a comme résultat de fixer le type moyen d'une espèce donnée.

Que certains affirment *que Le Dantec ne s'est pas aperçu (en 1912) qu'un grand savant avait complètement révolutionné les rapports entre la science et la philosophie : Charles Darwin*, comme l'affirme Françoise Balibar, relève de l'affabulation si ce n'est du mensonge pur et simple ! On peut lire à la fin des *Limites du connaissable* : *Il y a dans l'œuvre de Darwin deux parties très distinctes qui méritent d'être étudiées à part, bien qu'elles soient étroitement mêlées dans son livre. La première et la plus importante c'est une colossale accumulation de faits admirablement observés et ingénieusement rapprochés, qui constituent ce qu'on peut appeler la preuve du transformisme ; la deuxième est le principe de la sélection naturelle, par lequel l'auteur relie et explique tous ces faits... On a critiqué la sélection naturelle ; des hommes occupant une haute situation scientifique, tels que Flourens, ont essayé d'en ridiculiser l'auteur ; or le principe de Darwin est une vérité évidente... mais il est curieux de constater que la plupart des premiers adversaires de Darwin se sont attaqués au principe de la sélection naturelle, croyant attaquer le transformisme même, et se sont heurtés à une cuirasse sans défauts.* En 1900, dans la *Revue Encyclopédique*, Le Dantec avait même publié un article intitulé : Pasteur darwiniste.

On pourrait dire que le principe de la sélection naturelle expose que les choses sont à chaque instant comme elles sont et non autrement, et que cela a été vrai à un moment quelconque de l'histoire du monde. Je ne pense pas que quelqu'un songe à s'inscrire en faux contre une assertion aussi banale, et cependant, c'est là tout le principe du grand évolutionniste anglais... Les exemples précédents suffisent à montrer combien de découvertes admirables ont fait faire à Darwin le désir de tout expliquer par la sélection naturelle. Ce principe de l'utilité des caractères existants, au lieu de stériliser son inventeur dans un finalisme antiscientifique, lui a donné au contraire une activité plus grande et l'a amené à poser devant les naturalistes modernes un grand nombre de questions auxquelles personne n'avait songé jusque-là ; si donc la sélection naturelle n'explique pas tout comme l'a cru Darwin, son introduction en biologie a été extrêmement féconde, outre que grâce à elle et à l'apparence d'explication qu'elle donnait de l'évolution progressive des espèces, le transformisme, étouffé par Cuvier, a pu renaître de ses cendres.

Le Dantec écrivait ces lignes en 1903 !

Traité de biologie, Paris, 1903, 553 pages

Introduction : La méthode et le langage biologique.

Livre premier : Activité chimique et éléments figurés :

Chapitre premier : Prolégomènes, conséquence de l'activité chimique dans un liquide plasmique.

Chapitre II : L'assimilation.

Chapitre III : Complexité chimique et complexité histologique.

Chapitre IV : La sexualité.

Chapitre V : La génération à n chromosomes et le parasitisme sexuel.

Livre II : L'hérédité dans la génération agame et la génération sexuelle :

Chapitre VI : Historique des principales théories de l'hérédité.

Chapitre VII : Le patrimoine héréditaire et les caractères acquis.

Chapitre VIII : L'amphimixie.

Chapitre IX : La détermination du sexe somatique.

Livre III : Ontogénie et généalogie

Chapitre X : La vie et la mort.

Chapitre XI : La formation des espèces.

Chapitre XII : La différenciation histologique des métazoaires

Appendice : psychologie et sociologie

Chapitre XIII : Parallélisme de la psychologie et de la physiologie.

Chapitre XIV : La liberté et l'égalité chez les animaux.

En 582 pages, Le Dantec passe en revue l'état de la biologie au début du XXe siècle. Il expose d'abord les conséquences de l'activité chimique dans un liquide plasmique, puis décrit l'assimilation, la complexité chimique et histologique, la division cellulaire, la sexualité, les chromosomes et le parasitisme sexuel, l'hérédité agame et sexuelle, le patrimoine héréditaire et les caractères acquis, l'amphimixie (fusion des gamètes mâles et femelles chez certains végétaux), la détermination du sexe somatique, l'ontogénie et la généalogie, la formation des espèces, la différenciation histologique des métazoaires, psychologie et sociologie, liberté et égalité chez les animaux.

Parmi les biologistes européens de la fin du XIXe siècle, une kyrielle opte pour le néo-lamarckisme. En Angleterre on cite Herbert Spencer (1820-1903), William Mac Bride (1866-1940) ; en France, Edmond Perrier (1844-1921), Yves Delage (1854-1920), Étienne Rabaud (1868-1956), Alfred Giard, maître de Le Dantec, qui partage les convictions de l'auteur du *Système des animaux sans vertèbres*, ouvrage dans lequel Lamarck développe sa théorie de l'hérédité des caractères acquis dès 1801. En Allemagne, on citera Ernst Haeckel, Paul Kammerer (1880-1926). On ne saurait oublier en Russie soviétique, Mitchourine (1855-1935) et Lyssenko (1898-1976).

C'est indéniablement à Lamarck que revient la priorité d'avoir élaboré la première théorie générale et cohérente de l'Évolution. Il l'expose dans sa *Philosophie zoologique* parue en 1809 à Paris. Elle tient en totalité dans deux lois : la loi d'adaptation et celle de la transmission des caractères acquis.

Lamarck définit ainsi la première loi : *Dans tout animal qui n'a pas dépassé le terme de ses développements, l'emploi plus fréquent et plus soutenu d'un organe quelconque fortifie peu à peu cet organe, le développe, l'agrandit et lui donne une puissance proportionnée à la durée de cet emploi ; tandis que le défaut constant d'usage de cet organe l'affaiblit insensiblement, le détériore, diminue ses facultés et finit par le faire disparaître.* Pour l'auteur de ces lignes, il ne fait aucun doute que le milieu est responsable des modifications graduelles des caractéristiques des êtres vivants. Pour lui les fonctions créent les organes et ceux-ci peu à peu s'adaptent à leur fonction.

La seconde loi définit l'hérédité des caractères acquis : *Tout ce que la nature a fait acquérir ou perdre aux individus par l'influence des circonstances où leur race se trouve depuis longtemps exposée et, par conséquent, par l'influence de l'emploi prédominant de tel organe ou par celle d'un défaut constant d'usage de telle partie, elle le conserve par la génération aux nouveaux individus qui en proviennent, pourvu que les changements acquis soient communs aux deux sexes ou à ceux qui ont produit les nouveaux individus.* Ce qui revient à dire que les caractères produits par l'action de l'environnement deviennent héréditaires à la condition que cette influence soit de longue durée, et Lamarck insiste sur cette persistance de l'action du biotope dans le temps. L'épigénétique a donné raison en partie à Lamarck en expliquant comment des caractéristiques peuvent être acquises et éventuellement transmises ou perdues d'une génération à l'autre. La mise en évidence de ces moyens épigénétiques d'adaptation d'une espèce à son milieu confirme l'action des comportements sur l'expression des gènes et donne raison à l'auteur de la *Philosophie zoologique.*

Et nous en arrivons à Darwin, très respectueux des préjugés de son époque : *Je ne vois aucune raison pour que les opinions développées dans ce volume blessent les sentiments religieux de qui que ce soit. Il suffit d'ailleurs pour montrer combien ces sortes d'impressions sont passagères, de se rappeler que la plus grande découverte que l'homme ait jamais faite, la loi de l'attraction universelle, a été aussitôt attaquée par Leibnitz comme subversive de la religion naturelle et, dans ses conséquences, de la religion révélée.*

Coïncidence inattendue, Charles Darwin est venu au monde en 1809, année de la publication de la *Philosophie zoologique* de Lamarck. Quarante années plus tard paraîtra *L'Origine des espèces,* la première édition datant du 24 novembre 1859 et la seconde du 7 janvier 1860. Darwin quittera cette vallée de larmes en 1882. Dans la notice historique qui précède l'édition française de son livre imprimé à Paris l'année de sa mort, on peut lire : *Je me propose de passer brièvement en revue les progrès de l'opinion relativement à l'origine des espèces. Jusque tout récemment, la plupart des naturalistes croyaient que les espèces sont des productions immuables créées séparément. De nombreux savants ont habilement soutenu cette hypothèse. Quelques autres au contraire, ont admis que les espèces éprouvent des modifications et que les formes actuelles descendent de formes préexistantes par voie de génération régulière. Si on laisse de côté les allusions qu'on trouve à cet égard dans les auteurs de l'antiquité, Buffon est le premier qui, dans les temps modernes, a traité ce sujet au point de vue essentiellement scientifique. Toutefois, comme ses opinions ont beaucoup varié à diverses époques, et qu'il n'aborde ni les causes ni les moyens de transformation de l'espèce, il est inutile d'entrer ici dans de plus amples détails sur ses travaux.*

Lamarck est le premier qui éveilla par ses conclusions une attention sérieuse sur ce sujet... Le premier, il rendit à la science l'éminent service de déclarer que tout changement dans le monde organique, aussi bien que dans le monde inorganique, est le résultat d'une loi et non d'une intervention miraculeuse.

Les travaux de Darwin reposent sur les découvertes effectuées pendant la première moitié du XIXe siècle : travaux sur la physiologie, découvertes en chimie biologique, progrès en cytologie et en embryologie.

C'est pendant son périple à bord du Beagle en Amérique du Sud et dans le Pacifique de 1831 à 1836, qu'il fut intrigué par la répartition géographique de la faune sauvage et des fossiles, ce qui lui permit d'observer la transformation des espèces et d'en tirer l'idée à propos de la théorie sur la sélection naturelle, dès 1838. C'est dans les îles Galapagos, qui abritent quatorze espèces de pinsons, qu'il observe des différences de formes du bec de ces passereaux selon la nature des graines dont ils se nourrissent : gros bec pour les grosses graines coriaces ; petits becs pour les graines minuscules des herbacées. De ces observations il conclut que ces oiseaux se sont adaptés à leur milieu en modifiant la forme de leur bec en fonction des différentes formes de nourriture qu'ils trouvaient sur place. Par ailleurs, ses observations effectuées chez des éleveurs et des agriculteurs anglais l'encouragent dans cette voie, la sélection pour la reproduction d'individus présentant des caractères avantageux permettant d'obtenir de nouvelles races ou de nouvelles plantes améliorées et stables.

Darwin considère que la variabilité est un fait que la comparaison entre les espèces actuelles et les fossiles démontre à l'évidence.

Il distingue les variations consécutives au milieu, tout en s'écartant de Lamarck car il estime que le biotope agit directement pour faciliter ou entraver le développement d'un organe, et les variations fortuites dont il avoue ignorer les causes.

Il croit à l'hérédité des caractères acquis.

Il souligne que les variations se manifestent dans tous les sens et l'explique, ce qui n'avait pas été dit jusque-là, par la sélection naturelle. Cette lutte pour la survie repose sur la multiplication des individus qui se reproduisent et bientôt se concurrencent, non seulement entre espèces différentes mais aussi dans une même population. Il est probable que Darwin avait lu Malthus. Ceux qui survivent sont les plus aptes. La lutte pour l'existence effectue donc un tri chez les animaux de même espèce, les survivants étant ceux qui présentent les caractères les plus favorables tant morphologiques que physiologiques, correspondant à une prédominance des caractères utiles sur les caractères nuisibles qui auront régressé. C'est donc bien la sélection naturelle qui dirigerait l'évolution des espèces.

Le Dantec commence par définir le molaire (La concentration molaire (mol/L) représente le nombre de moles contenues dans un litre de solution selon la formule : $C = n/V$) et le moléculaire (les molécules sont des ensembles a priori électriquement neutres, dans lesquels les atomes sont liés majoritairement par des liaisons covalentes), la forme, le mouvement (chimiotaxie, mouvements amiboïdes, circulation protoplasmique, mouvements ciliaires). Le chapitre consacré à l'assimilation envisage les réactions destructives, l'accroissement, la multiplication, le vieillissement des cultures, la mort élémentaire (poisons, anesthésiques, sporulation, enkystement), la vie, les réserves (action chlorophyllienne), la variation, les conditions de vie élémentaire, la digestion intra cellulaire, la chimie d'espèce qualitative. Le chapitre III aborde les complexités chimiques et histologiques. Le chapitre IV traite de la sexualité et le chapitre V de la génération à *n* chromosomes : *Il nous sera en effet indispensable, à chaque instant, de faire appel aux notions d'hérédité pour comprendre les phénomènes d'évolution individuelle ; de plus l'évolution individuelle des espèces existant aujourd'hui est, nous le verrons, la conséquence de phénomènes qui se sont passés chez les générations antérieures, quoique en réalité chaque cellule possède aujourd'hui, dans sa structure chimique, toutes les raisons de son activité spéciale ; mais, cette structure chimique elle la tient de ses ancêtres ; il est donc logique d'étudier la formation des espèces avant l'évolution individuelle.*

Le livre II, chapitre VI décrit les principales théories de l'hérédité : préformation, emboitement des germes, les gemmules de Darwin, les plasmas ancestraux de Weismann, les plasmas figurés ou germinatifs, et les autres théories notamment l'hérédité dans la génération sexuée et les potentiels issus de la fusion de deux éléments provenant d'individus différents. Wilhelm Roux (1850-1924) notamment fournit des informations sur le mécanisme de l'évolution individuelle. Le chapitre VII traite du patrimoine héréditaire et des caractères acquis :... *pour le moment, nous sommes déjà à même de nous étonner moins profondément de l'existence d'une substance aussi admirable que la substance d'homme, puisque l'hérédité merveilleuse de cette substance doit résulter de l'accumulation d'hérédités acquises, dans les générations successives, par des adaptations successives à des conditions nouvelles. Le principe de la sélection naturelle nous permet de parler d'adaptation sans que nous connaissions encore les mécanismes ; il nous permettra ultérieurement de connaître le mécanisme et de comprendre son fonctionnement ; il nous permettra même de prévoir les lois de ce fonctionnement, c'est-à-dire qu'il nous conduira aux principes que Lamarck a tirés directement de l'observation des faits.*

Et les êtres nous paraîtront former deux groupes : 1° ceux qui, comme les êtres unicellulaires, sont atteints sous l'influence des conditions extérieures, par des variations quelconques, entre lesquelles la sélection naturelle choisit ensuite et conserve celles qui sont adaptées aux circonstances (ce sont les êtres pour lesquels le principe de Darwin suffit à tout expliquer) ; 2° ceux qui, véritables mécanismes, sont susceptibles par des modifications internes, de s'adapter directement, individuellement aux circonstances extérieures, parce que la sélection naturelle choisit, dans leurs éléments histologiques, ceux qui correspondent à cette adaptation individuelle de l'ensemble ; ce sont ces êtres qui sont justiciables de l'application des principes de Lamarck.

Le chapitre VIII parle de l'amphimixie, cette fusion des gamètes mâles et femelles chez les végétaux laisse perplexe Le Dantec, mais il est persuadé que lorsqu'on enlève à une cellule un morceau de son protoplasme ou de son noyau, elle se régénère et retrouve les propriétés qu'elle avait avant une mérotomie par exemple (ablation totale ou partielle du noyau cellulaire). Il décrit le métissage, l'atavisme, l'hybridation. Le chapitre IX est consacré à la détermination du sexe somatique.

On arrive au livre III, chapitre X : Ontogénie et généalogie. Il évoque notamment la loi de Serres : l'ontologie reproduit la phylogénie. Idée reprise par Ernest Haeckel dans son *Histoire de la création des êtres organisés* traduit en français par Letourneau en 1874. La mort a toujours fasciné Le Dantec : *Si donc on veut que la mort réponde à l'idée que l'on s'en fait sous l'empire de vieilles théories, il ne faut dire qu'un être est mort que lorsque tous ses éléments histologiques sont atteints par la mort élémentaire.*

Le chapitre XI s'intitule : La formation des espèces. *Un individu est le résultat de deux facteurs, l'hérédité et l'éducation.* Augustin-Pyramus De Candolle (1778-1841) assimilait l'espèce comme l'ensemble des sujets qui forment une collectivité séparée néanmoins par des discontinuités d'avec les autres espèces, ce que Le Dantec contestait pour n'adopter que la définition chimique. La variation est considérée par les néo-darwiniens comme totalement livrée au hasard, l'adaptation n'a lieu qu'après sous l'action de la sélection naturelle qui ne garde que les individus porteurs de caractéristiques avantageuses dans un environnement donné. Les néo-lamarckien eux estiment que la variation est directement adaptative, autrement dit que chaque être s'adapte pour son propre compte aux conditions nouvelles de l'environnement. Les néo-lamarckiens n'admettent pas que cette fusion des gamètes mâles et femelles soit l'origine principale des variations mais ils pensent qu'elle a pour effet de fixer les types moyens en effaçant les variations fortuites.

Le chapitre XII traite de la différenciation histologique des métazoaires : Le Dantec utilise le mot plastide très employé par Huxley pour désigner la cellule. Il pense que l'évolution individuelle d'un être pluricellulaire se résume finalement à une prolifération de cellules. Il rappelle que l'ontogenèse est un résumé de la phylogenèse, la première s'exprimant en jours, la seconde en million d'années. Il décrit les 4 phases de la mitose : interphase et prophase, prométaphase et métaphase, anaphase et télophase. Il envisage ensuite l'embryogenèse : division de l'œuf en 4 blastomères, puis gastrula, enfin blastula, résumant le développement embryonnaire des crustacés. Le Dantec fait remarquer que tous les renseignements que nous pouvons tirer de l'étude expérimentale des préembryons sont en faveur de la conclusion que nous avons tirée précédemment de l'étude de l'hérédité et surtout de l'hérédité des caractères acquis.

Suivent des considérations sur la physiologie et la psychologie où l'auteur recommande de ne pas substituer dans l'étude du comportement animal le langage humain quand seul le langage physico-chimique ou physiologique est admissible. Néanmoins, Le Dantec se plie au langage psychologique pour évoquer l'existence d'un pur esprit qui au moment de la pénétration du spermatozoïde dans l'ovule est créé, déterminant notre patrimoine héréditaire, et se sépare de notre corps à notre mort. Quant à la conscience, on peut la définir comme la propriété qu'a notre corps d'être au courant de sa structure actuelle. La vie psychique est par conséquent une succession de consciences diverses des états structuraux consécutifs et différents de notre corps.

L'apparition du déterminisme mit fin à l'existence du principe immatériel miraculeux doué de la faculté d'agir et de connaître. Les animistes rétorquèrent qu'en faisant abstraction de l'âme humaine, principe de mouvement, on supprimait la conscience dont l'existence était cependant flagrante. Les déterministes créèrent donc la conscience témoin et la conscience directrice d'activité, englobées dans la notion de conscience épiphénomène.

La volonté n'a pas le même sens en langage physiologique ou psychologique. La volition dépend du courant nerveux provenant d'une stimulation et dans ce cas, l'organisme est libre de faire ce qu'il veut : définition purement physiologique. La volonté a le pouvoir de diriger les chemins de la perception à la détermination ce qui revient à dire que nous attribuons à notre volonté toute la partie consciente de nos volitions, illusion commune à tous les humains.

Le Dantec féministe : *Quoi qu'il en soit, le cerveau de la femme est assez considérable pour contenir, plus ou moins développées, toutes les aptitudes de l'homme ; il y a d'ailleurs des degrés dans la féminité comme dans la masculinité, tous les organes génitaux n'ayant pas la même importance, ni, par suite, la même répercussion sur l'organisme. Il est probable que, pour le cerveau au moins, certaines femmes peu féminines ne diffèrent guère de certains hommes, peu masculins.*

C'est surtout à cause de l'existence de ces types de transition qu'il est illogique d'attribuer aux deux sexes des rôles nettement distincts dans le fonctionnement social. Beaucoup de femmes réclament des droits autres que ceux que leur accorde la loi, parce qu'elles sentent en elles des aptitudes qu'il leur est interdit d'exercer, ce qui, nous l'avons vu, est la plus grande atteinte à la liberté individuelle. Elles se plaignent que les hommes, qui ont fait les lois, se soient réservé une trop belle part, abusant de ce que, comme l'a si bien exprimé Anatole France, « la justice est l'administration de la force » ; or il est indéniable que la moyenne des hommes est plus forte que la moyenne des femmes.

Je n'ai pas ici à discuter le problème féministe ; je voulais seulement montrer combien il faut tenir compte des instincts, des aptitudes, pour évaluer les atteintes portées par la vie sociale à la liberté de chacun ; combien, par conséquent, il faut se défier de l'emploi inconsidéré du mot liberté et du mot égalité qui en est presque l'équivalent.

Quant à la fraternité, définie par Littré : « l'amour universel qui unit tous les membres de la famille humaine », il est bien difficile de concevoir, sans elle, l'existence d'une société ; aussi la trouverions-nous particulièrement développée chez les animaux les plus sociaux, et même, en y regardant bien, nous verrions que ce troisième mot « fraternité », accolé aux deux autres « égalité » et « liberté » ne leur ajoute pas beaucoup.

On peut considérer aujourd'hui le sentiment de fraternité comme le résultat héréditaire le plus net de la vie sociale d'un grand nombre de générations passées ; il ne serait donc pas logique de considérer ce sentiment, actuellement inné, comme ayant été la cause première de la formation des associations animales ; c'est là d'ailleurs une question fort difficile à résoudre, et que je me contente de poser dans ce rapide aperçu des fondements biologiques de la sociologie.

L'hérédité des diathèses ou hérédité mendélienne, *Revue scientifique,* 1904, 5e série, 1, 17, 513-517

Le Dantec critique la théorie de Cuénot des particules représentatives basées selon lui sur une erreur de méthode. Il associe les gemmules de Darwin et les déterminants de Weismann dans la même réprobation. Bien que Cuénot défende Mendel, Le Dantec lui reproche d'emprunter le langage erroné de ses prédécesseurs : gemmules, plasomes, unité physiologique, biophores, mnemons, pour désigner les particules représentatives.

La règle de Mendel exige deux conditions :

-La première est déterminée par le fait que lors des expériences d'hybridation, d'un individu à l'autre, un caractère existe chez le premier mais est absent chez le second.

-La seconde repose sur la prédominance d'un caractère sur un autre. Dans ce cas, la première génération aura le caractère mendélien d'un des parents.

Dans le cas du croisement de souris albinos et de souris grises, leur produit sera ou gris ou blanc. Pour l'homme, il est ou n'est pas syphilitique, la différence ne souffre pas la moindre discussion.

Le Dantec argumente Cuénot : non, décidément, il récuse le terme de mendélien et lui substitue celui de diathèse en évoquant Pasteur, les particules de Darwin et de Weissmann se comportant tout à fait comme de minuscules microbes parasites. Les souris contaminées par le microbe G seront grises, celles contaminées pas le microbe B, seront albinos. Mais il y a plus de deux diathèses : une diathèse noire et une autre jaune. Ainsi des souris albinos infectées par la bactérie mélanogène pourront avoir des petits noirs.

Les animaux tachetés, par exemple des taches blanches et des taches noires, sont pour Le Dantec, des animaux contaminés par la double infection blanche et noire, à la nuance près que les deux microbes, répartis uniformément dans les espèces à pelage uniforme de manière fixe, sont au contraire libres de se répartir en des régions différentes du corps chez l'animal moucheté.

On mène grand bruit depuis quelques années autour de ces expériences d'hérédité discontinue ; je voudrais seulement avoir montré, dans les pages précédentes, que ces expériences n'ont pas la portée qu'on leur attribue. Elles sont certainement très intéressantes pour les horticulteurs et les éleveurs, mais elles ne nous renseignent pas sur l'hérédité proprement dite. J'ai déjà (L'unité dans l'être vivant), depuis plusieurs années attiré l'attention sur la nécessité de distinguer les cas d'hérédité proprement dite et le cas de contagion par l'élément reproducteur (la transmission héréditaire de la syphilis ou de la tuberculose, par exemple, si elles ont vraiment lieu ; celle de la pébrine des vers à soie, dans tous les cas). Que ces symbioses de certains microbes très petits avec les cellules des divers êtres vivants soient très fréquentes, cela n'est pas pour nous étonner ; plus nous avançons dans la connaissance des animaux et des végétaux, plus nous en constatons de remarquables. Et du moment qu'un caractère suit la règle de Mendel, nous pouvons raconter son histoire comme celle d'une diathèse et supposer que ce caractère est dû à un microbe qui infecte les éléments reproducteurs (sans être pour cela touché par la maturation sexuelle). Chose étrange, toutes les fois que nous pourrons, comme l'a fait M. Cuenot, appliquer, avec vraisemblance, à la narration d'un phénomène, la théorie antiscientifique des particules représentatives, cela nous prouvera précisément que ce phénomène n'est pas un phénomène d'hérédité, mais de contagion. La loi de Mendel ne nous fait faire aucun pas dans la connaissance du mécanisme de l'hérédité ; elle ne nous renseigne aucunement sur la manière dont la fusion du spermatozoïde et de l'ovule détermine les propriétés de l'individu nouveau ; elle nous apprend seulement que, dans ces deux éléments sexuels complémentaires, il existe des éléments parasites capables de transmettre les diathèses de génération en génération. Mais, je le répète, ce n'est pas l'accumulation de ces diathèses qui nous expliquera la formation de l'homme ; le phénomène de l'hérédité amphimixique (liée à la fusion des gamètes mâles et femelles), *qui fait qu'un œuf fécondé microscopique détermine un homme avec son admirable mécanisme et son cerveau pensant, n'est aucunement éclairé par la répartition des infections entre les descendants d'ancêtres pourvus de diathèses différentes, suivant le calcul des probabilités. À ce propos, encore un mot en terminant : L'année dernière (Rev. Gén. Des sc., 30 septembre 1903), M. Cuenot m'a fort courtoisement reproché d'avoir parlé des caprices de l'hérédité amphimixique. Je m'étais un peu étonné à cette époque, de me voir refuser le droit de considérer comme capricieux le phénomène qui, encore aujourd'hui, me parait le plus capricieux des phénomènes. Je trouve, dans le récent article de cet auteur, l'explication de la remarque de M. Cuenot : « Pour la première fois, dit-il, en partant de données expérimentales, les recherches nouvelles ont permis d'introduire dans les phénomènes héréditaires la précision mathématique et la possibilité de prévoir, là où l'on ne voyait que hasard et caprice. » (Rev. Gén. Des sc., 30 mars 1904, 303). Il s'agit bien entendu de la loi de Mendel ; mais d'abord cette loi ne s'applique qu'à un petit nombre de caractères à hérédité discontinue qu'il appelle mendélien et que je préfère appeler diathèses ; ensuite, même en ce qui concerne la pigmentation des souris, caractère mendélien, le résultat des accouplements croisés ne peut se prévoir avec précision, au point qu'on puisse affirmer que tel petit aura telle robe ; on peut seulement prévoir que, sur un grand nombre d'accouplements, il y aura environ tant de petits de telle couleur ; on fait cette prévision par le calcul des probabilités qui, précisément, autant que je l'ai appris autrefois, s'applique aux cas n'ayant d'autre règle que le hasard.*

Les lois naturelles, réflexions d'un biologiste sur les sciences, Paris, 1904

La table des matières, après **l'introduction**, se décompose ainsi :

Livre premier : Les cantons sensoriels et le monisme :

Chapitre I : Le caractère impersonnel de la science.

Chapitre II : Notre connaissance est à l'échelle humaine.

Chapitre III : Les qualités et les cantons sensoriels : les sens chimiques ; les sens de la direction ; cantons juxtaposés ou superposés.

Chapitre IV : L'emploi des instruments.

Chapitre V : Les sciences cantonales.

Chapitre VI : Le monisme.

Livre II : Les sciences du canton optique

Chapitre VII : Arithmétique, géométrie et mécanique.

Chapitre VIII : L'expérience individuelle et l'expérience ancestrale en arithmétique et en géométrie.

Chapitre IX : L'application de l'arithmétique à la géométrie.

Chapitre X : Les bornes de la logique.

Chapitre XI : Imagination plastique et imagination verbale.

Chapitre XII : Considérations sur la mécanique du mouvement visible.

Chapitre XIII : La notion de masse.

Chapitre XIV : Mouvement et vitesse.

Chapitre XV : La notion de force et la sensation d'effort, le principe de l'inertie.

Chapitre XVI : Première notion des lois naturelles.

Chapitre XVII : Les systèmes complets et les systèmes pratiquement complets ; la conservation de l'énergie mécanique.

Chapitre XVIII : Le mystère de la ligne droite.

Livre III : Les autres cantons

Chapitre XIX : L'étude optique du son.

Chapitre XX : Les masses thermiques. La conservation de la chaleur.

Chapitre XXI : L'équivalence mécanique de la chaleur et l'extension du principe de la conservation de l'énergie.

Chapitre XXII : Les sources de chaleur et le principe de Carnot (le zéro absolu ; les qualités d'énergie).

Livre IV : Les explications

Chapitre XXIII : Le modèle atomique.

Chapitre XXIV : L'éther et les entraves du bon sens.

Chapitre XXV : La chimie atomique.

Chapitre XXVI : Les systèmes isolés.

Chapitre XXVII : Les lois naturelles (les lois approchées ; les lois simples ; le monisme).

Livre V : La place de la biologie dans les sciences

Chapitre XXVIII : L'ordre des questions de physique.

Chapitre XXIX : La biologie, mécanique des sciences naturelles.

Chapitre XXX : Le canton intime et l'intuition.

Chapitre XXXI : Âme et force.

Appendice :

Chapitre XXXII : La flamme et l'être vivant.

Chapitre XXXIII : Les rapports de l'éducation et de l'hérédité envisagées à un nouveau point de vue, à la lumière d'expériences récentes (révision des expériences de mutilation ; influence de l'âge auquel est opérée la mutilation ; les premiers stades du développement intellectuel).

Chapitre XXXIV : Une question de définition de mot.

Dédié à Pierre Delbet (1861-1957), pionnier de l'asepsie et cancérologue, cet ouvrage traite des *cantons* sensoriels, des *cantons* optiques (arithmétique, géométrie, mécanique, logique, notion de masse, mouvement et vitesse, force, conservation de l'énergie mécanique, énigme de la ligne droite), dans les livres I et II. Le livre III traite de l'étude optique du son, de la thermodynamique et du principe de Carnot. Le livre IV explique le modèle atomique et concerne les lois naturelles. Le livre V envisage la place de la biologie dans les sciences. Un appendice évoque la flamme et la vie, l'éducation et l'hérédité, les débuts du développement intellectuel.

L'introduction nous apprend beaucoup de choses sur les objectifs et les conceptions de l'auteur :

Les livres I et II veulent démontrer que le développement du *canton optique* a rendu inefficiente la notion de qualité... : *Une des particularités les plus remarquables des sciences du canton de la vision, c'est que, avec très peu de données empruntées directement à l'expérience, le cerveau humain peut prévoir dans ces sciences un très grand nombre de faits au moyen de ce qu'on appelle des raisonnements mathématiques* et Le Dantec enfourche son dada préféré, persuadé que l'expérience ancestrale a cristallisé en nous les lois de la géométrie et des mathématiques, selon la doxa lamarckienne.

Le livre III précise les qualités du son : l'intensité, la hauteur et le timbre. La durée d'une vibration est la caractéristique la plus évidente de son observation optique. Si on étudie de nombreux sons simples de hauteur croissante, on voit que les durées des vibrations correspondantes vont décroissant. Ceci correspond à une relation inattendue entre une qualité saillante du mouvement examiné par l'optique et une qualité prééminente du son correspondant. En musicologie on parlera de sons hauts, graves, aigus sans appliquer à ces qualités des critères mathématiques. En revanche, la vitesse du mouvement vibratoire est mesurable et plus elle est rapide plus le son sera haut.

La température est mesurée de façon confuse par notre corps qui la perçoit à la fois globalement et par des récepteurs cutanés. Heureusement le thermomètre substitue à la notion subjective de froid ou de chaud, la hauteur d'une colonne de mercure dans un tube capillaire : *Le thermomètre est un objet dont les variations géométriques sont facilement appréciables ; on le gradue empiriquement et l'on oublie la notion humaine de température ; une fois le thermomètre choisi, c'est cet instrument, avec sa graduation empirique, qui nous servira à définir la température (jusqu'à ce que nous trouvions une méthode de définition moins empirique).*

Le IVe livre traite essentiellement du monisme (système qui considère l'ensemble des choses comme réductible à un seul principe) : *Ce qu'il y a de plus important dans les conquêtes de la physique c'est la démonstration de l'équivalence des diverses formes d'énergie, ou du moins, si l'on laisse de côté les conventions numériques, la possibilité de transformer l'une dans l'autre les diverses activités extérieures que l'homme connaît de manière si différente par ses divers organes des sens. La possibilité de les transformer l'une dans l'autre prouve qu'elles ne sont pas essentiellement différentes, et il devient naturel, par conséquent, de le comparer à la forme d'activité que nous connaissons le mieux, l'activité mécanique... Que faut-il donc entendre par l'expression monisme ? Uniquement qu'il n'y a pas de différence essentielle entre les activités que nous connaissons sous forme de qualités différentes, puisque l'une des activités peut se transformer dans une autre ; autrement dit ces qualités différentes, qui proviennent uniquement de notre manière de connaître, ne sont pas des qualités au sens des scolastiques. En termes vraiment précis, LE MONISME SE RÉDUIT À L'ÉTABLISSEMENT DÉFINITIF DES PRINCIPES D'ÉQUIVALENCE.*

Mais nous pouvons nous proposer de construire un langage dans lequel nous raconterons indifféremment les phénomènes de n'importe quelle qualité. L'unité de ce langage sera la plus vivante expression du monisme universel. Ce langage existe grâce aux principes d'équivalence ; c'est le langage mathématique, le langage de la mécanique générale.

Le Ve livre de cet ouvrage de Le Dantec cite Descartes qui, dans son *Discours de la méthode,* attribue une importance considérable aux idées innées :

J'ai remarqué certaines lois que Dieu a tellement établies dans la nature et dont il a imprimé de telles notions en nos âmes, qu'après y avoir fait assez de réflexion, nous ne saurions douter qu'elles ne soient observées en tout ce qui est ou se fait dans le monde... Je fis voir quelles étaient les lois de la nature ; et sans appuyer mes raisons sur aucun autre principe que sur les perfections infinies de Dieu, je tâchais à démontrer toutes celles dont on eut pu avoir quelque doute et à faire voir qu'elles sont telles qu'encore que Dieu aurait créé plusieurs mondes, il n'y en saurait avoir aucun où elles manquassent d'être observées... Selon Le Dantec, Descartes aurait facilement adopté les thèses darwiniennes, car il n'était pas hostile à la théorie de l'évolution mais, en homme de son temps, était imprégné des idées admises sans hésiter à son époque et notamment de l'abîme qui sépare l'homme des animaux. Il écrivait qu'à propos des choses matérielles, Dieu, *de façon qu'encore qu'il ne lui aurait point donné au commencement de forme que celle du chaos, pourvu qu'ayant établi les lois de la nature il lui prêtât son concours pour agir ainsi qu'elle a de coutume, on peut croire, sans faire tort au miracle de la création, que par cela seul, toutes les choses qui sont purement matérielles auraient pu, avec le temps, s'y rendre telles que nous les voyons à présent ; et leur nature est bien plus aisée à concevoir, lorsqu'on les voit naître peu à peu en cette sorte, que lorsqu'on les considère que toutes faites.* Discours déjà évolutionniste ! Pour l'auteur du *Discours*, certes les animaux étaient des automates dont la fabrication pouvait être progressive, mais, s'il avait joint l'être humain à cette création, il aurait été contraint de trouver une origine ancestrale aux idées innées de l'esprit humain. L'origine ancestrale de la logique oblige la logique à s'imposer des bornes. *Pour avoir compris qu'il n'est lui-même qu'un phénomène naturel, l'homme doit renoncer à philosopher sur les phénomènes naturels autres que ceux qui sont directement connus de lui.* La métaphysique doit rester à l'écart de cette quête car elle n'est qu'un *ramassis de mots vides de sens !*

Le Dantec développe sa théorie des *cantons sensoriels.* Ainsi il estime que la langue spécifique à chaque science sensorielle sera inutilisable pour rendre compte de l'activité des autres *cantons sensoriels*. Le langage de la musique sera incapable à la narration de l'activité thermique extérieure ; température, quantité de chaleur n'ont pas leur place dans la phrase musicale. Il distingue un langage mathématique spécifique à la vision des formes, qui n'est pas utilisable pour le *canton auditif*, ni pour celui du *canton thermique* ou pour celui de la sensation d'effort. En renonçant aux informations que nous procurent nos sens, à l'exception de la vision, on diminue le coefficient humain dans la description et le récit de l'histoire mondiale. On rejoint alors la pensée de Kant : *Il n'y a de science proprement dite, dans les sciences physiques, que ce qui s'y trouve de mathématique.*

Pour l'auteur, la Biologie est aux sciences naturelles ce que la mécanique générale est aux sciences physiques. Il ne faut pas y inclure la botanique, la zoologie, la physiologie. Elle se substitue à ce qu'on appelait autrefois les sciences naturelles.

Le monisme revendiqué par Le Dantec, remonte à Spinoza qui considère que la nature est constituée d'une seule substance qui, avec Dieu et l'univers fait surgir un strict déterminisme. Ainsi prennent fin la question de l'interaction entre âme et corps, le problème de la forme et de la matière, celui de l'esprit et du corps… Les théories cartésiennes sont remises en cause par un rationalisme absolu qui rétablit le parallélisme entre corps et pensée qui sont une seule et même chose. La conclusion de Le Dantec est la suivante : *Entre la pensée et la matière, la différence ne saurait être plus grande ; elle se présente sous forme de contradiction : au moyen de la contradiction de nos langues cantonales, la réponse à cette objection d'un dualiste est immédiate ; nous ne pouvons parler ni du côté droit d'une pensée, ni du côté gauche d'une température, pas plus que nous ne pouvons parler de l'odeur d'un bémol ou de la couleur d'une vitesse…* (Et l'effet Doppler-Fizeau ?) *Je ne vois aucune raison, actuellement, pour ne pas étendre aux êtres vivants le monisme et le déterminisme des sciences physiques.*

La science apportera-t-elle l'explication du monde ? Apaisera-t-elle cette soif de comprendre vestige atavique de la croyance absolue qui permet d'accéder aux causes premières. Le philosophe proclame qu'il n'y a de science que du général. Le savant, astronome, physicien, chimiste, biologiste rétorque en traitant la philosophie de vain bavardage. Les mêmes causes produisent les mêmes effets, ce qui permet à condition de connaître toutes les étapes du phénomène étudié, d'en prévoir et d'en reproduire le déroulement. Cette science est purement descriptive. Il faut se garder de tomber dans le piège métaphysique : « je crois qu'il y a quelqu'un qui veut que telle chose soit » au lieu de dire : « je constate que telle chose est ». La première question correspond à un système théologique anthropomorphique qui avait réponse à tout. La croyance au déterminisme qui régit la physique et la chimie aurait dû éliminer les croyances héritées d'un lointain passé. En revanche, appliquée à l'homme, la démarche scientifique se heurte à la contestation du déterminisme. Lamarck et Darwin ont apporté leur tribut à la connaissance de l'hérédité. L'origine de la logique humaine fait que *pour avoir compris qu'il n'est lui-même qu'un phénomène naturel, l'homme doit renoncer à philosopher sur les phénomènes naturels autres que ceux qui sont directement connus de lui.* La logique est donc le résumé héréditaire de l'expérience ancestrale.

Les lois naturelles que nous découvrons sont rédigées en vue des hommes qui observent les faits ; ce sont des narrations à l'échelle humaine ; nous pouvons énoncer ces lois sans faire aucune métaphysique, sans avoir la prétention de rechercher les causes (ici cause signifie mécanisme intrinsèque) ; elles sont uniquement descriptives.

Le zoologiste et médecin Gustave Loisel consacre un article de la *Revue internationale de l'enseignement*, **50**, Juillet-Décembre 1905, p. 94-96, à l'analyse du livre de Félix Le Dantec, *Les lois naturelles*. Le verdict est sévère mais néanmoins objectif : *Voilà certes un livre de lecture difficile et d'ordonnance un peu confuse : comme à son habitude, le style de Le Dantec est aride à la lecture, mais aussi il est clair, précis, et nous avouons bien volontiers que certains chapitres nous ont ici fortement intéressés.*

Plus Le Dantec produit, moins il nous apparaît biologiste et pourtant ses ouvrages semblent devoir servir de plus en plus à l'éducation générale des biologistes, à leur culture philosophique. Pour Le Dantec, il est vrai, le mot biologie ne doit pas être employé comme synonyme d'histoire naturelle, ainsi qu'on le fait généralement ; il doit vouloir désigner exclusivement la science qui se propose de trouver « tout ce qui est commun à l'ensemble des êtres vivants, tout ce que l'on pourra raconter dans les mêmes termes au sujet de n'importe quelle espèce vivante ». Ainsi comprise la biologie est aux sciences naturelles proprement dites ce que la mécanique générale est aux sciences physiques. Le Dantec veut être le créateur de cette biologie ; c'est à elle qu'il a consacré, en 1903, son œuvre magistrale, le « Traité de Biologie », c'est encore elle dont il vient nous entretenir dans ce livre et c'est avec cette conception nouvelle de la science de la vie qu'il faut comprendre le sous-titre donné par Le Dantec à son livre : « Réflexions d'un biologiste sur les sciences ».

Ce livre est rempli d'idées ingénieuses, de raisonnements excellents et l'on ne saurait trop en conseiller la lecture aux jeunes biologistes. Leurs anciens pourront également y trouver profit car il est des choses qu'on ne saurait trop relire, mais ils pourront y trouver aussi comme le reflet d'un « déjà vu ».

Il faut dire aussi que les idées de Le Dantec ne sont pas toujours aussi originales qu'elles apparaissent au premier abord. L'étude des lois naturelles qu'il nous présente ici a pour fondement essentiel cette idée qu'il ne saurait plus être aujourd'hui question de science absolue, car l'absolu, pas plus que l'infini, ne saurait être compris par l'homme qui est à la fois un être relatif et fini. « Notre connaissance du monde, dit Le Dantec, n'est que le résultat des rapports qui existent entre le monde et notre organisme ; en d'autres termes ce que nous connaissons dépend à la fois de l'état du monde et de notre propre état ; autrement dit encore notre connaissance du monde changerait également, soit que le monde changeât, soit que nous fussions nous-mêmes modifiés ».

Voilà certes des notions capitales au point de vue philosophique. Le Dantec nous les expose avec beaucoup de talent dès le début de son livre, dans un chapitre intitulé : « Notre connaissance est à l'échelle humaine » et il n'y a guère de pages où on ne les retrouve pas explicitement formulées. Or Francis Bacon avait déjà énoncé les mêmes propositions il y aura bientôt trois siècles. En effet dans le 41e aphorisme du livre 1er de son « Novum Organum », le célèbre chancelier s'exprime ainsi : « Les fantômes de race ont leur source dans la nature même de l'homme ; c'est un mal inhérent à la nature humaine, un vrai mal de famille, car rien n'est plus dénué de fondement que ce principe : Le sens humain est la mesure de toute chose. Il faut dire au contraire que toutes les perceptions soit des sens, soit de l'esprit, ne sont que des relations à l'homme, et non des relations à l'univers. L'entendement humain semblable à un miroir faux, fléchissant les rayons qui jaillissent des objets et mêlant sa propre nature à celle des choses, gâte, tord, pour ainsi dire, et défigure toutes les images qu'il réfléchit ».

Le Dantec est donc ici un disciple fidèle de Bacon. Empressons-nous de dire que l'élève continue dignement l'illustre maître ; il le complète et le dépasse peut-être, car il a eu la bonne fortune de pouvoir lire dans le livre de la nature à la suite de ces deux autres grands esprits : Lamarck et Darwin. C'est ainsi que Le Dantec a osé aborder sans crainte et avec succès, à notre sens, ces grandes questions qui font quelques-uns des chapitres les plus intéressants de son livre : l'expérience individuelle et l'expérience ancestrale en arithmétique et en géométrie (chapitre dans lequel on le voit prendre une place honorable entre deux grands savants actuels : Poincaré et Freycinet) ; les bornes de la logique ; l'éther et les entraves du bon sens ; l'ordre des questions de physique, chapitre qui résume le plan du livre tout entier ; âme et force ; la flamme et l'être vivant ; éducation et hérédité.

Le livre de Le Dantec n'est pas de ceux qui se laissent facilement analyser ; il faut le lire en entier ; l'on y notera au passage quelques-unes de ces phrases qui renferment en elles toute la substance d'une doctrine : « La science nous permet de tirer parti de l'expérience ancestrale, l'intelligence nous permet de tirer parti de notre expérience personnelle ».

« La logique est l'instinct par excellence ; c'est le résumé héréditaire de l'expérience ancestrale, la quintessence de cette expérience prolongée pendant des milliers de siècles au nom desquels nos ancêtres se sont frottés au monde extérieur ».

Et comme corollaire : « Pour avoir compris qu'il n'est lui-même qu'un phénomène naturel, l'homme doit renoncer à philosopher sur les phénomènes naturels autres que ceux qui sont directement connus de lui. Pour tout savant convaincu de l'origine évolutive de l'homme, la métaphysique n'est qu'un ramassis de mots vides de sens ».

Les influences ancestrales, Paris, 1904

Introduction : La narration historique.

Premier livre : Lignée et variation.

Chapitre premier : Les divers points de vue dans l'étude de la vie.

Chapitre II : Le point de vue chimique.

Chapitre III : Le point de vue mécanisme.

Chapitre IV : La reproduction sexuelle.

Chapitre V : Les caractères psychiques.

Deuxième livre : Les conséquences individuelles et sociales de la continuité des lignées.

Chapitre VI : La canalisation du hasard.

Première partie du livre II : Le développement ancestral de l'égoïsme. Origine de la logique.

Chapitre VII : Individu et expérience.

Chapitre VIII : L'instinct de la conservation.

Chapitre IX : Les relations de l'animal avec l'ambiance.

Chapitre X : La peur.

Chapitre XI : Les entités métaphysiques anthropoïdes.

Chapitre XII : La mort.

Deuxième partie du livre II : Le développement ancestral de l'altruisme origine de la morale.

Chapitre XIII : L'altruisme reproducteur.

Chapitre XIV : Les caractères acquis et la genèse de l'absolu.

Chapitre XV : La vérité humaine.

Chapitre XVI : L'évolution du langage articulé.

Troisième livre : La distribution des particularités individuelles par la génération sexuée.

Chapitre XVII : Le sexe.

Chapitre XVIII : La théorie des particules représentatives.

Chapitre XIX : L'attraction sexuelle.

Premier appendice : Les formes de l'énergie.

Deuxième appendice : L'influence ancestrale du milieu marin.

Ce livre est dédié à Émile Lacour que Le Dantec eut comme professeur de mathématiques à Jeanson de Sailly et auquel il voua un profond attachement.

Trois livres, deux appendices, trois cent six pages. Le premier chapitre expose divers points de vue à propos de l'étude de la vie (énergie ou morphologie). Le chapitre deux développe le point de vue chimique et le trois, celui du mécanisme. Le quatrième chapitre parle de la reproduction sexuelle mais évoque le parasitisme. Le chapitre cinq est consacré aux caractères psychiques. Chapitre six, on parle de la canalisation du hasard, chapitre sept de l'individu et de l'expérience, chapitre huit de l'instinct de conservation, chapitre neuf des relations de l'animal avec l'ambiance, chapitre dix, de la peur, chapitre onze, des entités métaphysiques anthropoïdes et chapitre douze de la mort.

La deuxième partie du livre II expose au chapitre treize, l'altruisme reproducteur, au chapitre quatorze, les caractères acquis et la genèse de l'absolu, au quinze, la vérité humaine suivi au seize de l'évolution du langage articulé.

Le troisième livre est consacré à la distribution des particularités individuelles par la génération sexuée, les chapitres dix-sept, dix-huit et dix-neuf traitant du sexe, de la théorie des particules représentatives et de l'attraction sexuelle.

Le premier appendice expose les formes d'énergie et le second, l'influence ancestrale du milieu marin.

Dans l'introduction, l'auteur insiste sur le fait que l'absence de documents sur la généalogie des espèces et sur les milieux dans lesquels elles vivaient, rend impossible toute description. Néanmoins, à travers Lamarck et Darwin, nous disposons d'une philosophie de l'histoire et de la préhistoire que nous ne connaîtrons jamais. Son plaidoyer pour le transformisme commence par l'affirmation que la vie des végétaux et des animaux n'est jamais un phénomène qui débute mais toujours un phénomène qui se poursuit. La lignée issue d'un individu n'est pas indifférente aux évènements qu'il a connus et qui peuvent ajouter des propriétés transmissibles à ses descendants. L'hérédité présente d'un individu est la somme des acquêts de ses ascendants. Or, en comptant quatre générations par siècle, cela totalise sur huit siècles plusieurs centaines de millions d'ancêtres directs dont il est hors de question de passer en revue les influences ancestrales. Le Dantec établit une différence entre les variations Lamarckiennes soumises à la condition de la conservation de la vie d'un mécanisme et les variations Darwiniennes qui étant fortuites ne jouent aucun rôle dans la conservation d'un mécanisme. La formation d'un individu dépend de l'hérédité et de l'éducation : *Ce ne sont pas les faits passés qui interviennent dans les faits présents, mais une substance chimique donnée, dont la structure résume, il est vrai, toute l'histoire des ascendants de l'individu qu'elle construit, et qui se comporte dans chaque circonstance d'après sa nature chimique.*

Il récuse la distinction entre intelligence et instinct. Pour lui, cela revient à séparer le fonctionnement de la totalité de l'activité d'un organisme supérieur des mécanismes partiels qui le constituent.

Il rappelle que Charles Darwin (1809-1882) a canalisé le hasard de la variation spécifique, en faisant intervenir la sélection naturelle qui rend nécessaire l'absence d'interruption pour les lignées.

Il parle de l'hérédité des diathèses à propos de l'hérédité mendélienne en contradiction avec le biologiste Lucien Cuénot (1866-1951) qui signale que *l'importance théorique de la loi de Mendel est considérable et que de Vries a bien senti l'appui qu'elle apporte aux théories de l'hérédité basées sur l'hypothèse des particules représentatives.* Il ajoute : *Cela ne change rien au fait que M. Le Dantec appelle microbes symbiotiques les déterminants qui règlent la couleur, la marche, la symétrie, la forme, etc., et les diathèses, caractères locaux ; cela n'a que l'inconvénient de substituer à des expressions techniques précises un langage imagé reposant sur une comparaison qui, au fond, est très inexacte.*

Le Dantec, qui n'a pas compris le message de Cuénot, s'égare quand il imagine que ce que nous appelons désormais les gènes sont en fait de petits microbes parasites. Il explique à sa façon ce phénomène de substitution des particules représentatives par des particules de diathèse ce qui *n'a aucun inconvénient au point de vue de la narration des expériences qu'il relate ; mais cela présente un grand avantage en ce sens que cela met les diathèses, les caractères à hérédité discontinue ou mendélienne, en dehors des caractères à hérédité continue, qui sont précisément ceux dont la transmission aux enfants nous intéresse particulièrement... Il ne s'agirait donc pas d'hérédité proprement dite dans les cas d'hérédité mendélienne mais bien d'une sorte de contagion dont les gamètes seraient l'objet.*

Le Dantec, fort de sa formation pastorienne, en positiviste convaincu, n'hésite pas à assimiler le mendélisme à d'imprécises allégations métaphysiques et à ramener les déterminants mendéliens à de vulgaires bactéries. Il affirme : *Les expériences d'hérédité mendéliennes prouvent que, à côté du patrimoine héréditaire capable de reproduire les mécanismes vivants, il peut y avoir dans l'œuf des microbes qui déterminent chez l'être des caractères surajoutés... Les caractères mendéliens sont des maladies chimiques ou diathèses, voilà tout.*

Il ajoute dans un article paru dans la *Revue scientifique* du 23 avril 1904, la même année que celle de l'édition de son ouvrage : *On aurait pu croire que la théorie des particules représentatives avait vécu, du moment que tout le monde avait compris que cette théorie est basée sur une erreur de méthode, mais, comme cela arrive chaque fois qu'un système a été longtemps adopté par les savants, il en reste des traces dans le langage scientifique, et le simple emploi d'un tel langage suffit à conserver à la théorie défunte des adeptes plus ou moins avoués.* Dans la même revue, il ajoute ces quelques lignes pour renforcer son scepticisme et confirmer sa théorie infectieuse : *Chose étrange, toutes les fois que nous pourrons, comme l'a fait M. Cuénot, appliquer avec vraisemblance, à la narration d'un phénomène, la théorie antiscientifique des particules représentatives cela nous prouvera précisément que ce phénomène n'est pas un phénomène d'hérédité mais de contagion. La loi de Mendel ne nous fait faire aucun pas dans la connaissance du mécanisme de l'hérédité ; elle ne nous renseigne aucunement sur la manière dont la fusion du spermatozoïde et de l'ovule détermine les propriétés de l'individu nouveau ; elle nous apprend seulement que, dans ces deux éléments sexuels complémentaires il existe des éléments parasites capables de transmettre des diathèses de génération en génération.*

On peut douter que Le Dantec ait lu attentivement la Versuche über Pflanzen-Hybriden paru en 1866 dans les *Verhandlungen des naturforschenden Vereines in Brno,* œuvre du moine Gregor Mendel (1822-1884), qui du reste passera inaperçue dans le monde savant de l'époque. On prétend qu'un tiré à part, apparemment oublié par le destinataire, fut trouvé dans la bibliothèque de Darwin, après sa mort. Rappelons que, 35 ans après les travaux de Mendel, Walter Sutton (1877-1916) publie en 1903 The chromosoms in heredity dans *Biological Bulletin* puis, Theodore Boveri (1862-1915), un an plus tard *Ergebnisse über die Konstitution der chromatischen Substanz des Zellker*n, Jena, 1904, travaux dans lesquels ils attribuent aux chromosomes l'hérédité mendélienne. Le Dantec ne pouvait ignorer ces publications.

Néanmoins, il considère *que les expériences d'hérédité discontinue (c'est-à-dire d'hérédité mendélienne) sont certainement très intéressantes pour les horticulteurs et les éleveurs.* L'hérédité des diathèses ou hérédité mendélienne, *Revue scientifique,* 17/1/1904, 517.

La lutte universelle, Paris, 1906

Ce volume de 305 pages est dédié à Frédéric Dumarest (1870-1951) médecin chef du Sanatorium Mangini.

Introduction : la notion de lutte et d'hérédité généralisée.

Livre premier : la lutte chez les corps de la première catégorie ou corps vivants.

Chapitre premier : l'état vivant et l'influence vitale : notion d'individualité ; la lutte pour l'espace ; état physique et identité chimique ; l'assimilation chimique est caractéristique de la vie ; la spécificité des substances vivantes ; l'état protoplasmique et les colloïdes.

Chapitre II : histoire d'une vacuole digestive : définition de la vacuole ; la digestion ou assimilation physique, première étape de la conquête ; spécificité de l'acte digestif ; première notion de la transportabilité partielle des facteurs physiques de la lutte vitale ; le triomphe n'est jamais certain ; il dépend des circonstances.

Chapitre III : La lutte d'un corps vivant contre un corps vivant : lutte indirecte et corps à corps ; l'acinétien suceur (protozoaire cilié, parasite de certains vers) ; lutte directe du microbe et de l'hôte ; la vie de l'être envisagée dans le milieu ; spécificité des habitudes résultant des luttes ; symétrie de la narration globale de la lutte ; maladie aiguë ; analyse de la lutte côté microbe ; analyse de la lutte côté hôte ; lutte directe et télépathie ; les organes des sens et la lutte contre le milieu ; la lutte directe est plus rare chez l'homme en dehors des cas de maladie ; le souvenir et la victoire partielle du milieu.

Chapitre IV : La lutte des corps vivants contre les corps de la deuxième catégorie et les corps bruts : les corps de la deuxième catégorie dont la lutte contre les êtres vivants ne présentent pas d'intérêt : flammes, etc., la lutte alimentaire et les anti-diastases ; généralisation de la notion de diastase. La diastase formative ou morphogène et la tuberculine de Behring ; le système nerveux et la fabrication d'antitoxines ; l'ennemi ; une définition biologique du progrès.

Livre II : La paix armée chez les corps vivants.

Chapitre V : Symbiose et maladies chroniques.

Chapitre VI : Étude philosophique de la tuberculose : le tubercule ; la question du terrain ; contagion et danger de la tuberculose ; immunité naturelle ou acquise dans la tuberculose ; l'avenir de la tuberculose considérée comme symbiotique.

Chapitre VII : La symbiose nécessaire : les orchidées plantes incomplètes ont besoin d'un champignon pour vivre ; la mutation ou variation brusque chez les orchidées vivant en symbiose avec les champignons.

Chapitre VIII : Les facteurs de la vie : la vie, lutte de deux facteurs ; les victoires partielles du milieu ; le théorème morphologique ; la division du travail physiologique.

Livre III : La lutte sexuelle.

Chapitre IX : Définition des divers sens du mot sexe : pas d'étalon absolu de sexe génital ; le sexe somatique ; le sexe morphologique ; le sexe parthénogénétique ; les femelles incomplètement femelles.

Chapitre X : La lutte des éléments sexuels dans la fécondation : lutte pour le patrimoine héréditaire, lutte pour le sexe somatique.

Livre IV : Le problème de l'apparition de la vie.

Chapitre XI : Le transformisme permet de ramener le problème à celui de l'apparition d'une masse vivante élémentaire.

Chapitre XII : La génération spontanée ou apparition des corps qui triomphent dans la lutte : de Lucrèce à Pasteur ; vitalisme et mort, morts provisoires ; difficulté théorique provenant des cas où la vie manifestée est suspendue ; notre ignorance de la structure des corps vivants ; hypothèse d'une influence ressuscitant des rayons du radium ? ; les radiobes (gélatine soumise à l'action du radium autrefois considérée comme une forme de transition entre cristal et microbe vivant) seraient un type nouveau d'êtres vivants ; les radiobes n'auraient que l'apparence physique de la vie ; quelle serait l'espèce obtenue par la génération artificielle si on la réalisait ? ; génération spontanée et dissymétrie moléculaire.

Livre V : La lutte des corps bruts.

Chapitre XIII : La définition des corps dans le monde inanimé : libre convention de la définition des corps bruts ; le contour des corps ; les corps homogènes et la question d'échelle.

Chapitre XIV : Les corps simples : atomes, électrons.

Chapitre XV : Les corps de la deuxième catégorie : vibrations, flamme, noir animal, etc., diastases et toxines ; colloïdes.

Chapitre XVI : Les corps de la troisième catégorie.

Chapitre XVII : Économie, sentiment et raison.

Le Dantec, comme souvent, annonce quelle sera sa démarche et comment il abordera les problèmes en relation avec la sentence : *Être c'est lutter, vivre c'est vaincre.* Voici son programme : *Nous commencerons par nous occuper de la vie d'un être quelconque, en nous plaçant au point de vue de la lutte, et nous en tirerons la notion encore confuse d'état vital spécifique ; nous ferons un pas de plus dans la voie de la précision en nous arrêtant à des animaux particulièrement simples et formés d'une seule cellule comme les amibes ; l'étude approfondie de l'histoire d'une vacuole creusée dans le protoplasme d'une amibe nous conduira naturellement à la notion importante de l'assimilation chimique caractéristique de la vie, et en même temps l'assimilation physique qui est la généralisation de l'idée de digestion, et qui se retrouvera dans des corps non vivants.*

Cette même étude nous donnera, par la considération du cas où le corps étranger situé dans la vacuole est lui-même vivant, l'idée de la lutte pour l'état vital spécifique, chacun des corps vivants essayant d'imposer à son antagoniste ses caractéristiques physico-chimiques. En même temps nous nous trouverons en présence de corps bruts, émanés des corps vivants, et susceptibles de transporter avec eux certaines particularités de l'état physique spécifique des corps vivants ; j'ai nommé les diastases. Ces corps quoique non vivants puisqu'ils sont incapables d'assimilation chimique, seront néanmoins capables, dans certains cas, d'assimilation physique. La lutte des corps vivants contre les diastases, la lutte des diastases entre elles remplissent presque tout le champ de la pathologie.

Les diastases, capables d'assimilation physique, se trouvent, par là même à mi-chemin, entre la matière vivante et la matière brute ; elles nous serviront de transition et nous conduiront aux substances ordinaires de la chimie, mais de telle manière que nous puissions transporter à celles-ci une partie au moins de la notion d'hérédité physique. Ayant commencé par la vie elle-même, nous nous éloignerons progressivement de notre point de départ pour arriver jusqu'aux corps qui ont avec les corps vivants, le moins possible de propriétés communes, qui en ont même tellement peu que, pour leur appliquer le nom de corps, nous devrons faire au préalable certaines conventions indispensables à la rigueur du langage.

Que restera-t-il alors de commun à tous les objets considérés ? Quelles seront les particularités qui nous sembleront susceptibles d'avoir conduit les savants à parler de la vie des corps bruts ? Nous trouverons aisément ces particularités dans l'idée de lutte et nous substituerons ainsi à la notion trompeuse de vie universelle, la notion plus correcte de lutte universelle.

En même temps s'établira une gradation dans les corps à partir des corps vivants :

1° Les corps vivants triomphent, tant qu'ils vivent, des corps avec lesquels ils luttent ; ils en triomphent tant au point de vue chimique qu'au point de vue physique ; ils imposent leur état à l'ambiance. Seule l'évolution ou transformation des espèces enlève à ce triomphe son caractère absolu ; vivre, c'est vaincre, en faisant quelques petites concessions qui constituent l'habitude individuelle ou l'adaptation spécifique.

2° D'autres corps non vivants, et, par suite, incapables d'assimilation chimique, sont néanmoins susceptibles dans certains cas, d'un triomphe physique ; ils imposent leur état physique à l'ambiance. Cela se produit par exemple pour les diastases, pour les flammes... C'est surtout pour les substances de cette deuxième catégorie et pour la narration de leur lutte avec les corps vivants que le langage de la lutte universelle sera particulièrement fécond.

3° Enfin, d'autres corps, qui luttent néanmoins sans cesse, ne peuvent que se détruire dans la lutte ; ils se détruisent plus ou moins vite, mais ils se détruisent fatalement ; dans une lutte entre deux corps de cette troisième catégorie il n'y a pas de vainqueurs. Il ne faut pas oublier que pour les corps des deux premières catégories, une défaite est également possible ; un être vivant peut mourir, une toxine se détruire, une flamme s'éteindre.

Quand il évoque le titre de son livre, Félix Le Dantec ne peut éluder la lutte des humains entre eux. Mais il souligne que l'homme est surtout en lutte avec son environnement et que ce combat est commun à toutes les espèces vivantes, notamment en ce qui concerne l'alimentation, ce que Darwin qualifiait de lutte pour l'existence et que Lamarck envisageait avec plus de lucidité en affirmant que la fonction crée l'organe.

La prolifération de l'espèce humaine fait que le royaume des hommes devient exigu. Les progrès dans le domaine des machines notamment ont fait que le travail des uns prépare celui de tous les autres et que la place du travailleur dans la société est proportionnelle à son utilité sociétale. Puis est venu l'usage des valeurs fiduciaires, or, papier monnaie, qui a installé dans les mentalités le combat pour la possession de la monnaie. Avec pour résultat que cette possession et sa transmission héréditaire introduisent une inégalité sociale source d'injustice et de revendications légitimes. Les religions ont pallié, ou du moins ont essayé de pallier ce défaut de justice, en persuadant les humains qu'ils sont dotés d'une âme immortelle et qu'après leur mort, tous les préjudices subis pendant leur séjour terrestre seront réparés. Lamarck en affirmant que la fonction crée l'organe suppose que la civilisation enlève progressivement à l'homme sa légendaire résistance ancestrale faisant de chaque être humain un catarrheux en puissance emmitouflé dans ses caleçons longs et ses gilets de laine. Selon Poincaré, la vie est ce bref passage entre vie et mort, illuminé brièvement par un éclair fugace qui perce les ténèbres. Pour Le Dantec, ce n'est qu'une manifestation des vanités humaines. L'utopie n'empêche aucunement la lutte d'être et de rester la condition de toute existence. Ce qui n'empêche pas l'homme d'éprouver l'altruisme et la générosité concurremment avec ses sentiments utilitaristes.

Helmholtz aurait dit à propos de l'œil humain que si un commerçant lui avait fourni un instrument aussi déficient, il aurait instantanément changé de fournisseur. Certes, mais le pragmatisme justifie qu'on utilise cet outil pour explorer le monde faute de mieux !

Le mot de la fin restera à Le Dantec, remarque qui est presque un aveu de faiblesse : *Le raisonnement nous enseigne que la lutte est la grande loi, mais le raisonnement scientifique est incomplet ; il ne tient pas compte des vieilles erreurs qui sont peut-être ce que nous avons de meilleur en nous ; la dernière lutte dont nous devrions parler ici est la lutte du sentiment contre la raison.*

Introduction à la pathologie générale, Paris, 1906

La table des matières comporte dix pages pour 570 pages de texte :

Première partie : les trois hérédités :

Chapitre premier : la définition de la maladie ; la pathologie est l'étude des phénomènes de détail ; les symptômes ; les causes.

Chapitre II : les conditions de la vie ; l'être vivant et le milieu : les êtres unicellulaires ; les êtres pluricellulaires ; la conservation de la vie.

Chapitre III : les conditions chimiques ; les caractères chimiques ou globaux ; l'hérédité chimique ; introduction d'éléments étrangers.

Chapitre IV : L'habitude : application illégitime de la loi d'habitude ; la définition de l'organe ; le rythme vital ; lenteur de l'acquisition d'un caractère par habitude ; résultats divers des maladies ; valeur de la loi d'habitude. Sa signification darwinienne et sa signification lamarckienne ; première notion du physique sur le chimique.

Chapitre V : Les conditions physiques ; les transports d'activité ; mécanismes et tensions ; les transports de propriétés chimiques.

Chapitre VI : L'état colloïde : le protoplasma ; la structure des colloïdes et l'électrisation de contact ; un modèle de contraction musculaire.

Chapitre VII : Considérations générales sur les sérums ; la spécificité physique ; les réactions cytolytiques ; les caractères topographiques ; les microbes et les produits excrémentiels ; spécificité rigoureuse et non exclusive ; action in vitro et in vivo ; action directe d'après Svante Arrhenius (1859-1927) ; la théorie chimique ; première notion de l'hérédité physique ; le langage de l'équilibre.

Chapitre VIII : L'hérédité physique : premier modèle tiré de la génération alternante ; deuxième modèle tiré du sexe prothallique (sexualité des fougères) ; troisième modèle tiré du sexe somatique ; étapes dans l'hérédité ; habitudes et luttes physiques.

Chapitre IX : L'hérédité mendélienne ou hérédité des commensaux : les complications résultant de la génération sexuelle ; les variations sportives ; microbes invisibles ou particules représentatives ; confusion entre divers types d'hérédité.

Chapitre X : L'action biologique des radiations : action directe ou indirecte ; bipolarité de la substance vivante ; classification des rayons… rayons X… radium ; action physiologique et bactéricide.

Deuxième partie : la résistance de l'organisme aux agents de trouble.

Chapitre XI : considérations générales sur l'infection : le mot infection ; insectes parasites ; parasites diffus ; infections à accès ; maladies aiguës ; microbes invisibles ; microbes restant à la porte d'entrée.

Chapitre XII : l'infection chez les êtres unicellulaires : comparaison avec les êtres pluricellulaires ; introduction du parasite par voie alimentaire ; digestion intracellulaire ; action des diastases ; symbiose ; maladies microbiennes des êtres unicellulaires ; résistance des êtres unicellulaires à des colloïdes morts.

Chapitre XIII : La phagocytose : éléments fixes et éléments mobiles ; attraction des phagocytes ; phagolyse ; les macrophages ; action sur les hématies ; action incomplète in vitro ; les microphages ; lutte directe du phagocyte et de l'élément de trouble ; retentissement sur l'organisme ; vieillesse et phagocytoses.

Chapitre XIV : Réaction de l'organisme à l'injection de substances mortes : programme ; action des sécrétions microbiennes sur les animaux réfractaires ; la lutte des diastases ; avantage des êtres vivants dans la lutte ; narration des faits dans le langage de l'équilibre ; Résumé : cas du hérisson ; injections de toxines ou de venins à des espèces non réfractaires ; action de l'antitoxine sur la toxine ; immunité naturelle contre les microbes ; l'agglutination des microbes.

Chapitre XVI : Parallélisme entre l'histoire des animaux et celle des microbes : lacune de langage symétrique ; pas de mammifère banal.

Chapitre XVII : l'opothérapie : spécificité physique des tissus.

Chapitre XVIII : Théorie chimique d'Ehrlich : toxicité absolue et génie chimique ; toxophore et haptophore ; toxones et toxoïdes.

Chapitre XIX : Difficulté de la définition ; troubles de la coordination ; action paradoxale de la tuberculine ; le problème est différent de celui des maladies aiguës ; tubercules lichen : phénomène de Koch.

Chapitre XX : Hérédité des tares dans la génération sexuée : âge auquel apparaît la tare ; incertitude de la transmission ; transmission de l'immunité ; transmission des affections chroniques.

Troisième partie : Une application de la méthode pathologique à la biologie normale

Chapitre XXI : Évolution individuelle : La différenciation cellulaire. Squelette et vitellus ; poecilogonie (particularité de certaines espèces d'offrir deux modes de développement différents, suivant l'abondance des réserves nutritives de l'œuf et des conditions du milieu) ; rôle momentané du vitellus ; métamorphose ; disposition des centrosomes ; importance de l'hérédité chimique ; caducité de l'hérédité physique ; autocytotoxines ; signification générale du fonctionnement. L'hérédité des caractères acquis. Exemple théorique servant à poser le problème ; caractère transitoire ; caractère fixé dans le squelette ; caractère fixé indépendant du squelette ; l'unité individuelle ; les céphalopodes de Hyatt.

Dédié à Louis Liard (1846-1917), ancien élève de Normale supérieure, et, depuis 1902, vice-recteur de l'académie de Paris, ce volumineux ouvrage de 504 pages détaille en trois parties et XXI chapitres les trois hérédités (physique, chimique et mendélienne, dite des commensaux), la définition de la maladie, les conditions de la vie, les conditions chimiques, l'habitude, les conditions physiques, l'état colloïde, les sérums, l'hérédité physique, l'hérédité mendélienne, l'action bio des radiations, la résistance de l'organisme : infections, phagocytose, réactions de l'organisme à l'injection de substances mortes, virulence après injection à l'animal, parallélisme entre animaux et microbes, opothérapie, Ehrlich, infections chroniques, hérédité des tares dans la génération sexuée, application de la méthode pathologique à la biologie normale, évolution individuelle.

À propos de Mendel, il reprend son hypothèse diathésique en affirmant que les particules représentatives de Charles Darwin, les gènes, *se comportent exactement comme de petits microbes parasites, comparables aux microbes invisibles dont nous parlerons plus tard... Les faits d'hérédité mendélienne sont, pour ainsi dire, des accidents surajoutés à l'hérédité normale, comme une maladie est ajoutée à la physiologie normale d'un individu.*

Or il n'est pas le seul à soutenir cette théorie.

Un autre pasteurien, Louis Blaringhem (1878-1947), botaniste spécialiste de génétique végétale, reçoit avec une grande réticence les théories mendéliennes. Selon lui, les gemmules de Darwin sont des sortes de parasites proches de l'agent responsable de la pébrine. En 1923, il écrit dans *Pasteur et le transformisme* : *L'œuvre de Pasteur... par ses études sur les ferments... nous découvre la plasticité de l'individu, la souplesse de la vie cellulaire dans ce qu'elle présente de plus profond et de plus caractéristique. Sans doute par ce côté particulier, il fournit à la thèse de DARWIN des arguments décisifs. Dans la nature, la vie détruit la vie, lutte pour la place qui explique la distribution des êtres. L'aptitude à se plier aux circonstances, à conserver une empreinte durable d'adaptations passagères, est aussi mise en valeur ; c'est l'hérédité acquise. Enfin je trouve, le premier sans doute, dans la transmission des corpuscules de pébrine par l'œuf du vers à soie, la meilleure preuve de la possibilité d'une altération, par un apport extérieur, des germes eux-mêmes, conséquence à laquelle DARWIN est conduit par l'analyse des faits rassemblés dans deux ouvrages qui sont les fondations de sa doctrine du transformisme.*

Il y renoncera plus tard, certes, mais il incarne bien la résistance des biologistes français à la génétique mendélienne puis morganienne.

Eugène Wollman (1883-1943), également élève de Pasteur, échafaude une théorie qui verra dans les gènes de véritables bactéries et inversement considérera certains germes, notamment les bactériophages, comme des microbes ayant récupéré leur autonomie. Il établira ainsi une analogie entre la contagion et la transmission des caractères héréditaires, établissant une préférence pour le pangène darwinien vis-à-vis du gène mendélien traditionnel.

Etienne Rabaud (1868-1956), proche du néo-lamarckisme, exprime son incompréhension pour ne pas dire sa méfiance vis-à-vis du mendélisme : *Je reconnais d'abord que la génétique n'a pas reçu en France l'accueil enthousiaste qu'elle a reçu dans d'autres pays. Ce n'est pas qu'elle y ait passé le moins du monde inaperçu ; mais l'esprit français n'accepte pas volontiers et sans contrôle un système qui se présente avec une trop grande apparence de simplicité.*

Le Dantec reprend sa théorie de l'équilibre entre organisme et environnement et celui qui existerait entre les éléments histologiques et colloïdes dans le milieu intérieur. Il y aurait un point d'équilibre à contrôler, soit que ce point soit intra cellulaire, soit pris dans un liquide, soit placé à la surface qui sépare le liquide de la cellule. *Ceci posé, introduisons dans un organisme vivant un élément colloïde étranger, vivant ou mort... Ou bien le taux de colloïdes sera tel qu'il sera susceptible d'un équilibre immédiat ; alors, il n'y aura pas de modification ; la substance injectée ne sera pas active par rapport à l'organisme ; tel le venin de serpent inoculé aux serpents... Ou bien le taux de colloïdes injecté sera incompatible avec celui qui est réalisé dans l'organisme au point considéré. Alors l'équilibre sera rompu.*

L'antitoxine agit sur la toxine soit par immunité active après injection de toxine ; soit par immunité passive quand on injecte du sérum emprunté à un animal déjà immunisé. On est alors en présence de trois éventualités : celle de l'animal immunisé par l'accoutumance directe à une toxine ; celle d'un animal immunisé par l'injection de sérum antitoxique venant d'un animal de son espèce ; soit enfin celle d'un animal immunisé par un sérum antitoxique provenant d'un animal d'une autre espèce.

Le Dantec connait les macrophages et les microphages décrits par Metchnikoff : les premiers phagocytent les éléments étrangers à l'organisme dans lequel on les a introduits : globules sanguins par exemple ; en revanche, les microphages agissent si ces éléments étrangers sont des bactéries.

Les rayons X sont évoqués et leurs applications : radioscopie, radiographie. Le radium est cité et son action biologique très pénétrante est signalée ainsi que ses actions chimiques : ionisation de l'oxygène en ozone, du phosphore blanc en phosphore rouge.

Les toxines microbiennes peuvent survivre à la mort de l'agent microbien et tuer l'hôte victorieux.

La vaccination imaginée par Jenner et Pasteur *a permis de concilier l'égoïsme individuel et l'intérêt de l'espèce. Au lieu d'éviter la lutte par des mesures d'hygiène appropriées, au lieu de reculer sans cesse devant l'ennemi, ce qui expose à accepter un jour le combat dans des conditions défavorables, on va au-devant de la bataille, mais on la livre dans des conditions qu'on a choisies soi-même, en pleine vigueur, et on la livre avec la certitude de vaincre, puisqu'on choisit comme ennemis des microbes habitués à être vaincus, des microbes atténués artificiellement.*

Le Dantec a plus écrit sur la doctrine en biologie que sur ses travaux de laboratoire. Et Dieu sait que sa courte vie lui a permis de publier en moyenne deux livres par an ! Il est fatal qu'en parcourant ses différents ouvrages, on découvre des propos contradictoires notamment en ce qui concerne la doctrine darwinienne. Son œuvre ne peut être appréciée que dans sa totalité. Ce passage de son *Introduction à la pathologie générale*, illustre bien cette incohérence qui surprend chez l'auteur de *La matière vivante* : *Considérons en effet une bactéridie charbonneuse quelconque, prise dans un bouillon, par exemple : elle a une certaine constitution chimique due aux alternatives de condition n° 1 ou n° 2 qu'elle a subies dans sa culture ; en même temps, elle a un taux physique déterminé qui est sous la dépendance de sa constitution chimique ; ces deux propriétés sont liées par une relation réversible ; quand la constitution chimique change, le taux individuel s'en ressent ; quand le taux individuel change, la constitution chimique se modifie ; c'est comparable, de loin, aux phénomènes qui se passent entre l'acide carbonique et la chaux dans la dissociation du carbonate de chaux quand on fait varier la pression.*

Introduisons donc notre bactéridie dans un mouton ; il y a rupture d'équilibre ; cette rupture d'équilibre se manifeste dans le mouton comme dans la bactéridie ; elle détermine une attraction ou une répulsion de phagocytes, et un certain nombre d'autres phénomènes sur lesquels nous insisterons plus loin ; je suppose que la bactéridie soit virulente pour le mouton ; cela veut dire qu'elle est capable de s'habituer à vivre dans le mouton, qu'elle résiste à l'inoculation dans le mouton ; elle s'adapte physiquement ; alors, elle prend, sans mourir, un taux qui est en équilibre avec celui du mouton ambiant ; elle s'adapte physiquement à la vie dans le mouton, et cette adaptation physique dirige la variation chimique qu'elle subit, ainsi que nous venons de la dire. La variation chimique n'est donc pas fortuite ; elle n'est pas quelconque, elle est la conséquence directe de la variation physique créée directement elle-même par l'adaptation physique de la bactéridie au mouton. Cela permet de raconter l'expérience de Mlle Tsiklinski dans un langage précis : la bactéridie inoculée à un cobaye d'un jour prend, sans mourir, le taux qu'il faut pour être en équilibre avec un cobaye d'un jour ; sa constitution chimique s'en ressent, c'est-à-dire que sa variation physique est introduite dans son hérédité proprement dite ; elle est alors capable de s'adapter sans mourir dans un cobaye de trois jours ; elle y prend sans mourir le taux d'équilibre et sa constitution chimique s'en ressent, etc. Voilà une expérience qui avait toujours semblé ressortir du darwinisme et qu'il est possible de transposer dans le langage de Lamarck. Ce qui remplace le mécanisme animal dans la bactéridie, c'est le mécanisme colloïde, le taux physique ; il est l'intermédiaire entre la variation chimique de la bactéridie et les conditions réalisées dans le milieu ambiant. Non pas qu'il ne soit pas possible de concevoir des actions chimiques directes, au contraire il y en a certainement ; mais alors, elles ne sont pas adaptatives directement ; il faut ensuite une sélection darwinienne pour réaliser une adaptation après coup. C'est ce qui se passe par exemple dans un bouillon de culture où, maître des conditions physiques extérieures comme un être en train de vivre l'est toujours par rapport à un corps mort, le microbe ne peut subir de la part de ce milieu ambiant aucune contrainte physique ; aussi il y a là variation désordonnée ou du moins, si, par hasard, une influence physique extérieure s'impose, la variation est désordonnée par rapport à la virulence pour le mouton ; c'est seulement l'inoculation de la culture à un mouton qui pourra déterminer après coup une sélection dans le sens de la virulence progressive. De telles élucubrations remettent en cause non seulement la crédibilité du scientifique mais peut-être même son équilibre mental.

Éléments de philosophie biologique, Paris, 1907

Ce livre est dédié à Théodule Ribot. Dans la préface, Le Dantec décrit la démarche qu'il a suivie, d'une part une méthode artificielle applicable aussi bien aux sciences physiques qu'à la biologie qui permet de découvrir la loi approchée d'assimilation et d'hérédité, corrigée par celle de variation et d'acquisition des caractères, approche qui autorise d'installer la biologie au cœur des autres sciences de la vie ; d'autre part une méthode naturelle exclusivement applicable à la biologie et qui mène sans détour à la rigoureuse loi d'assimilation fonctionnelle, d'habitude, ou d'hérédité des caractères acquis, loi précise que la méthode précédente permettait seulement d'ébaucher.

La table des matières est divisée en deux parties : les méthodes et les faits.

1° **Les méthodes se répartissent** :

- Étude objective des corps de la nature.

- Analyse des phénomènes naturels.

- Première méthode d'analyse des phénomènes vitaux. La loi approchée d'assimilation.

- Deuxième méthode d'analyse : décomposition en fonction ; la loi rigoureuse d'assimilation fonctionnelle.

- Concordance des résultats obtenus par les deux méthodes ; accord du système de Darwin avec celui de Lamarck.

- Troisième point de vue : le point de vue énergétique.

2° **Les faits** :

- Comparaison des phénomènes vitaux avec ceux de la matière brute.

- L'évolution dans la matière vivante et la matière brute.
- La bipolarité dans la matière vivante et la matière brute.
- La formation des espèces et l'apparition de la vie.

À cette date, le néo-lamarckisme est bien installé et Le Dantec procède à son inventaire sur le plan biologique et transformiste.

Il pose d'emblée que les protoplasmes sont des colloïdes, *ce qui revient à affirmer que toute substance en train de vivre est à l'état colloïdal* et que cette notion est *la clef de voûte de toute la biologie.* Le Dantec est très attaché à cette notion et le précisait déjà en 1898 dans la première édition d'*Évolution individuelle et hérédité.*

Il précise l'importance du rôle de Felix Dujardin (1801-1860) dans la description du protoplasme : *L'une des conquêtes premières de la biologie proprement dite fut due à Dujardin qui déclara que tous les êtres vivants sont formés de sarcode ; plus tard, le mot protoplasma fut substitué à celui de sarcode, et il a prévalu dans la science... Nous disons aujourd'hui que les protoplasmas sont des colloïdes, ce qui revient à affirmer que toute substance en train de vivre est à l'état colloïdal.*

Il explique la cohésion et la dépendance des organismes par l'harmonie qui existe entre le milieu intérieur tel que l'entendait Claude Bernard et la nouvelle théorie des colloïdes : *Nous devons donc considérer toutes les cellules de l'être vivant, celles de l'œil aussi bien que celles de l'orteil, comme étant en équilibre avec un même colloïde. Et cela établit une unité remarquable dans toute l'étendue d'un être ; une modification d'état colloïde ne peut pas affecter une cellule sans modifier le milieu intérieur, et retentir, par conséquent, sur l'ensemble des autres cellules. C'est pour cela qu'il n'y a pas de phénomène local dans l'individu.*

Par le milieu intérieur, il s'établit donc une conduction des modifications locales vers tout l'organisme ; cette conduction sera naturellement assez faible pour une variation ne concernant qu'une seule cellule, à cause de la faible dimension de la cellule par rapport à l'ensemble du corps qui est de soixante trillions de fois plus considérable, chez l'homme par exemple... La conduction nerveuse n'est autre chose que la conduction par continuité protoplasmique.

Dans le même ouvrage, inspiré sans doute par Giard, il écrit à propos de l'évolution spécifique : *À un certain point de vue, on peut comparer l'évolution spécifique, qui se produit dans une lignée d'individus, à l'évolution individuelle d'un individu éternel qui, de temps en temps, subirait des mues encore plus complètes que celle des crustacés, redeviendrait périodiquement une masse plastique capable de se fabriquer en entier un nouvel équilibre.*

Ainsi, l'évolution d'une lignée d'individus prend fatalement, sinon un caractère franchement discontinu, du moins l'aspect d'un escalier dont chaque individu représenterait une marche, suivant l'heureuse expression du professeur Giard.

Les néodarwiniens, avec August Friedrich Leopold Weismann (1834-1914), qui publie *Aufsätze über Vererbung und verwandte biologische Fragen*, Iéna, 1892, rejettent la théorie de la transmission héréditaire des caractères acquis. Pour eux seul le mélange des sexes ou amphimixie explique les variations héréditaires entre lesquelles la sélection naturelle fait son choix : *Amphimixis oder die Vermischung der Individuen,* Iéna, 1891.

Les néo-lamarckiens, que Le Dantec avalise, pensent, avec Herbert Spencer (1820-1903), que la reproduction sexuée efface les variations inopinées et par conséquent contribue à perpétuer le type moyen de l'espèce et joue un rôle de régulation des évolutions : *The principle of biology*, Londres, 1864-1867.

Le Dantec cite également Hugo Marie de Vries (1848-1935) pour ses travaux sur les mutations, *Die Mutationstheorie*, Leipzig, 1901-1903 mais se garde bien de parler de l'article du même auteur intitulé Das Spaltungsgesetz der Bastarde paru dans le *Bericht der Deutschen Botanischen Gesellschaft,* Bd.19, H.3, Seite 211-220, 1901. Dans la traduction de l'anglais de l'ouvrage de De Vries intitulé *Espèces et variétés, leur naissance par mutation*, Paris, 1909, on peut lire : *Désignons par A les individus possédant les caractères actifs purs, par L ceux qui possèdent les caractères latents et par H les hybrides ; les proportions peuvent être exprimées par la formule suivante :*

$$1A + 2H + 1L$$

Cette formule simple qui donne la composition de la seconde génération des hybrides de variété ne différant que par un seul caractère est appelée loi de Mendel. On a peine à croire que Le Dantec n'ait pas eu entre les mains l'ouvrage de De Vries paru en 1909, chez son éditeur préféré, Felix Alcan.

N'oublions pas non plus que Le Dantec fut le contemporain de Thomas Hunt Morgan (1866-1945) et que le premier travail de celui-ci sur les drosophiles fut publié dans *Science* en 1910 : Demonstration of sex linked inheritance.

Il est vrai que l'auteur de *Théorie nouvelle de la vie* n'hésite pas à déclarer à propos de la karyokinèse (mitose) et des chromosomes : *Ces substances chromatiques d'abord distribuées en forme de réseau irrégulier prennent la forme d'un long filament enroulé ou spirème ; puis ce filament enroulé se coupe en un nombre fixe de tronçons ou chromosomes n dans l'état prothalle* (petite lame mince formée de cellules chlorophylliennes formée lors de la germination d'une spore) *; 2 n dans l'état fougère dont chacun se divise longitudinalement en 2 chapelets parallèles. On a attribué à ces chromosomes une valeur particulière dans le phénomène de transmission héréditaire des caractères que rien n'est venu vérifier.* Mais quel entêtement dans l'erreur !

L'être vivant croît, évolue et meurt, disent les plus anciennes définitions. C'est dans ce premier caractère de la croissance que nous trouverons le discriminant de la vie, et cela est d'autant plus singulier que ce caractère n'est pas observable chez les êtres qui sont pour nous comme le type de la vie : l'homme et les animaux adultes...

L'être vivant aussi longtemps qu'il assimile crée de la forme : *Du moins pendant sa jeunesse, l'animal issu d'un œuf fabrique devant nous ses formes successives en même temps qu'il exécute ses divers fonctionnements ; mais sa croissance est lente et passe inaperçue. Il n'en est pas moins vrai que l'un des résultats tangibles de l'activité des substances vivantes est la construction des formes des êtres vivants. Malheureusement pour les observateurs, en même temps que la vie crée de la forme, elle fabrique aussi des déchets inertes, des substances résistantes, qui encombrent cette forme et que l'on appelle le squelette. Et grâce au squelette, le corps vivant à l'air d'exister par lui-même, comme une pièce d'or ou une locomotive.* Ce passage laisse un peu perplexe…

Le Dantec pose ainsi le problème de l'hérédité des caractères acquis :

1° Lorsqu'un être, soumis à une variation sous l'influence d'un facteur B, acquiert, sous l'influence de ce facteur B, inusité pour son espèce, un caractère C, ce caractère est-il représenté dans le patrimoine héréditaire de cet être ?

2° La modification introduite dans le patrimoine héréditaire est-elle telle que le caractère acquis C se reproduira fatalement chez le fils de l'être modifié, même si le facteur B qui a déterminé la variation du père à un certain âge, ne se retrouve pas au même âge dans l'éducation du fils ? La loi d'habitude impose à l'organisme l'empreinte indélébile du nouveau facteur B à condition que cette empreinte soit de longue durée.

Les biologistes en France ne s'intéressent guère aux travaux de Mendel. Ainsi Yves Delage (1854-1920) publie en 1895 à Paris un ouvrage de 878 pages, *La structure du protoplasme et les théories de l'hérédité...* dans lequel il ne dit pas un mot de Mendel ni de Le Dantec du reste.

L'Athéisme, Paris, 1907

Encore un ouvrage dédié au Pr Giard.

Il comporte dix chapitres.

Première partie : confessions, définitions

Chapitre premier : confessions : généralité de l'idée de Dieu ; rareté des athées proprement dits ; athéisme inné et idées préconçues ; plan de l'ouvrage.

Chapitre II : définition ; discussion de l'existence de Dieu : la définition de l'athéisme résultera de la discussion des preuves de l'existence de Dieu ; les preuves métaphysiques ; les preuves morales ; les preuves historiques ; preuves physiques tirées de l'existence du monde ; preuves physiques tirées du mouvement ; preuves physiques tirées de l'ordre du monde ; le hasard et la probabilité ; humilité de l'athéisme ; l'amour de Dieu ; la prière ; déterminisme et fatalisme.

Deuxième partie : conséquences humaines de l'athéisme

Chapitre III : conséquences sociales : opinion de Voltaire et de Diderot ; origine des vertus humaines ; devoirs religieux séparables des devoirs sociaux ; l'effondrement des principes.

Chapitre IV : conséquences privées : Pas de but, pas de désir, pas d'intérêt ; attitude de l'athée devant la mort ; l'athée et la peur ; résumé.

Chapitre V : quelques considérations sur la religion du peuple : difficulté d'être impartial.

Chapitre VI : Opinions absolues émises du point de vue scientifique dans des questions d'enseignement : réponse à l'enquête de la *Revue blanche* sur la liberté d'enseignement ; l'enseignement des sciences naturelles comme moyen d'éducation philosophique.

Troisième partie : l'athéisme scientifique ou monisme

Chapitre VII : Défense du monisme : logique pure et logique du sentiment ; recherche d'une formule du monisme ; difficulté des mesures ; contradiction des dualistes ; monisme et déterminisme ; le monisme nie la liberté absolue.

Chapitre VIII : Quelques objections au monisme : la conscience épiphénomène ; matière et pensée ; difficulté du langage moniste ; encore le point de vue social ; le sort de la théorie moniste ; énumération succincte de quelques objections ; objections de la *Revue de philosophie*.

Chapitre IX : Objections de M. Jules Tannery : l'adaptation de la pensée.

Chapitre X : Réponse à M. Jules Tannery : Qui servira de résumé à la troisième partie.

Le Dantec en expose le plan en trois pages : *Après avoir défini, dans le prochain chapitre, ce que j'entends par athéisme, j'étudierai dans la seconde partie, les conséquences sociales de cet état d'esprit ; je chercherai quelle a été l'importance de l'idée de Dieu dans la genèse de la conscience morale de l'homme actuel, et j'envisagerai la question de la conservation possible de cette conscience morale à travers les générations futures supposées privées de l'idée de Dieu. Dans cette seconde partie je serai souvent hésitant et troublé. Du moment qu'on renonce à des principes ayant si anciennement fait partie de la nature humaine, ou du moins qu'on cesse d'attribuer à ces principes une valeur métaphysique absolue, on est un peu comme un vaisseau qui, abandonnant le vieux gouvernail traditionnel, en a adopté un nouveau, plus perfectionné peut-être, mais dont il ne sait pas encore se servir. De là des contradictions, des fluctuations dans toutes les questions d'ordre social. Quand il s'agit de sociologie, je me ferais volontiers croyant pour discuter avec un athée, comme je suis athée pour discuter avec un croyant ; ce qui me frappe en effet dans la discussion c'est surtout le mauvais côté du système que défend mon interlocuteur ; l'esprit de contradiction ne peut manquer à celui qui cherche encore des principes de conduite définitifs.*

J'avoue d'ailleurs que je ne m'attendais pas, en commençant mes études biologiques, à m'occuper un jour de leurs conséquences sociales ; j'ai fait longtemps du déterminisme en étudiant la vie des autres animaux, sans me douter que je serai forcé plus tard, de retrouver la même chose en moi ; j'ai continué de vivre avec les principes métaphysiques et moraux qui faisaient partie de ma nature, sans me demander s'ils n'étaient pas en contradiction avec mes convictions scientifiques. Il y a quelques années seulement, en faisant un examen de conscience philosophique que j'ai exposé dans le livre intitulé « Les lois naturelles », j'ai entrevu la possibilité de me débarrasser vraiment de toute métaphysique ; et souvent, depuis, je me suis demandé si l'homme actuel peut vivre sans métaphysique. Dans la seconde partie de ce livre je ferai donc, en réalité, le procès de l'athéisme, et il ne sera pas étonnant que je manque d'assurance dans une affaire où il s'agit surtout de me condamner moi-même.

Dans la troisième partie, au contraire, je me placerai au point de vue scientifique pur, sans me rappeler quelles conséquences sociales peuvent entraîner les vérités, indiscutables à mon avis, de l'athéisme scientifique ou monisme ; j'envisagerai donc, cette fois avec une parfaite sérénité, les objections faites par divers auteurs au déterminisme biologique que je défends, depuis quinze ans, dans tous mes ouvrages. Je n'hésite pas quant au monisme lui-même. Je me demande seulement si, pour l'homme actuel, avec les erreurs ancestrales qui font partie de son mécanisme, il était bon de découvrir ces erreurs ; je reproduirai même une conférence dans laquelle, sans me préoccuper de ses conséquences sociales, je demandais que l'on fît du transformisme la base de l'enseignement de la philosophie.

Tant qu'on reste sur le terrain scientifique, on n'hésite jamais à proclamer « ce que l'on croit être la vérité » ; c'est seulement sur le terrain social que l'on peut regretter quelquefois, d'y avoir vu trop clair, et dire, avec M. de Gourmont : « Ce qu'il y a de terrible, quand on cherche la vérité, c'est qu'on la trouve ! »

En plein débat sur la laïcité, Felix Le Dantec (1869-1917), fils de médecin, déclare d'emblée : *Je suis athée comme je suis breton, comme on est brun ou blond, sans l'avoir voulu. Je n'ai donc aucune raison personnelle d'affirmer que l'athéisme vaut mieux qu'autre chose, n'ayant pu par moi-même goûter à autre chose.* Il se décrit comme un enfant raisonnable, docile et soumis, doué d'une mémoire peu commune mais totalement étranger à l'idée de l'existence d'un souverain juge infiniment clairvoyant, punissant ou récompensant chacun selon ses mérites. L'étude des phénomènes du vivant le fait évoluer de la métaphysique matérialiste vers un agnosticisme teinté de scepticisme devant l'absurdité des croyances de ceux qui croient en Dieu. Les croyants sont tous d'accord sur un point : l'athéisme est absurde. Les athées le leur rendent bien. Les preuves de l'existence de Dieu sont irréfutables pour ceux qui croient en Dieu. Elles n'ont pas besoin d'être démontrées. Elles reposent sur l'idée préconçue et indiscutée de l'existence de Dieu et attestent d'une croyance bien enracinée. Croire que son imperfection est inconcevable sans imaginer l'existence d'un être infiniment parfait qui seul peut me permettre d'accéder à la perfection relève du fatras inintelligible et de l'affirmation gratuite. Mais Saint Anselme a dit : *Nous avons l'idée d'un être parfait ; or la perfection absolue implique son existence, donc l'être parfait existe.* L'idée de l'existence de Dieu est purement subjective, en dehors de tout raisonnement, de toute preuve. L'homme est un animal religieux. Il l'est depuis tellement longtemps que l'athéisme est exceptionnel. Il n'en reste pas moins, que l'homme a besoin d'explications. Voltaire a bien dit :

L'Univers m'embarrasse, et je ne puis songer

Que cette horloge existe et n'ait point d'horloger.

Pour Le Dantec, *les sciences se contentent de constater, les choses étant comme elles sont, allant comme elles vont, l'homme a, peu à peu, connu, par une expérience répétée au cours de toutes les générations, comment elles sont et comment elles vont ; du moins est-il arrivé à découvrir une partie des faits qui intéressent la conservation de sa vie ; c'est là, à proprement parler, ce qui constitue la Science ; c'est un ensemble de conquêtes impersonnelles, utilisables par tous ; exprimées en langage humain, on les appelle « les lois naturelles ».* Le fait d'avoir envie d'en savoir toujours plus ne conduit pas à la croyance en Dieu. L'homme est un animal avide de métaphysique et la quête du divin a été le premier moteur qui a poussé nos ancêtres à trouver une explication à leur existence et aux phénomènes naturels. Qui créa le monde ? Dieu, qui est à l'image de l'homme qui l'a inventé lui-même. Quant à l'âme, on peut lui substituer le milieu qui accompagne l'homme, ce qui revient à nier la liberté absolue. Le déterminisme rend caduque la métaphysique et lui substitue la recherche de la causalité. Celle-ci amène à nier tous les attributs avec lesquels l'être humain a construit Dieu. L'agnosticisme est donc la seule attitude devant la constatation du déterminisme.

Pour l'auteur de *Théorie nouvelle de la vie*, il existe des lois qui se manifestent chaque fois que le hasard (réunion de causes inconnues) ne contient pas de facteur susceptible de s'opposer à la manifestation de ces lois. Son athéisme résulte qu'il rejette l'hypothèse qui soutient que ces lois naturelles tireraient leur origine d'un Dieu dont on parlerait comme d'un homme. De surcroît il ne croit pas au hasard et considère Jacques Bernouilli (1654-1705) comme un prestidigitateur marchand d'illusions, stratège qui traduit en langage chiffré des constatations faites en réalité a posteriori. Néanmoins le mathématicien suisse a quand même déterminé les sommes qu'on peut s'attendre à gagner en jouant à différents jeux de hasard...

En admettant la croyance en un Dieu, Le Dantec soulève le problème de l'attitude de la divinité vis-à-vis de la créature : celle-ci n'a rien demandé à son créateur et se serait bien passée du rôle qu'Il *entend* lui faire jouer, d'autant que Dieu fait peur ! De quoi se réfugier au fond d'un cloître pour y rester tapis jusqu'à la mort.

L'athée ne peut avoir ni ambition, ni haine, ni but lointain ; la vie perd pour lui beaucoup de son prix, puisqu'il ne croit pas au mérite, mais ne craint pas la mort ; dans une société constituée de purs athées, la conscience morale de chacun perdrait toute valeur en tant que sentiment social et chaque athée suivrait les ordres de sa conscience pour sa seule satisfaction, sans que les croyances des voisins ne lui imposent le moindre devoir ; les avantages et les inconvénients de l'athéisme devraient être comparés à ceux de la foi religieuse.

À propos de l'éducation, il rappelle que les professeurs enseignent des faits et que les parents apprennent à penser ; que les caractères des êtres vivants résultent de l'hérédité et de l'éducation ; que la liberté de l'enseignement ne justifie pas d'enseigner aux enfants des choses fausses ; que ceux qui la réclament peuvent soit adopter un système admis par les adultes, liberté illusoire, soit autoriser les parents à fausser l'esprit de leurs enfants. *Il faut interdire l'enseignement de l'erreur, et rendre obligatoire celui de la vérité.*

Il mentionne la phrase de Pasteur qui distingue le scientifique qui choisit la raison aux dépens du sentiment, et l'homme qui préfère l'irrationnel pour préserver l'espérance d'une vie après la mort. L'auteur des *Lois naturelles* comprend l'attitude de Pasteur qui veut des théories consolantes, peu soucieux de leur vraisemblance, n'espérant même pas en discuter par crainte de ne plus les croire. Logique de sentiments. Les plus illustres savants sont néanmoins des hommes.

Bien plus tard, réminiscence, Roger Martin du Gard écrira *: Mon athéisme s'est formé en même temps que mon esprit. Je n'ai rien eu à renier.*

Le 1er mars 1908, sous la plume du pasteur Charles Durand-Pallot (1876-1951) paraît un article de six pages intitulé « La confession d'un athée » dans *Foi et Vie, revue de quinzaine religieuse, morale, littéraire, sociale,* **11**, 5, 141-147.

Je ne sais si le nombre des athées est grand, mais il m'apparaît certain que nous trouvons dans leurs rangs quelques-unes des plus lucides intelligences de l'heure actuelle.

C'était d'emblée rendre hommage à Félix Le Dantec. Mais, *in cauda venenum.* La rouerie du théologien ne tarde pas à ressurgir : comment est-il possible que l'idéal d'un chrétien soit véritablement chrétien et celui d'un athée vraiment athée. En réalité, le troupeau des hésitants constitue la majorité des indécis dont certains sont rebutés par les contraintes imposées aux fidèles par l'austère règle religieuse. Sans oublier les traditions qui incitent à vivre selon une logique implacable et inébranlable.

L'authentique athée reste encore une exception et Le Dantec, biologiste de valeur, sympathique car opposé à la bigoterie des libres-penseurs qui profane les hosties et mange de la viande le vendredi. L'auteur de l'athéisme est né athée et la croyance de ses semblables en un Dieu lui est totalement étrangère et incompréhensible. Durand-Pallot proclame bien haut son estime pour le grand scientifique. Néanmoins, il avoue humblement ne pas parvenir à le prendre au sérieux ! Comment affirmer la non-existence de Dieu en prétextant qu'on n'est jamais arrivé à prouver son existence. Ainsi, de l'excellence ou de la nullité d'une argumentation on devrait conclure à la réalité ou à l'irréalité de l'objet auquel le raisonnement s'applique ? En réalité, l'homme est impuissant intellectuellement à raisonner dans ce domaine. Et pour clore ce chapitre, puisque notre pasteur croit en Dieu, rien ne l'oblige à en démontrer l'existence, Lui qui précisément est à l'origine de tout et qu'on rencontre partout.

Autre objection : sans Dieu, plus de liberté. Le choix de croire ou de ne pas croire est précisément le symbole du libre-arbitre. Kant avait déjà étudié ce problème, et Le Dantec l'ignore superbement. Néanmoins, il faut bien reconnaître que des esprits supérieurs restent croyants, très précisément parce que la démonstration de son existence persiste indépendamment de tout raisonnement et de toute preuve. Dieu serait-il une illusion ? Et ce phénomène de mirage expliquerait-il la rareté des authentiques athées ? Durand-Pallot reproche à Le Dantec ce qu'il considère comme un dangereux syllogisme : l'humanité n'est jamais parvenue à se libérer de l'idée de Dieu qui est une illusion issue du passé. *Dieu n'est pas parce qu'il ne se manifeste pas de façon évidente,* mais cette affirmation de Le Dantec ne justifie pas l'affirmation de la non-existence divine. La conséquence est cataclysmique car les principes moraux n'émanent plus de Dieu mais de l'homme ? Ça n'empêche pas l'athée d'être honnête en conscience mais l'oblige à subir ceux qui, libérés du joug de leur conscience, spolient leurs semblables.

Et l'on arrive à ce paradoxe de l'athée qui pousse ses convictions jusqu'à être désarmé devant la lutte universelle. Il renonce à juger, à diriger, suffisamment empêtré pour diriger sa propre existence, incapable de s'affirmer et de faire valoir ses droits.

Il reste à l'athée l'issue du suicide avec, à terme, la disparition de la société.

Voilà donc la Confession d'un athée. Nous restons saisis devant ce lugubre tableau, et vous ne pouvez vous empêcher avec moi d'admirer le sombre courage de celui qui, étant athée, a eu la force de fixer les contours de cet athéisme et de l'exposer au grand public. Car c'est à tous qu'il crie : puisque l'athéisme est la vérité, que la vérité est en marche, voici ton sort, ô société de demain, composée exclusivement d'athées, « tu finiras naturellement par une épidémie de suicides anesthésiques ».

De l'homme à la science, Paris, 1907

Ce livre de 302 pages est divisé en XV chapitre :

Livre premier : l'impersonnalité de la science

Chapitre premier : routine et science : difficulté à comparer la vie à ce qui n'est pas vivant ; journal de bord et point estimé ; le point observé ; tradition et science ; dangers et avantage des sciences.

Chapitre II : l'étape psychologique : le langage articulé ; comparaison des langages animaux ; rôle du langage dans la création de la science ; l'ordre des sciences.

Chapitre III : les organes des sens et la question d'échelle : expériences et qualités ; la langue mathématique ; échelles et cantons.

Chapitre IV : la conservation des énergies : mécanique universelle ; l'énergie n'a pas d'échelle ; l'existence des invariants ; les provisions ; origine de la notion d'énergie ; les changements ; inertie et ligne droite ; les principes d'équivalence et les définitions conventionnelles ; définitions symétriques ; équivalence et équilibres.

Livre II : le sens des phénomènes naturels

Chapitre V : les écoulements d'énergie : le mémoire de Sadi Carnot ; écoulement d'énergie et transformateurs ; il faut dispenser d'abord.

Chapitre VI : Phénomènes qui commencent et phénomènes qui continuent : les amorçages ; le rendement ; les magasins d'énergie.

Chapitre VII : La place de la chaleur dans les phénomènes naturels : écoulements sans transformations ; la réversibilité ; la tendance à la médiocrité.

Chapitre VIII : Premier coup d'œil sur la vie : nouvelle hypothèse sur la vieillesse ; résonance et assimilation ; rajeunissement.

Livre III : l'équilibre

Chapitre IX : l'existence des corps : définition ; corps défini et transportabilité ; les degrés de transportabilité ; colloïdes et équilibres.

Chapitre X : Résonance et imitation : mouvements pendulaires ; résonateurs spécifiques et indifférents ; la résonance chez les colloïdes ; parenthèse relative à la chaleur ; les magasins protoplasmiques ; imitation, assimilation, hérédité ; résumé du chapitre de l'équilibre.

Livre IV : lois et Mesures

Chapitre XI : lois naturelles et règlements sociaux : déterminisme ; fatalisme ; libre arbitre ; finalisme ; les lois biologiques ; sociologie.

Chapitre XII : Le hasard et la question d'échelle : la chance ; prévoyance et intelligence ; définition de hasard ; les jeux de hasard ; la loi des grands nombres ; il faut raisonner a posteriori ; la probabilité d'un coup isolé ; la probabilité statistique ; la loi des grands nombres et la question d'échelle ; détermination à l'échelle supérieure, indétermination à l'échelle au-dessous ; le hasard et la sélection naturelle ; les prétendues lois du hasard.

Chapitre XIII : Les mesures : impersonnalité de la mesure ; mesures par les yeux ; grandeurs additives ; la précision des mesures.

Livre V : Grandes lignes d'une biologie collective

Chapitre XIV : la définition de la vie : danger du langage courant ; ce qu'il faut mesurer ; il faut choisir des exemples simples ; notre définition sera rigoureuse, malgré les apparences ; la vie, phénomène d'équilibre.

Chapitre XV : transportabilité et hérédité : possibilité d'une étude complète objective de la vie ; l'importance des actions de contact ; état colloïde et teneur en sels ; qui servira de conclusion.

Routine et science, l'étape psychologique, les organes des sens, la conservation de l'énergie, les écoulements d'énergie, phénomènes qui commencent et qui continuent, la place de la chaleur dans les phénomènes naturels, premier coup d'œil sur la vie, l'existence des corps, résonance et imitation, lois naturelles et règlements sociaux, hasard et question d'échelle, les mesures, la définition de la vie, transportabilité et hérédité.

Faut-il que l'humanité oublie tout son passé au profit de la science ? Le langage scientifique s'oppose au langage courant. Le parler scientifique permet de traduire de façon impersonnelle l'expérience humaine. Le XIXe siècle a permis un progrès gigantesque en découvrant le principe d'équivalence qu'on traduit par la conservation de l'énergie formulé par Nicolas Leonard Sadi Carnot (1796-1832) : *D'après ce principe il ne suffit pas pour donner naissance à la puissance motrice de produire de la chaleur : il faut encore se procurer du froid ; sans lui, la chaleur serait inutile.* Ce principe permet de comprendre les liaisons des divers phénomènes et d'accéder à la notion d'équilibre, aucun corps ne pouvant exister par lui-même. L'équilibre nous permet d'accéder à la transportabilité inséparable de l'étude des corps chimiquement définis et également des corps vivants pour lesquels elle devient l'hérédité. L'étude des colloïdes est un bon exemple de transportabilité et de spécificité car leurs manifestations sont différentes des phénomènes chimiques proprement dits.

Parmi les phénomènes d'équilibre, beaucoup ont en commun d'être des manifestations de résonance. Les colloïdes sont des résonateurs parfaits. Les liaisons qui existent entre les colloïdes vivants montrent qu'entre eux des relations d'équilibre manifestent une activité vibratoire qui peut être lumineuse. Le Dantec développe une étrange théorie selon laquelle un colloïde capable d'imposer son rythme est dangereux, c'est une toxine ; en revanche, un colloïde qui subit le rythme imposé par l'être vivant et lui permet de croître, c'est un aliment. Il développe sa théorie : *Les colloïdes paraissent être des résonateurs de premier ordre ; quelques-uns sont des résonateurs spécifiques ; quelques-uns sont des résonateurs indifférents ; mais en tout cas, ils conservent en eux la résonance et l'amortissement dans leur sein en en conservant l'empreinte ou souvenir. Les protoplasmas vivants, complexes de colloïdes, sont des magasins de résonances ; ils peuvent se mettre à l'unisson avec le milieu, soit en subissant son influence (éducation), soit en lui imposant leur rythme personnel par des diastases élémentaires (digestion, assimilation, conduisant à l'hérédité). L'évolution des espèces vivantes est le résultat de la lutte de ces deux modes d'imitation : imitation active (assimilation ou hérédité) et imitation passive (variation, éducation). L'hérédité n'est pas absolue ; l'assimilation est fonctionnelle. La vie est un compromis entre la tradition conservatrice et les influences révolutionnaires.*

Il fait cette remarque pertinente à la fin du volume, dans le chapitre des mesures : *L'invention de la ligne droite a été le plus grand acte scientifique de l'homme dans le canton de la vision des formes.* Malheureusement, il veut manifester ainsi qu'il n'existe pas d'interruption totale entre matière vivante et matière brute, que la biologie se réduit à la physique et à la chimie avec pour corollaire les mathématiques, tout se réduisant à la loi de conservation de la matière et de l'énergie, la légendaire ligne droite…

Le canton de la vision des formes présente d'ailleurs un autre avantage ; nous sommes mieux doués en général pour faire des mesures avec nos yeux qu'avec nos autres organes des sens. Pour placer un son sur une gamme de sons, une couleur sur une gamme de couleurs, les hommes ont des facilités qui varient avec les individus ; l'un hésitera entre trois ou quatre échelons successifs, là où l'autre désignera immédiatement l'intervalle convenable. Pour les longueurs, il n'en est pas de même, ou du moins nous savons corriger les mauvaises vues au moyen d'instruments d'optique qui rendent tous les observateurs à peu près égaux devant une mesure. Au moyen d'une loupe grossissante, deux hommes quelconques peuvent, sans hésiter, placer une longueur sur une échelle divisée en millimètres. Au moyen d'un microscope et d'un vernier, ils peuvent même employer des échelles divisées en fractions de plus en plus petites en millimètres.

Il y a cependant une limite à la précision possible des mesures de longueur. Mais, avec nos moyens actuels de mesurer, cette limite est sensiblement la même pour tous les hommes qui veulent bien se donner la peine d'apprendre leur métier. Avec des micromètres, nous arrivons à mesurer à un demi-micron près, des bactéries qui ont quatre à cinq microns de longueur, et cela est possible pour les myopes comme pour les presbytes.

À la fin de cet ouvrage qui succède au précédent paru la même année l'auteur rédige une conclusion pessimiste, bien dans sa manière : *Je me contente ici de ces quelques indications relativement à l'établissement d'une biologie objective dont j'ai exposé les méthodes et les faits les plus importants dans mes « Éléments de physiologie biologique ».*

J'étudierai, dans un prochain ouvrage, les conséquences subjectives du fait que la conservation de l'énergie se vérifie pour les êtres vivants comme pour les substances. Mais nos considérations objectives suffisent à nous permettre d'établir, comme je le disais page 148, des conclusions peu flatteuses pour notre amour-propre de roi de la nature.

L'homme n'est qu'un tourbillon actuel, capable d'amorcer, suivant le principe de Carnot, d'autres tourbillons. La liberté absolue est une illusion. Le résultat final de l'évolution du monde, ou, du moins, l'état du monde après la disparition de l'homme, sera un état d'équilibre dans lequel, petit à petit, disparaîtra la trace éphémère des activités humaines.

Nous nous serons agités en vain.

La définition de la science. Entretiens philosophique, Paris, 1908

Ce volume de 150 pages est illustré de 88 gravures. La table des matières comprend trois parties :

Introduction

Première partie

Deuxième partie

Troisième partie : méthodes et procédés de mesure

I-Mesures directes : des longueurs et des angles ; du temps, des vitesses, des masses, des pressions.

II-Mesures indirectes :

1° Par application du principe d'Archimède

2° Par application du principe de la dilatation des corps par la chaleur.

3° Autres déformations par la chaleur ; pyromètre.

4° Mesures faites au moyen du thermomètre et d'autres appareils.

5° Mesures faites au moyen de phénomènes lumineux.

6° Mesures faites au moyen de phénomènes sonores.

7° Mesures faites au moyen d'actions chimiques.

8° Mesures faites au moyen d'actions électriques.

III-Méthode graphique

Dédié à Georges Moreau fondateur de la *Revue encyclopédique*, Félix Le Dantec saisit l'opportunité offerte par la parution du livre de Poincaré, *La science et l'hypothèse,* pour faire paraître *La définition de la science* en quelque sorte vulgarisation d'un autre ouvrage, *Les lois naturelles,* peu accessible au grand public. Il rappelle qu'il a écrit ces dialogues pour occuper les loisirs d'une longue convalescence. En même temps, il reconnait avoir réalisé que la mentalité du scientifique le rend incapable d'accéder aux vérités humaines, sociales et aux luttes de la vie courante. Il rappelle la publication en 1901 du *Conflit* discussion sans fin entre un abbé métaphysicien et un biologiste moniste. Cette fois trois personnages, Fabrice Tacaud, bien connu qui figurait dans le *Conflit,* le procureur Escudier, président du tribunal civil, et un enseignant, Alexis Gaudet. Il précise bien que les interlocuteurs ne sont que des comparses qui donnent la réplique mais ce dialogue à l'avantage de permettre de répondre sans délai aux objections qui surgissent dans l'esprit du lecteur. Le seul inconvénient c'est de transformer le principal personnage en un instituteur ennuyeux et phraseur. De toute façon, un écrivain qui brûle de populariser ses idées ne peut décemment pas affirmer tout et son contraire. Il est exclu qu'il mette dans la bouche d'une des protagonistes des arguments pertinents contre la thèse qu'il défend. À priori, s'il était détenteur de tels arguments, il ne soutiendrait pas la thèse en question.

Auguste Comte affirmait : « Savoir c'est prévoir ». Cet aphorisme ne concerne pas la géométrie qui est atemporelle. En revanche, il concerne l'astronomie. Au début, on se contenta d'établir des inventaires sans chercher à en tirer des formules générales simples. Puis, on établit des cartes du ciel qui permirent de prévoir la position des divers astres à tel ou tel moment. Enfin, on étudia les planètes et ce fut la gloire de Tycho-Brahé, de Copernic, de Galilée, de Kepler.

Ils parlent de Bertillon dont les publications sur les moyens d'identification faisaient florès à l'époque ! Ils vantent le raffinement du langage algébrique, ils passent en revue l'œuvre de Kepler, de Newton, de Lavoisier, de Lamarck, de Darwin, de Pasteur, de Berthelot, avant de détailler les divers instruments de mesure illustrés par huit planches hors texte. On parle aussi beaucoup de météorologie et des appareils de mesure utilisés non pas pour prévoir la pluie et le beau temps mais pour recueillir les différentes données climatiques : *thermomètre, baromètre enregistreur, pluviomètre, anémomètre, hygromètre à cheveu,* ce qui permet aux trois amis d'épiloguer sans fin sur les aléas de la météorologie dont ils désespèrent qu'elle devienne un jour une science exacte.

KEPLER (1571-1630).
Astronome allemand, né à Weil (Wurtemberg).

Fac-similé d'une gravure de Thomas de Leu.

Commençons par Johannes Kepler (1571-1630). Voici ce qu'en dit notre ami Tacaud, ce scientifique agnostique mais néanmoins rigoureux : *Kepler, utilisant les minutieuses observations de ses devanciers et en particulier celles de Tycho-Brahé, trouva le moyen de raconter dans un langage simple l'histoire de ces astres particuliers qu'on appelle les planètes ; il résuma cette histoire dans les trois phrases immortelles dites lois de Kepler : 1° les orbites planétaires sont des ellipses dont le soleil occupe l'un des foyers. 2° le temps employé par une planète à décrire une portion de son orbite est proportionnel à la surface de l'aire décrite pendant ce temps par son rayon vecteur. 3° les carrés des temps des révolutions planétaires sont proportionnels au cube des grands axes de leurs orbites.*

Kepler se consacra à l'étude de l'hypothèse héliocentrique de Nicolas Copernic. Initialement, on le destinait à l'état ecclésiastique. Et il y parvint. Mais, parallèlement, il suivait les cours d'astronomie de Michael Mästlin (1550-1631) qui, tout en enseignant la théorie géocentrique de Ptolémée, était un fervent partisan du système héliocentrique de Copernic. Il communiqua sa passion à Kepler qui devint un copernicien enthousiaste. Réfugié à Prague auprès de Tycho-Brahé (1546-1601) pour avoir refusé d'abjurer le luthéranisme, il devint mathématicien impérial de Rodolphe II jusqu'à la mort de celui-ci en 1612. Kepler mourut à Ratisbonne en 1630 et demanda qu'on inscrivît sur sa tombe l'épitaphe suivante : *Mensus eram caelos. Nunc terrae metior umbras. Mens coelestis erat. Corporis umbra jacet.* (Je mesurais les cieux. Je mesure maintenant les ombres de la terre. L'esprit était céleste. Ici gît l'ombre du corps).

Dessiné et Gravé par Aug. St Aubin

NEWTON (1642-1727).
Physicien anglais, né à Voolsthorpe (Angleterre).

Fac-similé d'une gravure de Augustin de Saint-Aubin.

Et sir Isaac Newton (1642-1727) ? Selon Tacaud, *il n'y a pas d'air dans les espaces astronomiques..., et c'est précisément à la chute des corps dans le vide que Newton put comparer le mouvement des planètes et de leurs satellites. Par un trait de génie, il ramena les trois formules de Kepler et la formule de la chute des corps à une formule unique ; il fit entrer l'astronomie dans la mécanique, et fonda la mécanique céleste... Newton nous a donné l'explication du monde, dit M. Alexis Gaudet... C'est justement là qu'est, à mon avis, répondit M. Tacaud, le danger de la formule de Newton ; il l'a bien senti lui-même, et il a énoncé sa loi non pas sous cette forme affirmative : « les corps s'attirent, etc. » mais sous une forme plus prudente : « Tout se passe comme si les corps s'attiraient proportionnellement à leur masse et en raison inverse du carré de leur distance ». Au point de vue mathématique, les deux formules sont équivalentes ; au point de vue philosophique, la seconde est bien préférable, justement monsieur Gaudet, parce qu'elle ne prétend pas donner d'explication ; la science se compose de constatations précises ; les explications au sens où l'entendent les métaphysiciens n'ont pas de valeur scientifique.*

-Oh ! oh ! voilà du nouveau, dit M. Escudier : la science ne nous donnera pas les explications dont notre nature a besoin ; vous proclamez à votre tour la banqueroute de la science !

-La science, reprit Fabrice, est une série de constatations bien faites, un ensemble de mesures exactes entre lesquelles des esprits généralisateurs ont établi des relations mathématiques. Envisagées à ce point de vue ses conquêtes sont inattaquables et définitives.

LAVOISIER (1743-1794).
Chimiste français.

Fac-similé d'une gravure de Tassaërt
(d'après le tableau de David).

Antoine Laurent de Lavoisier (1743-1794) a introduit la balance dans le laboratoire et a créé la chimie moderne en instituant le principe de la conservation de la masse et des éléments. Il démontre que l'oxygène est utilisé pour la respiration avec rejet d'eau, de gaz carbonique et production de chaleur, l'azote seul restant intact : il présente, le 3 mai 1777, son mémoire devant l'Académie des sciences : « Expérience sur la respiration des animaux et des changements qui arrivent à l'air en passant par leurs poumons », travail dans lequel il prouve que la respiration est une combustion.

Il a élaboré de toutes pièces une science *en introduisant des mesures précises dans des manipulations qui se faisaient avant lui presque sans règles ; il a créé une science là où il n'y avait eu jusqu'à lui qu'une série de hasards heureux... Lavoisier, par exemple, ayant pesé tous les corps qui interviennent dans un phénomène chimique, a établi cette loi base de toute science, que le poids total des corps sortant d'une réaction est égal au poids total des corps qui y sont entrés ; c'est la loi de la conservation du poids ; on l'appelle aussi loi de la conservation de la matière, parce que le poids est, jusqu'à présent, la propriété la plus constante par laquelle nous connaissions la matière, la loi de Lavoisier est un premier pas dans l'établissement de cet adage célèbre : « rien ne se perd, rien ne se crée »... Mais la seule application de la méthode de Lavoisier avait fourni une prodigieuse moisson. Lui-même a recueilli immédiatement le fruit de son génie, comprenant que le feu n'est pas un élément, mais un aspect de certaines réactions chimiques ; il a ruiné la théorie du phlogistique que l'autorité de Stahl avait fait accepter des chercheurs ; le nom de Lavoisier doit être aussi illustre que celui de Prométhée, mais nous ne divinisons plus les grands hommes, et la Révolution n'avait pas besoin de chimistes.*

LAMARCK (1744-1829).
Naturaliste français, né à Bazentin (Somme).

Fac-similé d'une gravure de Tardieu.

CETTE APPARENCE DE « STABILITÉ » DES CHOSES DANS LA NATURE SERA TOUJOURS PRISE PAR LE VULGAIRE DES HOMMES POUR LA « RÉALITÉ », PARCE QU'EN GÉNÉRAL ON NE JUGE DE TOUT QUE RELATIVEMENT A SOI.

(*Philosophie zoologique*, p. 70.)

Lamarck définit ainsi la première loi : *Dans tout animal qui n'a pas dépassé le terme de ses développements, l'emploi plus fréquent et plus soutenu d'un organe quelconque fortifie peu à peu cet organe, le développe, l'agrandit et lui donne une puissance proportionnée à la durée de cet emploi ; tandis que le défaut constant d'usage de cet organe l'affaiblit insensiblement, le détériore, diminue ses facultés et finit par le faire disparaître.* Pour l'auteur de ces lignes, il ne fait aucun doute que le milieu est responsable des modifications graduelles des caractéristiques des êtres vivants. Pour lui la fonction crée l'organe et ceux-ci peu à peu s'adaptent à leur fonction.

La seconde loi définit l'hérédité des caractères acquis : *Tout ce que la nature a fait acquérir ou perdre aux individus par l'influence des circonstances où leur race se trouve depuis longtemps exposée et, par conséquent, par l'influence de l'emploi prédominant de tel organe ou par celle d'un défaut constant d'usage de telle partie, elle le conserve par la génération aux nouveaux individus qui en proviennent, pourvu que les changements acquis soient communs aux deux sexes ou à ceux qui ont produit les nouveaux individus.* Ce qui revient à dire que les caractères produits par l'action de l'environnement deviennent héréditaires à la condition que cette influence soit de longue durée, et Lamarck insiste sur cette persistance de l'action du biotope dans le temps. L'épigénétique a donné raison en partie à Lamarck en expliquant comment des caractéristiques peuvent être acquises et éventuellement transmises ou perdues d'une génération à l'autre. La mise en évidence de ces moyens épigénétiques d'adaptation d'une espèce à son milieu confirme l'action des comportements sur l'expression des gènes et donne raison à l'auteur de la *Philosophie zoologique.*

DARWIN (1809-1882).
Naturaliste anglais, né à Shrewsbury.

Charles Darwin (1809-1882) va révolutionner le monde savant en échafaudant sa théorie de la sélection naturelle. Il utilise pour cela les abondants documents originaux qu'il ramène de son périple à bord du Beagle de 1831 à 1836. Il en revient convaincu que les espèces sont variables. Ses arguments sont paléontologiques, zoologiques et génétiques. Il observe que les tortues géantes des Galapagos issues de même lignée diffèrent selon leur habitat. Il observe des différences dans la robustesse du bec de certains oiseaux selon qu'ils se nourrissent de graminées faciles à croquer ou de noix plus coriaces. La lecture de Malthus lui suggère de transposer les conceptions développées par cet auteur (surpopulation, guerres, famines…) au monde animal dont la tendance à se reproduire sans frein est manifeste. Le plus apte survivra. Cette théorie purement mécanistique exclut toute intervention d'un divin démiurge et l'on imagine le retentissement qu'eut la publication à Londres en 1859 du *On the origin of species by means of natural selection.*

Voici les premières lignes de son Introduction *De l'origine des espèces* dans sa traduction française : *Les rapports géologiques qui existent entre la faune actuelle et la faune éteinte de l'Amérique méridionale, ainsi que certains faits relatifs à la distribution des êtres organisés qui peuplent ce continent, m'ont profondément frappé lors de mon voyage à bord du navire le Beagle, en qualité de naturaliste. Ces faits, comme on le verra dans les chapitres subséquents de ce volume, semblent jeter quelque lumière sur l'origine des espèces -ce mystère des mystères, pour employer l'expression d'un de nos plus grands philosophes… Mon œuvre est actuellement (1859) presque complète. Il me faudra cependant bien des années encore pour l'achever, et, comme ma santé est loin d'être bonne, mes amis m'ont conseillé de publier le résumé qui fait l'objet de ce volume.*

Jean-Baptiste Biot (1774-1862) avait montré que certains composés organiques déviaient la lumière à droite ou à gauche. Il voit ses travaux repris par Louis Pasteur (1822-1895) qui en mélangeant molécule à molécule l'acide tartrique droit et gauche obtient l'acide paratartrique ou racémique dont les sels sont sans action sur la lumière polarisée. Il en déduit que cette particularité est spécifique de la matière vivante. Il introduit des levures de fermentation dans une solution de paratartrate et montre que ce micro-organisme choisit invariablement le tartrate droit et laisse intact le gauche. Physicien et chimiste de formation, il abandonne ses recherches de cristallographie entreprise en 1848 pour se lancer dans la biologie. Il entreprend ses observations sur les anaérobies en 1861, sur la génération spontanée en 1864, sur les maladies du vin en 1865, du vers à soie en 1869, sur la bière en 1873, sur la théorie microbienne appliquée à la pathologie en 1878, sur le vaccin contre le choléra des poules en 1880, sur le charbon et son vaccin en 1881, sur la rage en 1885.

Quand, en 1882, Pasteur succède à Littré, un fervent positiviste, l'ardent spiritualiste qu'était l'inventeur du vaccin contre la rage, admet sans hésiter que : *La science expérimentale est essentiellement positiviste, en ce sens que, dans ses conceptions, jamais elle ne fait intervenir la considération de l'essence des choses, de l'origine du monde et de ses destinées. Elle n'en a nul besoin. Elle sait qu'elle n'aurait rien à apprendre d'aucune spéculation métaphysique. Pourtant, elle ne se prive pas d'hypothèses. Nul au contraire, plus que l'expérimentateur n'en fait usage. Mais c'est seulement à titre de guide et d'aiguillon pour la recherche et sous la réserve d'un sévère contrôle. Il dédaigne et rejette ces idées préconçues, dès que l'expérimentation lui démontre qu'elles ne correspondent pas à des réalités objectives.*

BERTHELOT (1827-1907).
Chimiste français, né à Paris.

Marcellin Berthelot (1827-1907), chimiste et historien de la chimie, contribua puissamment à la synthèse des composés organiques. Il étudia notamment la nutrition des plantes et, en 1876, montra que l'azote libre atmosphérique pouvait être fixé par des décharges électriques puis que certains sucres amélioraient ce phénomène. Il démontra en 1886 que les micro-organismes des sols argileux contribuaient à fixer l'azote. On trouve dans sa notice biographique du Larousse du XIXe siècle cet hommage : *On doit à M. Berthelot des travaux d'une infinie variété, mais son grand titre de gloire c'est d'avoir fait entrer la chimie organique dans la voie synthétique, ce qui l'a conduit à créer les méthodes générales qui permettent de former directement des composés organiques au moyen des corps élémentaires... Les travaux de M. Berthelot marquent dans l'histoire de la chimie organique un de ces évènements qui changent la face des choses. Ce ne sont pas seulement des procédés nouveaux qu'ils mettent en lumière, ce ne sont pas quelques substances plus ou moins connues qu'ils donnent le moyen de reproduire : ils prennent corps à corps une des idées les plus invétérées parmi les savants et la renversent... Vérification faite, il se trouve que la nature agit plus simplement qu'on ne l'avait pensé et qu'elle emploie ces affinités chimiques qui règlent les métamorphoses de la matière, tout aussi bien pour faire ces immenses éruptions qui ébranlent les contrées dans leurs fondements et bouleversent les villes, que pour parfumer une fleur en y distillant goutte à goutte. À mesure que la science progresse ses théories se simplifient. Au commencement de ce siècle, les physiciens ont déjà pu réunir dans le fluide électrique les forces qu'on pensait être différentes et qui produisent les phénomènes du magnétisme, du galvanisme ou de l'électricité proprement dite. La chimie suit aussi cette marche et elle peut laisser en chemin une des forces que l'explication erronée des phénomènes, leur étude incomplète l'avaient forcée d'inventer.*

Alphonse BERTILLON

On parle beaucoup d'Alphonse Bertillon (1853-1914) et du bertillonnage entre les protagonistes de cette édifiante conversation sous la houlette de Fabrice Tacaud, alias Le Dantec ! Mais quand même, établir un parallèle entre Lavoisier et Alphonse Bertillon, c'est pousser un peu loin le paradoxe. Certes l'anthropométrie est d'une indéniable utilité *et il est bien commode de définir un criminel par une série de nombres dont on fait des tables à plusieurs entrées, où il est très facile de se retrouver ensuite en quelques instants... Il n'est pas impossible, reprit M. Tacaud, que M. Bertillon ait eu l'idée de l'anthropométrie en remarquant qu'il avait sa fiche chez son tailleur ; bien d'autres avaient d'ailleurs pensé avant lui à effectuer des mensurations sur le corps humain.*

Broca cherchait des caractères de races dans des nombres ; il classait les hommes d'après leur indice céphalique, c'est-à-dire d'après le rapport de la largeur de leur crâne à sa longueur ; il a créé ainsi le groupe conventionnel des brachycéphales, des mésaticéphales et des dolichocéphales, mais cette classification n'a aucune valeur ethnographique... La fiche anthropométrique d'un homme adulte le définit assez complètement pour qu'on soit sûr de la reconnaître pendant plusieurs années, si on remet la main dessus, mais M. Bertillon n'a jamais pensé, je l'espère, que deux fiches voisines représentant deux hommes ayant entre eux un rapport autre que le rapport physique constaté ; on peut avoir la taille et la longueur des doigts d'un scélérat endurci, sans être pour cela prédestiné à tuer son père et sa mère...

On prête à la science tant de méfaits et tant de merveilles qu'il serait bon de savoir ce que l'on veut dire quand on parle de science. Votre policier a pu allier à une intelligence de bonne qualité un flair inférieur à celui du chien, un esprit d'observation analogue à celui de tel animal sauvage, un certain nombre de qualités personnelles enfin, qui l'ont amené à trouver ce qu'un autre n'eut pas trouvé ; mais précisément de ce qu'un autre ne l'eût pas trouvé, il s'ensuit que sa méthode n'est pas scientifique ; Conan Doyle vous a présenté un artiste, un homme habile, et non un savant ; la science est impersonnelle, et une méthode scientifique doit donner des résultats convenables entre les mains d'un homme quelconque, doué des facultés moyennes de l'humanité. M. Bertillon a seul introduit un élément scientifique dans les recherches policières... M. Bertillon a eu l'idée de mesurer, pour chaque délinquant, les éléments mesurables de sa personnalité, de représenter un homme par une série de nombres, et en cela il a fait œuvre scientifique.

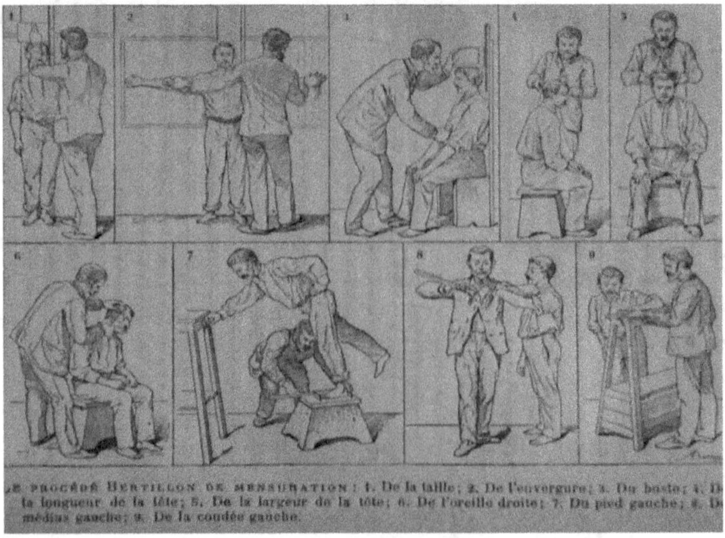

Le procédé Bertillon de mensuration : 1. De la taille ; 2. De l'envergure ; 3. Du buste ; 4. De la longueur de la tête ; 5. De la largeur de la tête ; 6. De l'oreille droite ; 7. Du pied gauche ; 8. Du médius gauche ; 9. De la coudée gauche.

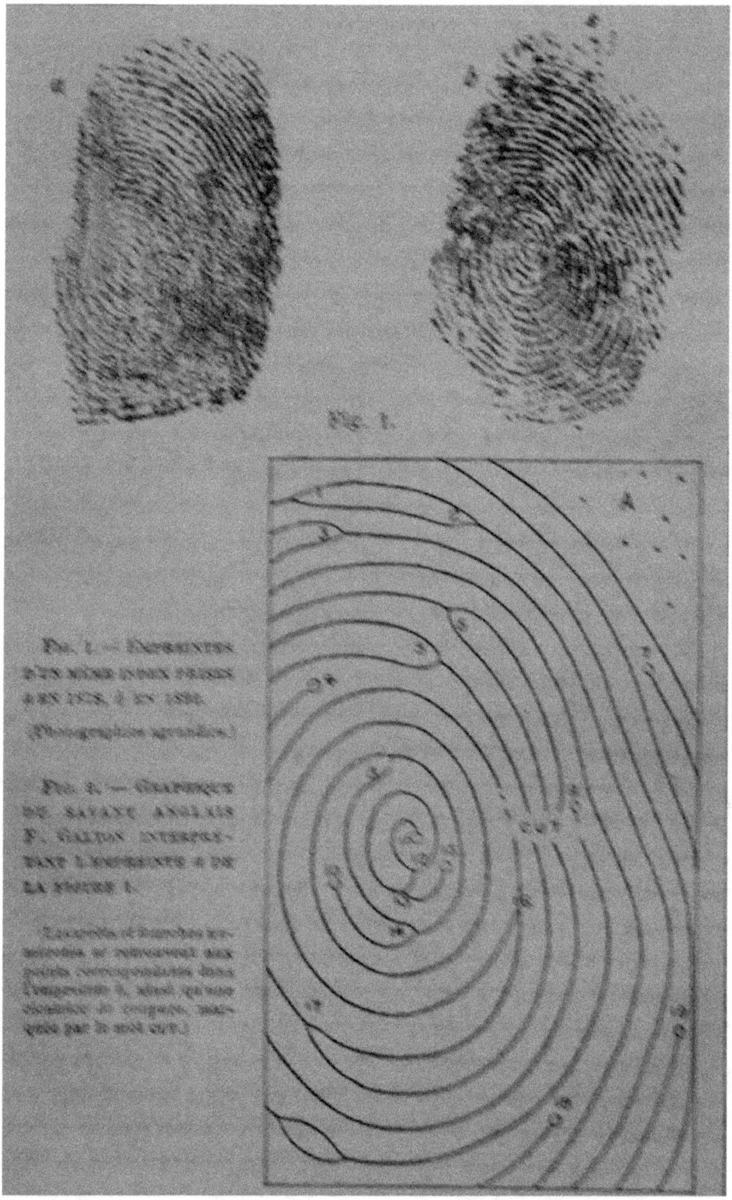

Empreintes digitales interprétées par Francis Galton (1822-1911)

Et si nous parlions un peu de météo ?

Carte du Bureau central météorologique.

Mais voici que M. Gaudet prend la parole et rappelle qu'il fit une conférence l'hiver dernier sur les prévisions météorologiques : *J'eus à mentionner les instruments enregistreurs que le Bureau central météorologique a bien voulu faire installer sur le terre-plein de notre collège, et dont j'ai l'honneur d'être surveillant. Nous avons un thermomètre et un baromètre enregistreurs, un pluviomètre, un anémomètre et un hygromètre à cheveu. J'expliquai au public le fonctionnement de ces divers appareils qui, comme le disait tout à l'heure M.*

Tacaud, nous fournissent à chaque instant les éléments mesurables de l'atmosphère, et qui sont, par conséquent, suivant sa définition, des appareils scientifiques. Mais je mis mes auditeurs en garde contre cette croyance trop répandue que la lecture du baromètre ou de l'hygromètre permet de prévoir le temps ; même l'étude de tous les appareils à la fois, quoique fournissant déjà une documentation plus sérieuse, expose le prophète à bien des mécomptes. C'est seulement dans les bureaux qui centralisent les renseignements recueillis aux divers points du monde que l'on peut établir la carte quotidienne du temps, et prévoir plus ou moins les variations probables par l'observation des cartes successives... Fabrice Tacaud reprend la parole : *Nous employons aujourd'hui... tous les moyens qui sont à notre disposition pour connaître à chaque instant l'état de l'atmosphère ; les mesures météorologiques sont obtenues par des procédés scientifiques et sont susceptibles de précision ; on installe chaque jour de nouveaux observatoires, et le nombre des documents enregistrés par eux s'accroit chaque jour ; on s'approche donc autant qu'on le peut du desideratum scientifique, qui est de connaître complètement une série d'états d'un ensemble donné de corps, de manière à prévoir un état ultérieur de cet ensemble ; mais si l'on s'en rapproche, on est encore bien loin d'y arriver, et l'on n'y arrivera même jamais, cela est sûr, à moins qu'une découverte imprévue ne mette sur la voie de nouveaux phénomènes, également susceptibles de mesure et donnant des renseignements plus parfaits. Et d'ailleurs l'atmosphère n'est pas un ensemble isolé ; ce qui se passe dans l'air dépend de ce qui se passe dans la terre et dans la mer, et les observations météorologiques ne nous renseignent pas à ce sujet. La météorologie quoique employant des procédés scientifiques, n'atteint pas et n'atteindra probablement jamais l'idéal scientifique, qui est de prévoir rigoureusement.*

Les instruments de mesure

On a cru devoir rappeler succinctement ici quelques-unes des plus célèbres et des plus curieuses méthodes de mesure, et de leurs applications à la science et à l'industrie. Ces méthodes de mesure ne seront pas classées d'après la nature de l'objet à mesurer, mais d'après la manière dont les mesures sont exécutées, et d'après les principes physiques sur lesquels elles sont basées. On distinguera naturellement trois grandes catégories de mesures : les mesures directes, les mesures indirectes et les mesures qui se font par la méthode graphique.

Les mesures directes comprennent les mesures des longueurs et des angles, les mesures angulaires, celles du temps, celles des vitesses, des masses, des pressions.

Les mesures indirectes se font par application du principe d'Archimède, par application du principe de la dilatation des corps par la chaleur, par le pyromètre, par le thermomètre ainsi que les mesures faites au moyen de phénomènes lumineux par application des lois de la réflexion, de celles de la réfraction, de celles sur l'intensité de la lumière, par la transparence.

Certaines mesures sont effectuées au moyen de phénomènes sonores, d'actions chimiques, électriques, électrochimiques, électromagnétiques.

Enfin, la méthode graphique repose sur l'inscription des mouvements à étudier sur une rame de papier animée d'un mouvement uniforme. *En médecine on emploie les appareils enregistreurs à un très grand nombre d'usages ; on étudie le pouls au moyen du sphygmographe, le cœur au moyen du cardiographe.*

La machine de Morin permet l'étude de la chute des corps munis d'un pinceau enregistreur qui tombe le long d'un cylindre vertical animé d'un mouvement de rotation. Le pinceau décrit une parabole.

En acoustique, l'enregistrement des mouvements vibratoires a amené à la découverte du phonographe.

En météorologie, on utilise des thermomètres, des baromètres et des anémomètres enregistreurs.

Le sismographe enregistre les tremblements de terre.

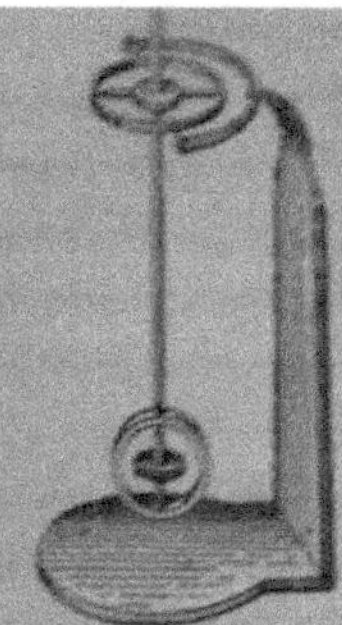

Fig. 9. — Pendule.

Fig. 10. — Horloge.

Fig. 11. Métronome Maelzel.

Fig. 12. — Anémomètre à cadran.

Fig. 13. — Taximètre.

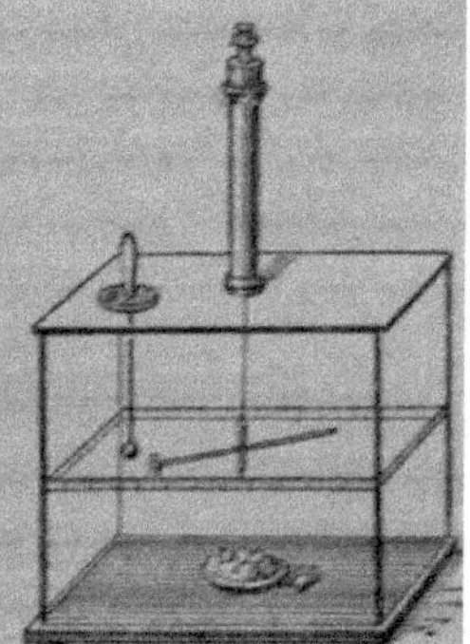

Fig. 14. — Balance de torsio

Fig. 15. — Balance ordinaire.

Fig. 16. — Balance de précisio

Fig. 17.
Balance à pendule.

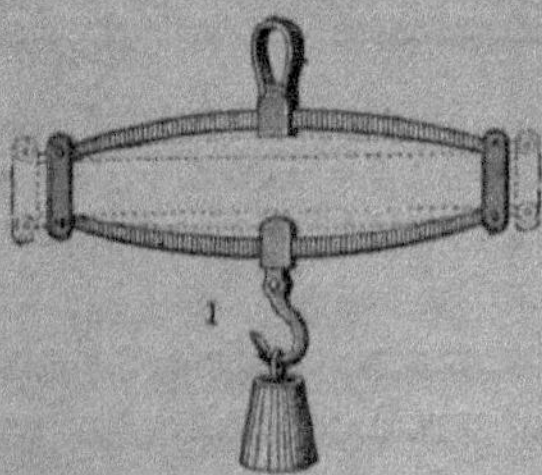

Fig. 18.
Dynamomètre de Poncelet.

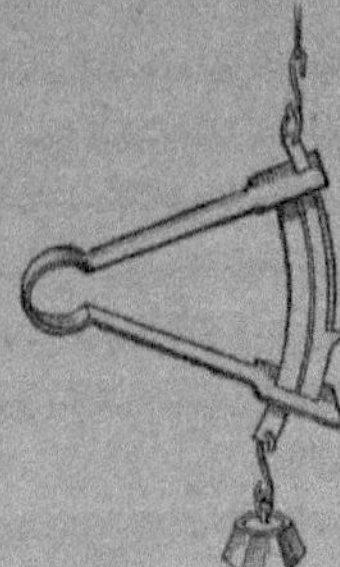

Fig. 19.
Dynamomètre
à ressort.

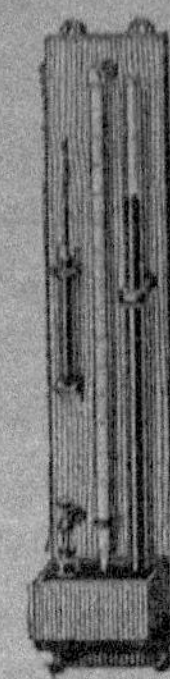

Fig. 20.
Baromètre.

Fig. 21. — Baromètre anéroïde.

Fig. 22. — Balance
hydrostatique.

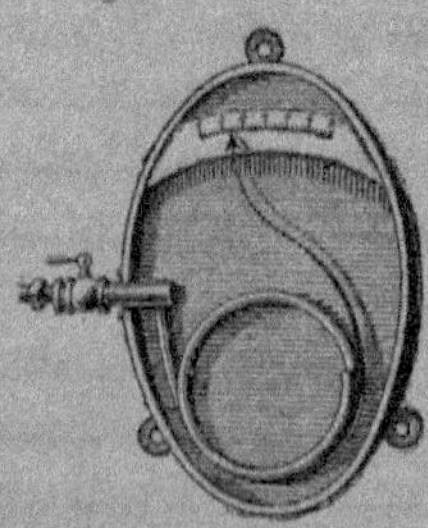

Fig. 23.
Manomètre de Bourdon.

Fig. 24.
Manomètre
à air libre
sans
cuvette
et à deux
branches.

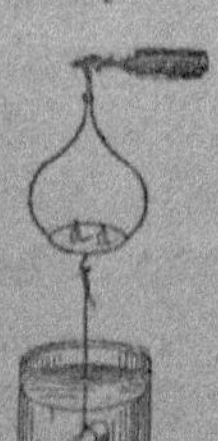

Fig. 25.
Balance
hydro-
statique.

Fig. 26. — Sondeur Thomson.

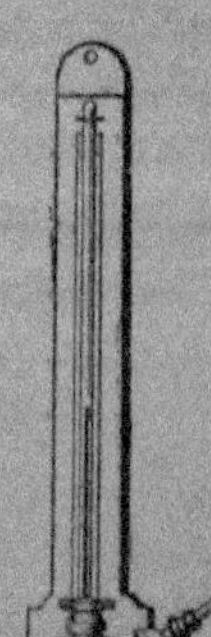

Fig. 27.
Manomètre
à air
comprimé.

Fig. 28.
Thermo-
mètre.

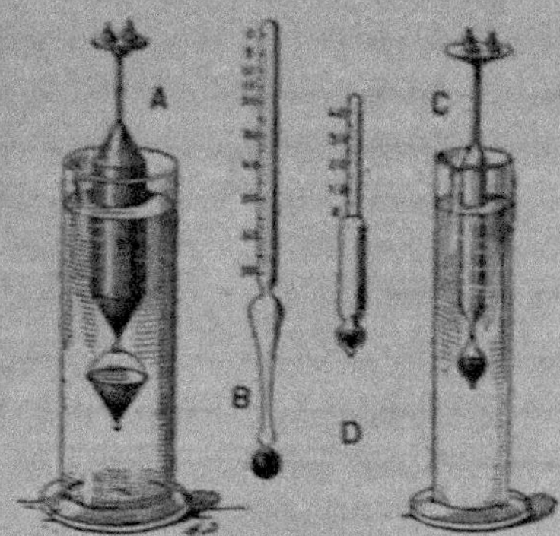

Fig. 29.
A, aréomètre de Nicholson; B, pèse-acide de Baumé; C, aréomètre de Fahrenheit; D, pèse-esprit de Baumé.

Fig. 30.
Alcoomètre.

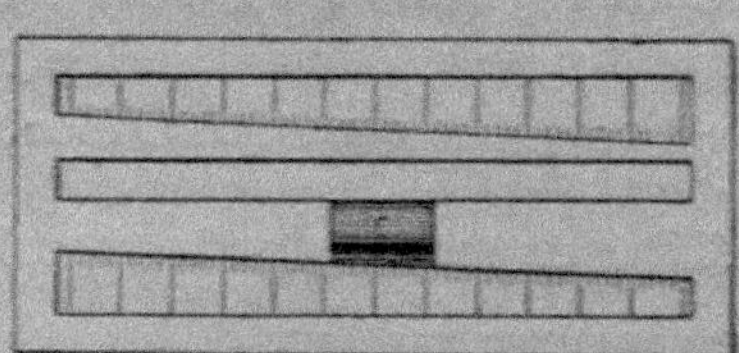

Fig. 31. — Pyromètre de Wegwood.

Fig. 32.
Calorimètre
à glace.
M, corps dont la chaleur est à mesurer; A, robinet.

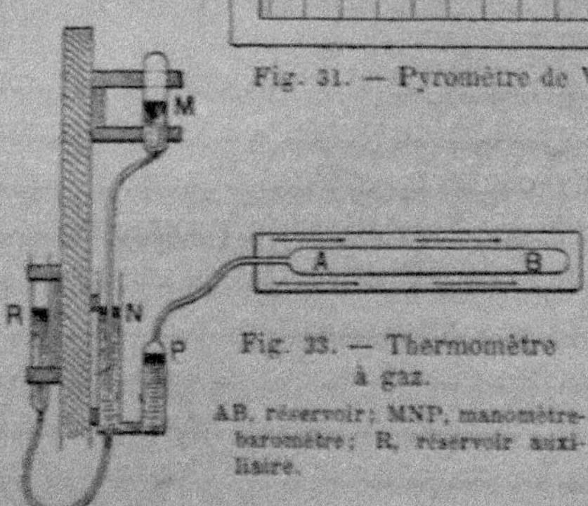

Fig. 33. — Thermomètre
à gaz.
AB, réservoir; MNP, manomètre-baromètre; R, réservoir auxiliaire.

Fig. 34.
Calorimètre
de Berthelot.

riques, on peut employer les solides;
un thermomètre fort élégant est réalisé

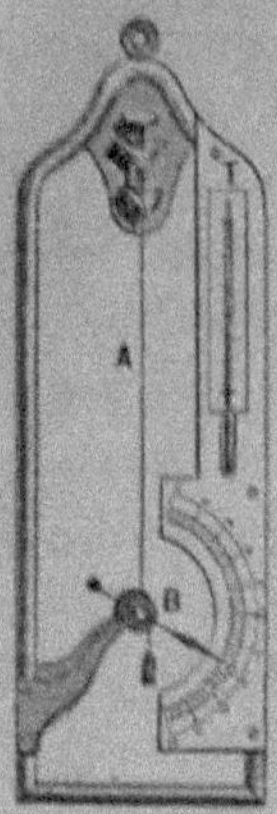

Fig. 35.
Hygromètre à cheveu.
A, cheveu ; B, poulie munie d'un contrepoids ; T, thermomètre.

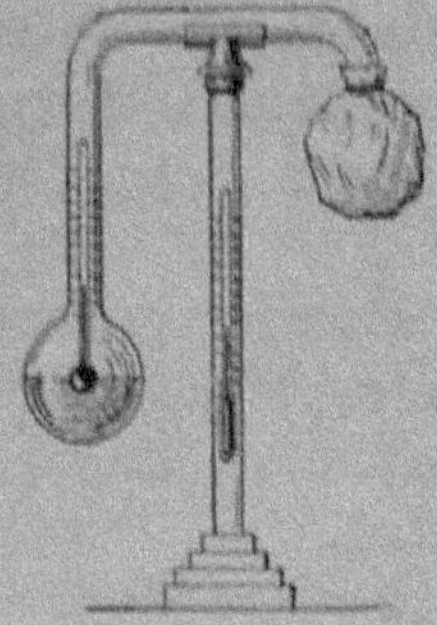

Fig. 36. — Hygromètre de Daniell.

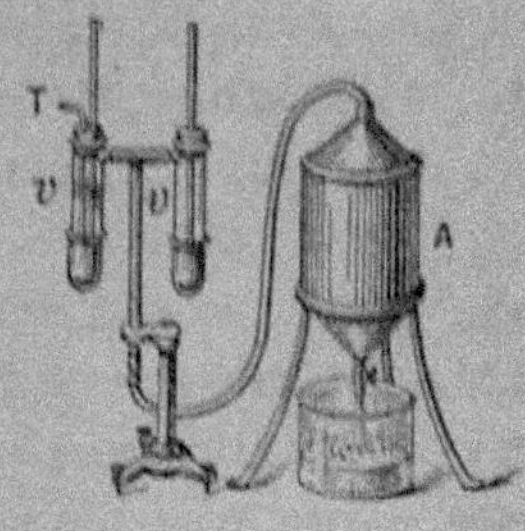

Fig. 37.
Hygromètre de Regnault.
A, aspirateur ; vv, tubes en verre ; T, arrivée de l'air.

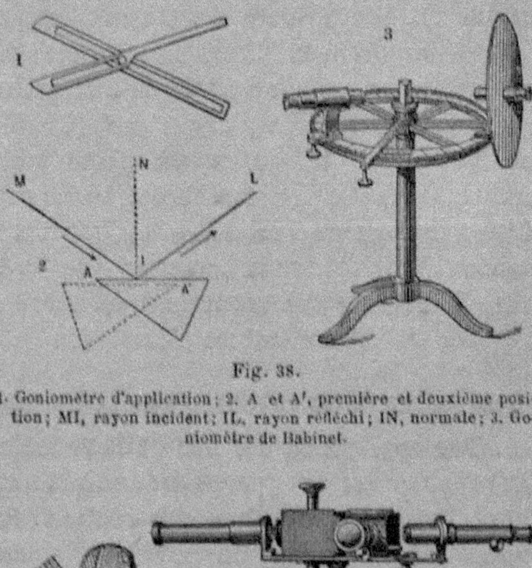

Fig. 38.
1. Goniomètre d'application ; 2. A et A', première et deuxième position ; MI, rayon incident ; IL, rayon réfléchi ; IN, normale ; 3. Goniomètre de Babinet.

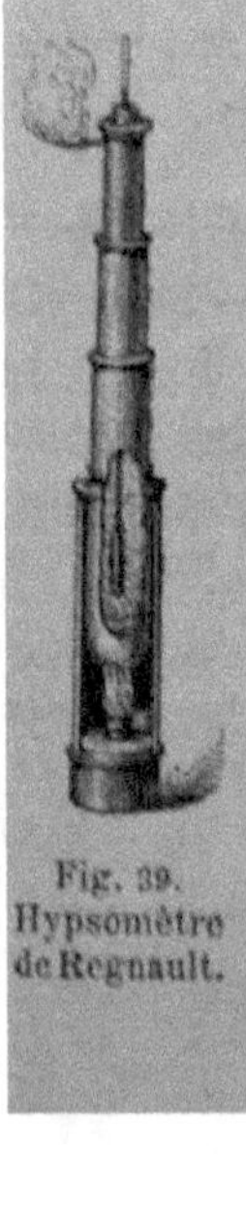

Fig. 39.
Hypsomètre de Regnault.

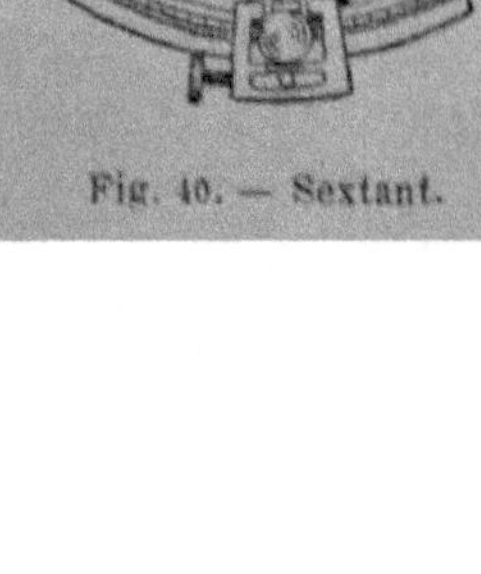

Fig. 40. — Sextant.

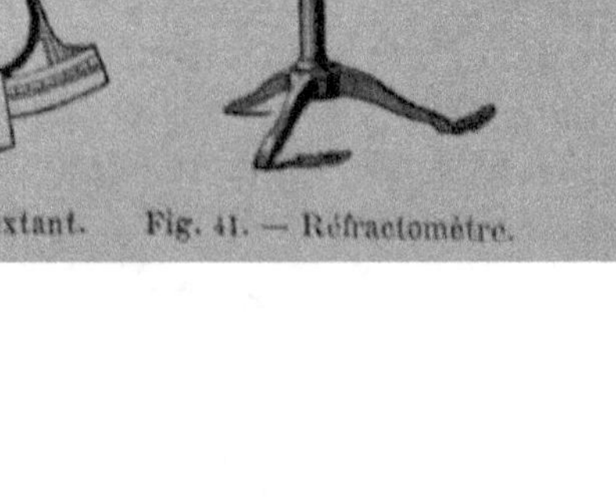

Fig. 41. — Réfractomètre.

Fig. 42. — Spectroscope.

Fig. 47. — Roue dentée de Savart.

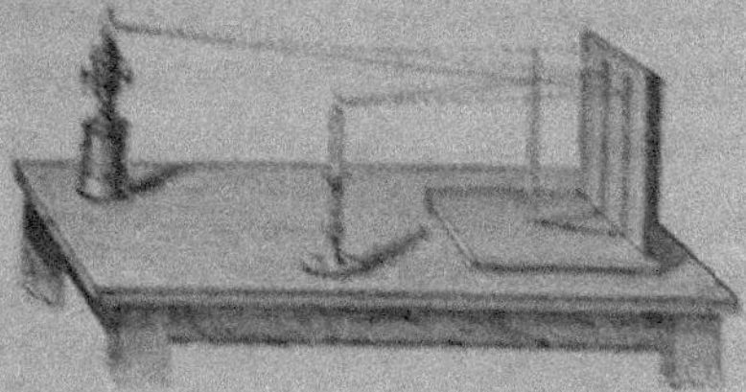

Fig. 43. — Photomètre de Rumford.

Fig. 44. — 1. Photomètre de Wheatstone. B, bille; 2, courbes lumineuses que l'on observe.

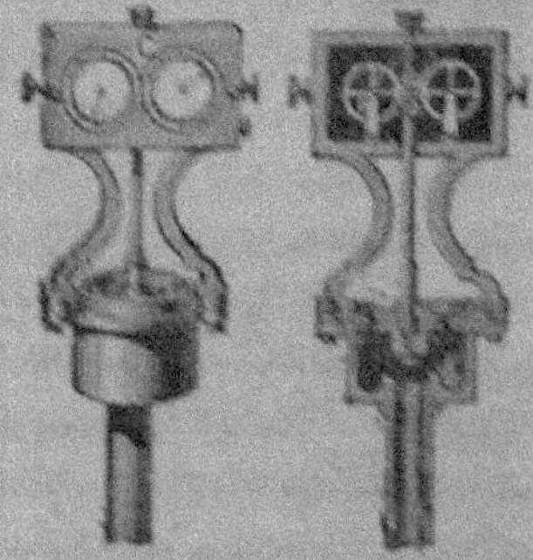

Fig. 48. — Sirène de Cagniard-Latour.

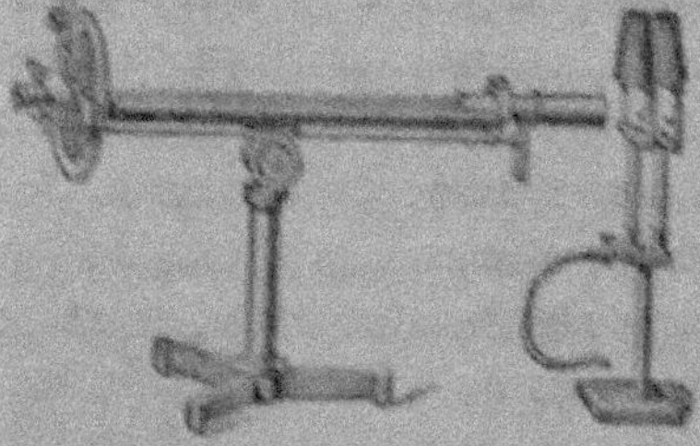

Fig. 45. — Saccharimètre de Laurent.

Fig. 46. — Sonomètre.

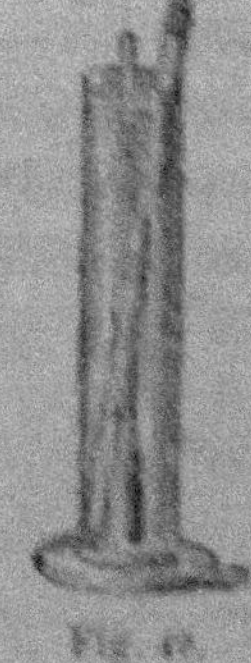

Fig. 49. Lactobutyromètre.

Fig. 52.
Électromètre à quadrants.

Fig. 53.
Schéma de l'électromètre absolu.

Fig. 50.
Électroscope de Saussure.

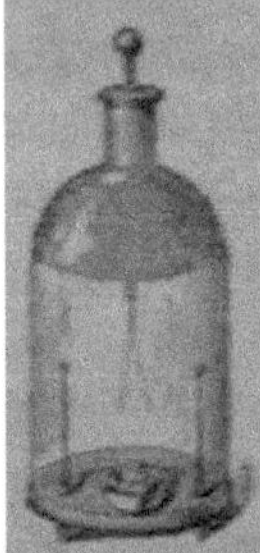

Fig. 54.
Albuminimètre d'Esbach.

Fig. 55. — Galvanomètre de Deprez et d'Arsonval.

Fig. 56.
Voltamètre.

Fig. 51.
Électroscope à feuilles d'or.

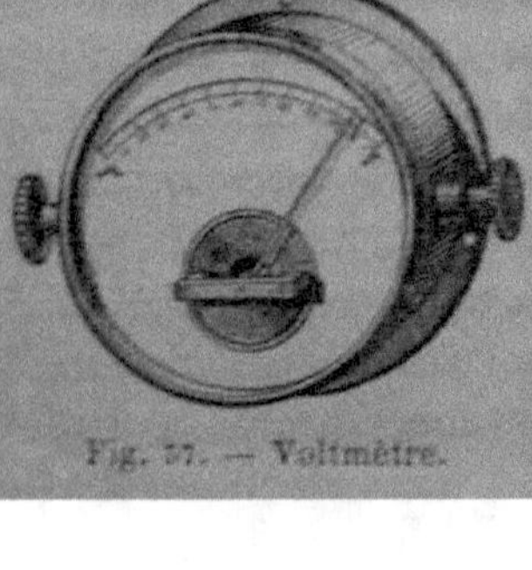

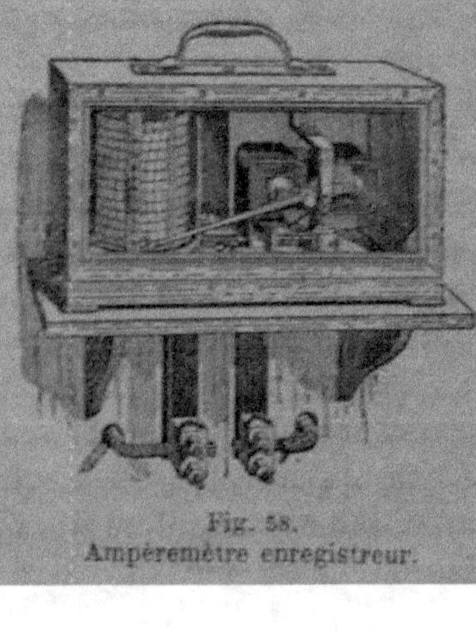

Fig. 57. — Voltmètre.

Fig. 58.
Ampèremètre enregistreur.

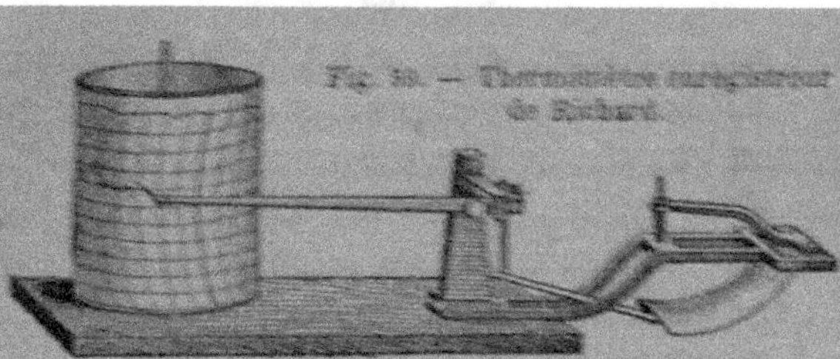

Fig. 39. — Thermomètre enregistreur de Richard.

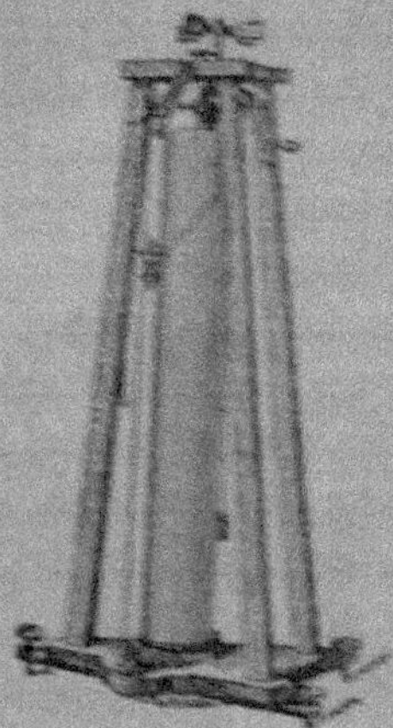

Fig. 40. Machine de Morin.

Fig. 41. — Baromètre enregistreur.

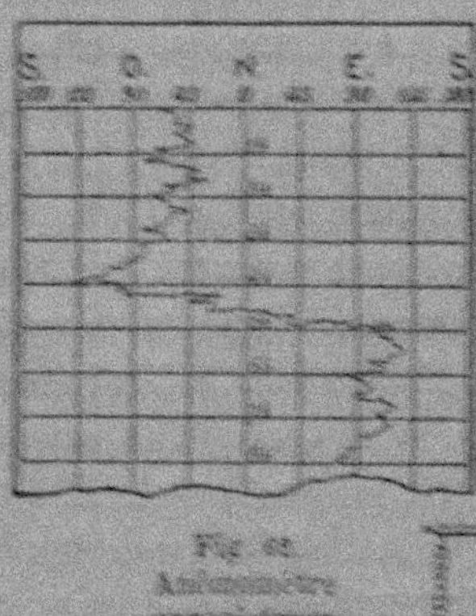

Fig. 42. Anémomètre enregistreur.

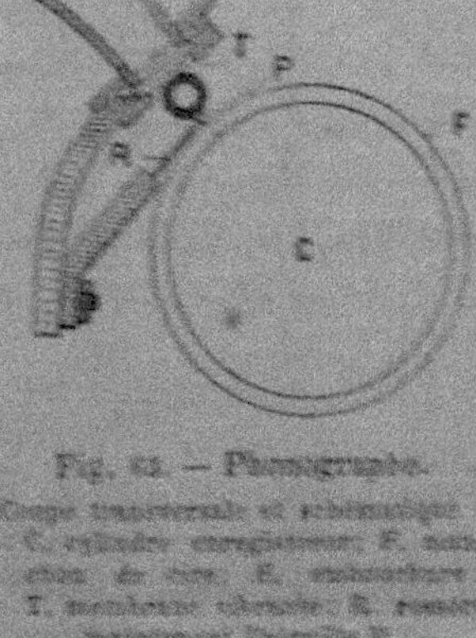

Fig. 43. — Phonographe.
Coupe transversale et schématique : C, cylindre enregistreur; F, manchon de cire; E, embouchure; T, membrane vibrante; R, ressort maintenant l'aiguille P.

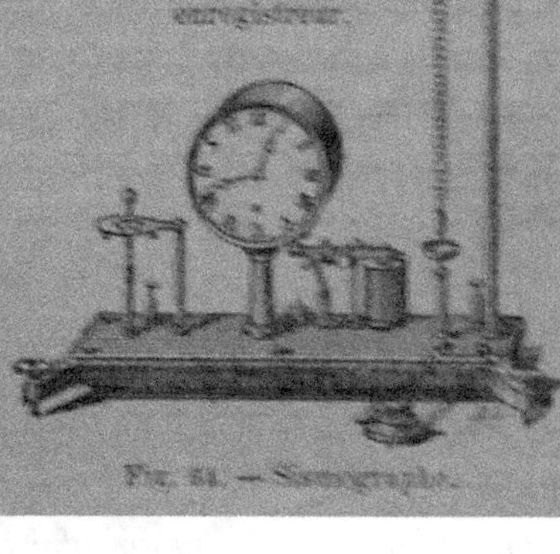

Fig. 44. — Sismographe.

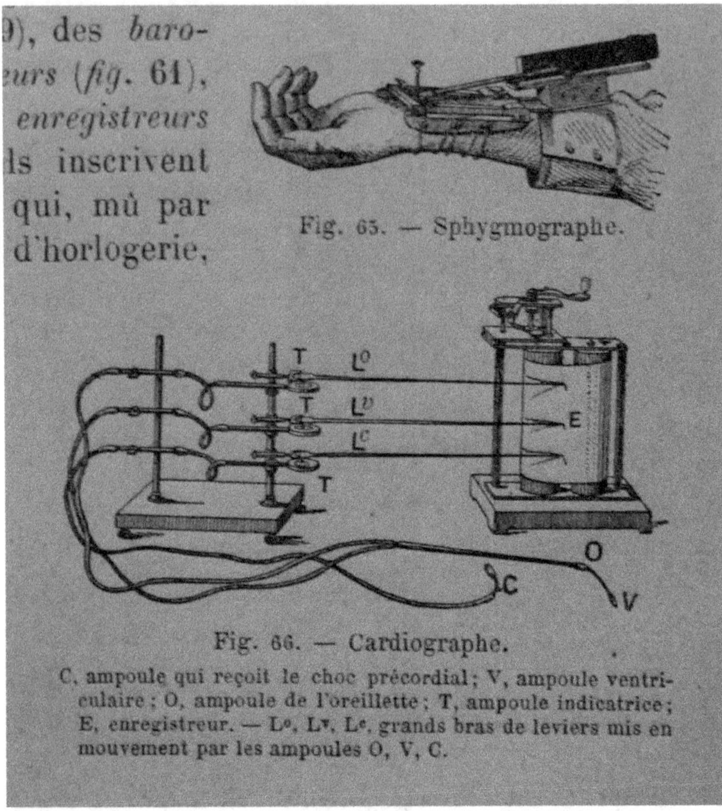

Fig. 65. — Sphygmographe.

Fig. 66. — Cardiographe.

C, ampoule qui reçoit le choc précordial ; V, ampoule ventriculaire ; O, ampoule de l'oreillette ; T, ampoule indicatrice ; E, enregistreur. — L^o, L^v, L^c, grands bras de leviers mis en mouvement par les ampoules O, V, C.

Mais laissons le dernier mot à notre ami Fabrice Tacaud que nous connaissons bien depuis ses démêlés métaphysiques avec l'abbé Jozon, les deux protagonistes du *Conflit* publié en 1901, ledit Tacaud étant, nous l'avons déjà expliqué, l'incarnation de Félix Le Dantec. Comme l'honorable M. Escudier, magistrat de son état, lui faisait remarquer qu'il n'y avait dans la biologie ni mesure, ni précision, ni prévision de l'avenir, nonobstant l'utilité indéniable de cette science, *La biologie, répondit M. Tacaud, est une science toute jeune et qui cherche encore sa voie mais qui ne désespère pas se souder un jour au grand faisceau des sciences proprement dites. Elle est à la période préparatoire, à la période intuitive, à l'état où était la chimie avant Lavoisier, et cependant, par certains côtés, elle a déjà conquis son droit de cité dans la science, du moins en ce qui concerne sa langue, car Lamarck et Darwin l'ont doté d'un langage parfait qui lui est entièrement adéquat tant qu'il ne s'agit que de phénomènes d'ensemble. Et quant aux mesures, on les pressent déjà, si on ne les effectue pas encore ; elles se feront par les diverses méthodes de la physique et de la chimie, mais il ne faut pas prétendre effectuer ces mesures trop directement, de même qu'en physique on n'a pas réussi à mesurer directement l'énergie ; on étudie d'abord l'action d'un être vivant sur un autre être vivant, sur le milieu, sur telle ou telle substance : Pasteur a ouvert la voie ; on avance avec précaution et délicatesse vers le moment où l'on saura ce qu'il faut mesurer pour que les mesures soient fécondes.*

Science et conscience, Paris, 1908

Cet ouvrage est dédié au docteur Philippe Poivrier et commence par ces mots : *Encore un volume de biologie générale, mon cher Ami, rassurez-vous, ce sera le dernier.*

Livre premier : la tradition et la méthode mesuriste

Chapitre premier : l'homme marionnette et la conscience créatrice, conversation entre M. Mesure et M. Vieilhomme.

Livre II : physiologie et psychologie

Chapitre II : la conscience des liaisons : La conscience n'a pas de valeurs mécaniques ; définition de l'élément de conscience *phi* ; une méthode objective pour l'étude du *phi* ; assimilation et résonance. L'orchestre protoplasmique, organe et fonction, assimilation fonctionnelle ; la loi d'habitude ; passage du conscient dans l'inconscient ; organe partiel et fonction partielle. Le phénomène de J. Bordet (1870-1961), *qui conduisait à la fabrication d'anticorps, tous définis chimiquement, et en nombre aussi grand qu'on le voudra, puisque le phénomène peut être produit au moyen de n'importe quel antigène* ; conscience cellulaire, conscience histologique ; dissonance et conscience ; identité de l'élément joie et de l'élément douleur ; résumé. Comparaison de l'éveil de conscience avec l'induction électrique.

Chapitre III : la continuité protoplasmique dans l'espace et le temps : la continuité dans la cellule ; synthèse des éléments de conscience dans la cellule ; continuité dans le temps ; la mémoire élémentaire est la caractéristique subjective de la vie élémentaire ; les sens et la volonté des protozoaires ; on se détermine d'après ses goûts ; l'échelle de complexité ascendante chez les êtres vivants ; la continuité nerveuse ; les organes des sens ; l'énergie spécifique ; centres de divers ordres.

Chapitre IV : la représentation ; les images : les éléments de la connaissance ; les images auditives ; les images des couleurs ; images de deuxième espèce ou images dans l'espace ; vision des formes ; vision binoculaire ; notre connaissance totale ; récapitulation. Divers sens du mot image.

Chapitre V : images et imitation : hérédité et éducation ; imitation proprement dite ; imitation vocale ; imitation volontaire ; l'activité des animaux est surtout imitative ; imitation suivie de correction ; l'hérédité contre l'imitation ; le langage articulé ; parole et pensée ; langage et métaphysique.

Chapitre VI : le langage de la mesure et le langage métaphysique : remarques sur la biologie de M. Bergson ; réponse de M. Bergson ; réflexions à propos de la réponse de M. Bergson.

Livre III : science et morale

Chapitre VII : vérité scientifique et vérité sociologique : nécessité de définir les mots ; vérités à des échelles différentes ; les vérités exprimées en langue mathématique ; dogmes et mots ; science et religion ; la science ne dicte pas de morale pratique ; vérités humaines et vérités scientifiques ; biologie religion ; ce qui est établi scientifiquement ; le dogme transformiste ; équilibre et âme ; logique et morale ; justice et patrie ; logique et vérité. Notion de devoir ; les conventions sociales ; le bonheur ; la vérité scientifique.

Chapitre VIII : L'Art : le beau relatif ; la compréhension de la musique ; la peinture documentaire ; peinture et émotion ; art et synthèse ; fiction et poésie.

Conclusion

Trois livres et huit chapitres pour cet ouvrage : l'homme marionnette et la conscience créatrice, la conscience des liaisons, la continuité protoplasmique dans l'espace et dans le temps, la représentation, les images, images et imitations, le langage de la mesure et le langage métaphysique, vérités scientifiques et vérités sociologiques, l'art.

Pour Le Dantec le domaine de la pensée est l'ultime refuge des excentricités métaphysiques, mais il est menacé par la biologie et ses appétits sacrilèges. Le domaine de la pensée peut être légitimement revendiqué par les sciences de la vie. Affirmation intolérable pour les spiritualistes qui rétorquent que la pensée humaine ignore superbement les mécanismes métaboliques qui sous-tendent son existence et son fonctionnement.

Et la morale ? Le bien et le mal s'apprécient à leurs conséquences. Ici le bon sens est bien plus utile que le sens mystique. La morale réside dans un ensemble de caractères acquis, inclus désormais dans l'hérédité, transmis dans le patrimoine social et individuel reconnus favorables par tradition. L'auteur de *L'athéisme* rejette les conjectures, filles de l'imagination et sources pour l'esprit scientifique de doute et d'incertitude. En revanche, il accueille avec enthousiasme les hypothèses nées de l'observation, objectivement contrôlées, aux conséquences logiques, même si elles sont provisoirement indémontrables mais néanmoins nécessaires. Les êtres varient sous l'influence du milieu et de la sélection naturelle. Les caractères se transmettent par hérédité mais, à l'époque de Le Dantec, on n'avait pas la moindre idée des mécanismes en jeu. L'évolution de la vie est liée à l'évolution du monde et le conflit entre le vivant et le milieu peut se résumer en un acte de défense, l'assimilation, et en un acte de conquête, l'absorption. *Pour vivre en société,* selon Le Dantec, *l'homme doit imiter la société, c'est-à-dire se soumettre à ses lois, à ses conventions, à ses usages ; il doit, en outre, imposer sa personnalité, rayonner à l'entour et attirer à soi, assimiler, dans les limites assignées, le monde par les lois sociales, les ressources qui lui sont utiles pour élargir la place qu'il occupe.*

Quatre facteurs favorisent le destin humain qui, selon Le Dantec, arrive au terme apparent et imperfectible de son hérédité : l'éducation source intarissable de richesses ; l'hérédité qui, pour une même lignée, transmet les caractères acquis de génération en génération ; la tradition, qui perpétue les rites et les usages, transmet les monuments et les œuvres du passé ; la civilisation enfin qui permet aux individus de s'adapter à leur milieu social.

La conclusion mérite d'être reproduite dans son intégralité car elle résonne comme un ultime message de l'auteur à neuf ans de sa mort : *C'est M. Mesure qui a écrit ce livre ; mais M. Mesure est trop pessimiste ; il vaut mieux que la conclusion ne soit pas de lui, ou, du moins, que M. Vieilhomme y collabore.*

La science ne nous enseigne pas notre devoir car l'idée d'un devoir auquel on puisse, à volonté, obéir ou se soustraire n'est pas une idée scientifique ; la mesure ne nous fait connaître que des lois inéluctables.

Or l'homme est ce qu'il est et non ce qu'il aurait été si la science avait existé de tout temps ; et tel qu'il est aujourd'hui, il a le désir de vivre et d'être heureux.

Parce que je crois que la médecine scientifique n'existe pas, je suis convaincu que les médecins agissent fatalement au hasard à cause de leur ignorance actuelle, vais-je enlever à ceux qui souffrent la consolation que leur apporte la confiance dans celui qui prétend guérir ? Vais-je leur demander d'attendre pour se faire soigner que quelques siècles d'effort aient instauré la médecine scientifique ?

Et parce que la science ne m'a pas enseigné les règles sociologiques, vais-je demander au peuple misérable d'attendre qu'on ait trouvé des règlements certains, et de souffrir en paix jusque-là. Là où la science se tait, l'empirisme reprend ses droits, provisoirement au moins ; et je crois au « mensonge social » dont parle Vigny.

D'ailleurs ce qui est un mensonge pour moi, est une vérité pour presque tout. La science n'est pas aussi dangereuse qu'elle peut le paraître, parce que l'homme est trop attaché à ses traditions ; l'homme aime ses principes et leur attribue une valeur absolue ; et c'est parce qu'il leur attribue une valeur absolue qu'il leur obéit effectivement ; on se soumet malaisément à des lois qu'on sait avoir choisies par pure convention.

L'homme a donc besoin de principes pour agir ; il lui faut une foi ; que ce soit la foi dans la justice, dans la patrie, dans l'art, cette foi aura une utilité si elle nous décide à agir sans hésiter dans les diverses circonstances de notre vie.

Malheureusement, les hommes n'ont pas tous la même foi ; et pour leur foi ils se battent. Il est sans doute impossible de s'accorder et d'accepter une foi unique. On continuera donc vraisemblablement de se battre longtemps encore. Et si la science, montrant l'inanité des croyances, décide les hommes à vivre en paix, ne leur enlèvera-t-elle pas en même temps leur seule raison de vivre ?

Pour être sage, il faudrait se résigner à un mensonge perpétuel : croire aveuglément à ses principes directeurs, quand cela serait nécessaire pour agir, et appeler la science à la rescousse quand les principes directeurs deviendraient trop exigeants. Mais, à ce compte, il est bien difficile d'être sage.

On pourrait en conclusion citer Roger Martin du Gard : *Cette distinction du bien et du mal, ce n'est pas Dieu, invention de l'homme, qui peut l'avoir imposé à l'esprit humain : c'est au contraire l'homme qui l'a attribué à Dieu, et qui en a fait un précepte divin. Si cette distinction est d'origine religieuse, autant dire que c'est l'homme, un jour, qui l'a prêtée à Dieu. Et donc qu'il l'avait en lui. Et même qu'elle était en lui si fortement enracinée, qu'il a senti le besoin de donner à cette distinction une suprême, et à jamais indiscutable, autorité... Comment résoudre ?*

La crise du transformisme, leçons professées à la Faculté des sciences de Paris en novembre et décembre 1908, Paris, 1909

Le livre, de 337 pages, est divisé en neuf leçons :

1/ La crise du transformisme

2/ Continuité et discontinuité. De Vries

3/ La mutation péloriée (anomalie florale de restitution d'une symétrie actinomorphe ancestrale) et les fleurs striées

4/ Les Œnothères (herbes aux ânes) mutantes et la théorie des mutations périodiques

5/ Espèces et variétés

6/ L'expérience sexuelle

7/ Divers phénomènes d'hérédité

8/ La loi biogénétique fondamentale

9/ Les deux tendances biologiques

À propos des deux tendances biologiques, Le Dantec rappelle : *Enfin, sans qu'il se soit formellement exprimé à ce sujet, Lamarck a cru à l'unité de la vie, et n'a pas pensé qu'on dût séparer telle ou telle manifestation vitale de telle ou telle autre. Darwin a cru au même dualisme que Claude Bernard. Dans sa théorie des gemmules, il a séparé la matière de la forme. Il a attribué la vie au protoplasma, mais il a pensé que, dans le protoplasma, des particules invisibles distinctes du protoplasma donnent à ce dernier sa forme et ses propriétés personnelles ! Cette théorie reprise et amplifiée par Weismann a conduit à l'échafaudage le plus invraisemblable et le plus antiscientifique ! Mais la majorité des naturalistes actuels sont weismanniens.*

Il affirme également : *En admettant le langage des particules représentatives, l'évolution revient à un remaniement varié d'unités préexistantes. Il n'y a rien de nouveau sous le soleil, rien que des arrangements plus ou moins fantaisistes de qualités éternelles. Le transformisme a plus de prétentions, il croit à l'apparition de l'intelligence de l'homme dans un monde où il n'y avait rien de comparable à l'intelligence de l'homme ! C'est là le point capital de ce que j'ai appelé tout à l'heure le transformisme philosophique.* Il revient sur sa théorie selon laquelle l'œuf qui produit un être humain est une accumulation de particules ressemblant à des bactéries pathogènes, théorie séduisante mais peu susceptible de résister à un examen sérieux. Il ne pense plus que l'homme soit une accumulation de diathèses mais admet néanmoins que certaines d'entre elles sont avantageuses.

Il combat farouchement l'hérédité Mendélienne. Pour lui, elle n'a d'intérêt que pour les études horticoles ou zootechniques, pour améliorer les espèces végétales et animales au service de l'homme. Il reconnaît cependant *que la découverte des mutations, comme celle de la distribution des caractères mendéliens dans l'hybridation, ouvre un vaste champ d'expériences faciles à l'activité des jeunes naturalistes qui tiennent à attacher leur nom à une pierre de l'édifice scientifique, sans se demander si cette pierre en sera une pierre angulaire. C'est là une promesse de succès certain ; mais il ne faudrait pas que l'engouement résultant empêchât que l'on continue à étudier les véritables problèmes de l'hérédité et de la formation des espèces, c'est-à-dire les vrais problèmes de la biologie générale.*

La leçon N° 2 est essentiellement axée contre Hugo de Vries (1848-1935) qui, sans avoir lu Mendel, à la suite de ses études sur l'herbe aux ânes, vraisemblablement l'*Oenothera glazioviana* Micheli, arrive à la conclusion que ces plantes, en dehors de modifications expérimentalement visibles, présentent des variations successives brusques et discontinues susceptibles de générer de nouvelles espèces. Il donne le nom de mutation à cette manifestation par opposition à Darwin qui interprétait ce phénomène comme une fluctuation restreinte. Le Dantec est totalement réfractaire aux conceptions de De Vries : *D'une part, les mutations de De Vri*es *apparaissent au moment de cette discontinuité dans la lignée vivante qu'est le fait de la maturation sexuelle suivie de la fécondation. D'autre part, Blaringhem* (qui partage les mêmes opinions que Le Dantec*), produisant des mutations expérimentales par des* *traumatismes raisonnés, a remarqué que ces traumatismes produisaient aussi des mutations dans le sexe des individus blessés. De là à penser que les mutations et les phénomènes sexuels sont de même ordre, il n'y a qu'un pas. Or ce que nous savons des phénomènes sexuels nous induit à croire que ces phénomènes sont sous la dépendance d'états colloïdes ou physiques. Et nous arrivons, par conséquent, à nous demander si les variations brusques dans lesquelles De Vries a cru voir les seules variations possibles de l'espèce, ne sont pas des variations apparentes ou morphologiques laissant intact le patrimoine héréditaire à un facteur physique près. Pour l'affirmer il faudrait voir se transformer les unes dans les autres les formes diverses obtenues par mutation d'une même espèce ; mais, même si de telles transformations ne sont pas constatées, on ne sera pas obligé d'affirmer que la variation observée est plus profonde et ne correspond pas uniquement à un polymorphisme comparable à celui des corps chimiques définis qui ont plusieurs formes d'équilibre cristallin.*

La troisième leçon, selon la vulgate « ledantécienne », commence par affirmer que dans le vivant on trouve trois catégories de processus : mécanique, colloïde et chimique, qui interfèrent entre eux, les colloïdes agissant sur le chimisme du patrimoine héréditaire ou intervenant sur l'état mécanique, sur l'aspect macroscopique de l'être correspondant. *En conséquence, par l'intermédiaire de l'état colloïde ou protoplasmique, un lien de seconde main est établi entre les deux échelles mécaniques et chimiques, qui semblaient d'abord si éloignées par leurs dimensions.*

Dans l'appendice à la troisième leçon Le Dantec cite Anatole France à propos de ce qui est indispensable à la création d'une religion nouvelle : *Il faut d'abord une idée générale d'une extrême simplicité, une idée sociale. En second lieu, une liturgie ancienne, depuis longtemps en usage, dans laquelle on introduit cette idée. Car il est à noter qu'un culte naissant emprunte toujours son mobilier sacré au culte régnant et que les nouvelles religions ne sont guère que des hérésies.* Le Dantec ajoute, désabusé, un peu plus loin : *Nos ancêtres se sont posés dans leur ignorance des questions qui n'avaient pas de réponse. La science moderne a montré l'inanité de ces questions ; et c'est cependant avant tout la réponse à ces questions que les hommes réclament de la science. Ils crient à la banqueroute de la science parce que les savants effacent de leur programme certains problèmes insolubles. Et le règne des métaphysiciens durera éternellement.*

La quatrième leçon traite des œnothères mutantes et de la théorie des mutations périodiques. De Vries est sur la sellette et Le Dantec l'attaque sur la stabilité ou l'instabilité des plantes obtenues : ce sont toujours les mêmes mutations qui se manifestent. On ne connait pas de station botanique où les œnothères de De Vries aient remplacé la Lamarckiana ou même ait proliféré au point de dépasser le nombre d'œnothères Lamarckiana. De Vries imagine avoir rénové le transformisme en montrant que les mutations lentes jouent un rôle mineur dans la formation des espèces et que seules les mutations interviennent majoritairement. Le Dantec est péremptoire : *À mon avis, l'hypothèse de la mutabilité périodique ne repose sur aucune observation. C'est gratuitement que de Vries suppose une période actuelle de mutabilité chez Œnothera Lamarckiana, car il n'a pas vu commencer cette période, et il ne la voit pas finir.*

La cinquième leçon pose le problème de la distinction entre espèce et variété. Mais en fait espèce, variété, genre, famille sont des réunions de spécimens différents. Un individu, c'est une histoire. La fécondation fait en sorte que son produit est à la fois nouveau et unique au monde. Il peut être considéré sur le plan mécanique ou macroscopique, sur le plan colloïde ou protoplasmique, sur le plan chimique ou atomique. Ces trois échelons agissent les uns sur les autres avec une parfaite et égale réciprocité. *De toute façon, que l'on ait affaire à une variation colloïde brusque déterminant petit à petit une variation vraie du patrimoine héréditaire par adaptation lamarckienne, soit qu'il s'agisse d'un polymorphisme colloïde résultant de variations quantitatives ayant franchi la marche d'escalier, c'est toujours le phénomène de variation lente qui est le phénomène principal ! Les mutations ont l'aspect morphologique de variations brusques, mais le phénomène essentiel de la vie des êtres et de la formation des espèces est l'assimilation fonctionnelle, qui agit lentement, et est la définition même du mode lamarckien d'évolution.*

L'expérience sexuelle est le thème de la sixième leçon. Pour une fois, De Vries et Le Dantec sont d'accord pour établir sur des données expérimentales, ce qu'on appellera espèce ou variété. Simplement, là où De Vries parle d'unités spécifiques, Le Dantec parle de substances constitutives du patrimoine héréditaire. Pour lui, les mutations de De Vries intéressent l'état colloïde soit durablement soit transitoirement durant la maturation. Il s'agit alors de polymorphisme. Sur l'état chimique des patrimoines héréditaires, l'état colloïde a une très forte influence. Si nul aléa n'agit pour effacer la variation fortuite du colloïde qui a produit une mutation, celle-ci finira par s'installer peu à peu dans le patrimoine héréditaire de l'espèce, variation lente adaptative lamarckienne.

Septième leçon : Phénomènes divers d'hérédité. *Nous appellerons hybrides vrais les produits du croisement de deux espèces différentes ; nous considérerons comme hybrides quantitatifs ou métis les produits de deux variétés quantitatives distinctes ; enfin nous appellerons hybrides mendéliens ou diathésiques les produits du croisement de deux variétés mendéliennes.* Nous sommes en 1909 et Le Dantec ne peut plus ignorer Mendel tout en maintenant l'expression diathésique néanmoins très contestable, ce qu'il admet implicitement en écrivant plus bas : *Somme toute, pour les trois groupes que nous venons de passer en revue, nos idées théoriques sont susceptibles d'une vérification pratique au moyen d'expériences de croisement.* Néanmoins il persiste dans son raisonnement théorique : *Je dis microbe avec Pasteur ; M. De Vries dit particules représentatives avec Weismann ; cela n'a aucune importance... En d'autres termes, les caractères mendéliens, importants au point de vue horticole ou zootechnique, n'ont aucun intérêt dans l'histoire de la formation des espèces et dans la genèse des caractères de mécanisme ou d'adaptation... Au contraire, les microbes ne mûrissent pas ; ils ne sont pas sexués. Si un microbe est parasite d'un gamète, il y est en tant que microbe complet et non en tant que gamète de microbe... Si donc, sauf leur diathèse différente, les deux parents sont de même espèce, l'œuf résultant du croisement comprendra :*

1° Un œuf proprement dit de l'espèce considérée ;

*2° Un microbe déterminant la diathèse **a** et un microbe déterminant la diathèse **b**.*

*L'individu résultant sera donc un individu de même espèce que les deux premiers, muni en outre des deux diathèses **a** et **b**. Ce ne sera pas un hybride vrai ; ce sera un hybride mendélien ou hybride de diathèse.*

*Dans certains cas les deux diathèses **a** et **b** pourront coexister et se superposer dans cet hybride particulier. Ceux qui s'occupent d'hérédité mendélienne se sont attachés principalement aux cas où l'une seule des diathèses se manifeste dans l'hybride. Ils disent alors que la diathèse apparente est un caractère dominant, que la diathèse latente est un caractère récessif ou dominé.*

Huitième leçon : La loi biogénétique fondamentale. Le Dantec nous offre une bonne critique de Haeckel dont la doctrine peut se résumer dans l'équation : ontogénie=phylogénie, formule connue également sous le nom de Principe de Fritz Müller. Il en découlait que deux espèces contemporaines issues d'un ancêtre commun ont des stades embryonnaires rigoureusement identiques au commencement de leur développement embryonnaire. Comme le remarque Le Dantec, entre un œuf de poule et celui d'un faisan, il y a similitude, sûrement pas identité. Dans ses *Éléments de philosophie biologique* parus en 1907, il propose de résumer ainsi le Principe de Fritz Müller : *Les équations symboliques du développement spécifique ont la même forme que les équations symboliques du développement individuel.* Le Principe de Fritz Müller repose sur des considérations de structure que seuls les patrimoines héréditaires peuvent diriger. C'est en général ce qui se produit. Mais si nous prenons par exemple des schizopodes ou des décapodes issus d'un ancêtre à 21 segments, on ne peut pas écarter l'hypothèse d'un ancêtre plus ancien analogue à un nauplius (larve commune à un grand nombre de crustacés) ? On ne peut écarter de même la possibilité de schizopodes ancestraux possédant plus de 21 segments. Cela étant entendu, le Principe de Fritz Müller est admissible et procure aux classements embryologiques une forte valeur. Seule réserve, nous ignorons tout des ancêtres de ces créatures à l'état adulte. La morphologie peut cacher des ressemblances dissimulées d'une autre nature, notamment psychologiques, ne serait-ce que pour donner satisfaction aux curieux de mystères, déçus de l'aridité des lois biogénétiques.

Neuvième leçon : Les deux tendances biologiques. En fait, c'est l'opposition entre lamarckisme et darwinisme que Le Dantec développe ici. Et d'emblée, il précise bien que tout oppose les deux illustres promoteurs de la théorie évolutionniste. Lamarck soutenait l'unicité du problème de la vie et de celui de l'origine des espèces, ramenant leur existence à la conjoncture entre la physiologie interne de l'être vivant et les conditions externes de l'environnement. La vie ancestrale est sans doute régie par les mêmes principes qui déterminent ses variations. Le Dantec admet qu'il est inféodé totalement aux raisonnements transformistes développés par Lamarck dans sa *Philosophie zoologique.* Toute la méthode de Lamarck peut se résumer dans cette phrase : *l'habitude est une seconde nature.* Et la fixation de ces habitudes, autrement dit, l'hérédité des caractères acquis, c'est le phénomène vital crucial, celui qui par l'emploi prépondérant de tel organe ou inversement par un défaut permanent de son utilisation, le transmet ou l'oublie aux individus des futures générations, à condition que cette nouvelle acquisition soit commune aux deux sexes, sinon la fécondation le fait disparaître. Lamarck ramène, et Le Dantec aussi, tout au fonctionnement auquel il ajoute la loi de l'assimilation fonctionnelle qui aboutit à la loi de l'habitude, premier principe du lamarckisme.

Suit une critique en règle de Claude Bernard, accusé de laisser une part de mystère en biologie, d'avoir voulu qu'on puisse introduire la mesure dans les processus fonctionnels, jugés destructeurs, et de considérer l'activité vitale comme inaccessible à l'étude, déterminant la forme des êtres vivants dont seule la matière serait susceptible d'être étudiée dans les laboratoires. Ce dualisme se retrouve chez Darwin et les néo-darwiniens, dont l'œuvre est le contraire de celle de Lamarck. Darwin aurait imaginé d'expliquer l'évolution de la vie par l'activité de facteurs étrangers à celle-ci et sans bien l'avoir définie auparavant. Il aurait cherché dans le hasard la raison véritable de la planification des mécanismes vivants actuels. Quand Herbert Spencer adopte la formule de la *« persistance du plus apte »,* Darwin parle de sélection naturelle et de disparition des non adaptés. Darwin est plus attentif sur les évènements qui font disparaître les êtres, ce qui pour Le Dantec est *tout naturel chez un savant qui prétend expliquer l'évolution de la vie sans s'être demandé ce qu'est la vie...* Il reproche à Darwin d'expliquer l'évolution progressive par le hasard. Et de rappeler ce passage de son propre ouvrage *De l'homme à la science* paru en 1907 : On a déjà vu que Le Dantec n'accepte le hasard qu'avec réticence : *Tous les êtres que nous connaissons ont donc été favorisés par le hasard ? Devons-nous en conclure que c'est le hasard qui a dirigé leur évolution ?... Pour les lignées qui se sont prolongées jusqu'à nous, le hasard ne les a pas empêchées de se prolonger ; elles n'ont pas rencontré le hasard qui tue. Tous les hasards avec lesquelles elles se sont mesurées ne les ont pas empêchées de rester vivantes, de se soumettre aux lois de la vie ; et ce sont ces lois de la vie qui, appliquées malgré les hasards ont fait de leurs descendants actuels ce qu'ils sont. Là encore, comme toutes les fois qu'il a paru donner quelque chose de coordonné, le hasard ne faisait que masquer une loi. La clause « sous peine de mort » qui est la clause biologique par excellence a canalisé le hasard pour les lignées qui n'ont pas rencontré le hasard mortel. Mais le hasard canalisé, c'est le hasard dompté par les lois de la nature vivante.*

Mais Le Dantec n'a pas réglé tous ses comptes avec Darwin. Il ne lui pardonne pas ses gemmules, ces particules imaginaires porteuses de l'hérédité. Comment un grand scientifique comme Darwin a-t-il pu séparer la matière des propriétés de la matière ! Selon Darwin son hypothèse des gemmules ou des particules représentatives explique la transmission des caractères acquis. Mais ces corpuscules sont invisibles et hypothétiquement placés dans la matière vivante. Or, il est impensable de distinguer les phénomènes vitaux de ceux de la matière brute. Jean Baptiste de Monet, chevalier de Lamarck (1744-1829) avait une mentalité de physicien ; Darwin, celle d'un naturaliste. Dans *La descendance de l'homme et la sélection sexuelle*, il écrit : *D'après cette hypothèse, toute unité ou cellule du corps émet des gemmules ou atomes non développés, qui se transmettent aux descendants des deux sexes, et se multiplient en se divisant. Il est possible que ces atomes ne se développent pas pendant les premières années de la vie ou pendant des générations successives ; leur transformation en unités ou cellules semblables à celles dont elles dérivent, dépendant de leur affinité et de leur union avec d'autres unités ou cellules, préalablement développées dans un ordre voulu de croissance.* Description imprécise qui reflète les hésitations de l'auteur qui manque d'arguments scientifiques. Le Dantec tire des conclusions conformes à ses convictions : *Qu'est-ce que la vie ? La réponse à cette question a pour résultat de placer la vie au milieu des autres phénomènes de la nature. C'est une question de physicien.*

Elle conduit d'ailleurs naturellement et sans hypothèse complémentaire à la croyance transformiste.

Pour le darwinien au contraire, la question de la nature de la vie ne se pose même pas ; il semble décidé à l'avance que la vie est un phénomène à part, et que le domaine des naturalistes n'empiète pas sur celui des physiciens, au moins dans ses parties essentielles. Cela s'explique naturellement par le fait que les plus grands naturalistes ignorent la physique. Et de même que Claude Bernard méconnaissait le phénomène vital essentiel, peut-être parce qu'il croyait impossible l'étude complète de la vie, de même les naturalistes darwiniens étudient séparément, comme des questions, absolument indépendantes de la véritable biologie, l'hérédité et la formation des espèces qui, pour les lamarckiens, s'expliquent immédiatement par la nature même de la vie.

La stabilité de la vie, Paris, 1910.

Dédié à Pierre Bonnier (1861-1918), médecin neurologue, psychiatre, socialiste et précurseur du féminisme, l'ouvrage de trois cents pages comprend quatre livres et un appendice.

Le livre premier contient la Biologie, science déductive enseignée par la méthode déductive ; les premières notions de la loi de stabilité.

Le livre second expose : la dégradation du monde et la conservation de l'énergie ; les principes d'équivalence et la diffusion de la chaleur.

Le troisième livre ne comporte qu'un paragraphe intitulé : Un critérium énergétique de stabilité.

Le livre quatre traite de l'énergie vitale et se répartit en cinq sous chapitres : les formes d'énergie ; l'habitude, loi générale de phénomènes vitaux ; la définition de l'énergie vitale ; la stabilisation progressive des espèces et le cancer, type cellulaire ayant le maximum de stabilité. Enfin, les appendices traitent de l'encombrement de l'énergie par la matière ; les énergies biologiques de résonance et Plaidoyer pour le transformisme Lamarckien.

Dans l'introduction, Le Dantec dévoile d'emblée ses objectifs : *J'essaie d'établir dans ce nouvel ouvrage, une loi physique, qui me paraît devoir régir tous les changements biologiques spécifiques, quand ces changements spécifiques se font par la voie Lamarckienne de l'adaptation. Or je pense que cette voie d'adaptation au milieu est, sinon la seule, du moins la plus répandue de celles qui conduisent à des transformations méritant vraiment le nom de changement d'espèce ; je m'éloigne en cela de la plupart des naturalistes contemporains qui ont adopté avec enthousiasme les systèmes de Weismann et de de Vries, et je n'espère pas que ce nouveau livre modifie beaucoup leur manière de voir. Paris, mars 1910.*

Les énoncés des lois de la physique paraissent absurdes quand elles s'expriment en langage humain : ainsi en serait-il de l'expression *rien ne se perd* qui serait ridicule au vu du spectacle du monde. En revanche, les mathématiques permettent d'exprimer ainsi la loi de la conservation de l'énergie. Cette confusion entre les définitions mathématiques et les définitions humaines est redoutable car elle laisse croire qu'on arrive à une conclusion par des raisonnements mathématiques alors que l'emploi intermittent du langage parlé a introduit dans le raisonnement de monstrueuses contradictions.

Très intéressé par les deux principes de Carnot, Le Dantec applique le premier à la biologie et réserve le second à la chaleur. L'entropie correspond à une fonction mathématique qui augmente à mesure que diminue la valeur utilisable de la chaleur. Pour Le Dantec, elle représente uniquement l'encombrement progressif de l'énergie par la matière, la dilution progressive de l'énergie dans un substratum matériel plus abondant. Mais il souligne le mauvais rendement du moteur thermique, *là y a toujours perte de calorique par conductibilité et nous ne concevons pas la manière dont on pourrait s'opposer à cette perte.*

Suit cette remarque à propos du principe de Berthelot qui dit *qu'une partie de l'énergie supérieure d'ordre chimique se dégrade, pendant la réaction, en se transformant en chaleur.* Certains physiciens estiment néanmoins qu'en biologie les organismes vivants peuvent avoir recours à la chaleur sans se soumettre au second principe de Carnot. On explicite ce phénomène en suivant les travaux de Julius Robert von Mayer (1814-1878) : *Robert Mayer avait su deviner que le principe de l'équivalence de la chaleur et du travail s'applique à la machine animale, la plus compliquée de toutes ; ce sont ses réflexions sur l'origine du travail fourni par l'être vivant qui lui ont suggéré sa découverte immortelle. Par contre, les physiciens anglais qui ont apporté leur contribution à la thermodynamique, et particulièrement au second principe, se sont posé la question de savoir si l'être vivant obéissait à ce second principe. Thomson, dans le mémoire célèbre où il a, pour la première fois, déduit du principe de Carnot la tendance universelle à la dissipation de l'énergie mécanique dans le monde, déclare qu'elle n'est que probable dans les phénomènes qui s'accomplissent dans les animaux et les végétaux. Joule exclut de ses raisonnements les forces qui opèrent par l'intervention mystérieuse de la vie. Plus tard, Helmholtz lui-même paraît avoir tout au moins envisagé l'hypothèse d'une restauration possible de l'énergie utilisable dans les êtres vivants. Je retiens seulement de ce passage une nouvelle preuve du fait que les physiciens ne considèrent pas le second principe de Carnot comme déterminant une impossibilité au même titre que le principe et l'équivalence.* Conclusion ambiguë qui nous laisse hésitant sur l'opinion de Le Dantec concernant l'application du second principe au vivant.

Et les phénomènes qui continuent ? D'abord, pour notre auteur, la vie se perpétue mais on ne l'a jamais vue apparaître. D'autre part, les phénomènes de fécondation n'appartiennent pas au domaine du vivant. Non viables, le spermatozoïde et l'ovule n'appartiendraient pas au vivant et seule leur fusion aboutissant à la formation de l'œuf leur permettrait de revendiquer le statut de matière animée. Étonnant paradoxe.

À la mécanique universelle, satisfaisante pour l'humanité car aisément visible, se substitue l'énergétique, équivalente mais définie par des chiffres. Et l'on aboutit à l'énergie vitale. Le Dantec distingue la vie phénomène qui continue en demeurant toujours par certains aspects, comparable à elle-même, et la vie qualité caractérisée par les structures spécifiques qui permettent précisément la vie phénomène. Celle-ci exige l'existence d'un organisme viable d'une part, et, d'autre part, un milieu adapté à sa survie.

Les colloïdes reviennent en force, qu'ils soient inertes ou vivants et leurs conflits dépendront de l'activité défensive ou offensive de chacun, un statu quo pouvant s'installer parfois durablement.

Si l'un des colloïdes est vivant, il peut changer de spécificités selon les circonstances auxquelles il est exposé. Ici intervient l'activité diastasique : *Si le corps E est diastase du corps D, le corps D sera assimilé physiquement, et par conséquent tué par E. Alors au lieu de dire que E est diastase pour D, on dit qu'il est toxine pour cette espèce animale dans les conditions de l'expérience... Si au contraire D1 est diastase du corps E, le corps E est immédiatement assimilé physiquement, et ensuite chimiquement. Alors le corps E est un aliment habituel de l'espèce D1.*

Le Dantec en déduit que : *Vivre c'est s'habituer ; être c'est lutter, vivre c'est vaincre,* propos que n'auraient renié ni Lamarck ni Darwin.

À propos de l'anaphylaxie, il écrit : *En résumé je crois que les phénomènes d'anaphylaxie peuvent rentrer dans des types très divers ; dans l'état actuel de nos connaissances, il me paraît impossible de donner, dans le détail une interprétation complète de l'un quelconque des phénomènes d'anaphylaxie. Mais il me semble que tous ces phénomènes si divers quant au détail des faits, peuvent être rangés dans une catégorie unique par la formule suivante* : l'injection d'une substance étrangère dans l'organisme suscite l'apparition des « habitudes-tissu ». Soit, elles disparaissent, soit, elles finissent par trouver un modus vivendi avec l'hôte déterminant une nouvelle « habitude-individu ». Mais, tant que cette situation n'est pas installée, elles peuvent être à l'origine de graves accidents, et notamment rendre toxique pour l'individu des substances qui, autrement, ne comporteraient aucun danger. Et de conclure : *La période d'anaphylaxie est la période de troubles qui résulte de l'existence d'habitudes-tissu non encore fondues dans la coordination générale.* Nous sommes bien loin des travaux de Charles Richet (1850-1935), pourtant contemporains, et, bien sûr, de la notion contemporaine d'allergènes alimentaires, médicamenteux, vénéneux ou consécutifs au contact avec le latex, bien loin naturellement de la notion d'hypersensibilité allergique.

De l'évolution des espèces, Paris, 1910

Le Dantec y parle beaucoup de son compatriote Jean d'Udine. Dédié également à Pierre Bonnier (1861-1918), cet ouvrage est divisé en 4 livres et un appendice :

I/ **Biologie et physique**

II/ **Le langage énergétique** : dégradation du monde et conservation de l'énergie ; principes d'équivalence ; diffusion de la chaleur.

III/ **Les phénomènes qui continuent** : un critérium énergétique de stabilité.

IV/ **L'énergie vitale** : formes d'énergie, l'habitude..., définition, fonctionnement, repos, effort ; stabilisation des espèces : Lamarck, moment de la transformation, stabilité croissante et ses modèles, évolution rétrograde, sénilité individuelle ; le cancer.

Appendice : Encombrement de l'énergie par la matière ; énergies biologiques de résonnance ; plaidoyer pour le transformisme lamarckien.

On trouve dans l'introduction à ce volume cet aveu de l'auteur qui reconnaît qu'un bon tiers de son ouvrage est consacré à des problèmes de physique : *J'ai employé en effet pour arriver à mes fins, une méthode de raisonnement, ou, si l'on préfère, une manière de parler que personne n'avait, à ma connaissance, utilisée jusqu'à ce jour et qui s'applique fort bien à l'histoire des « phénomènes qui continuent ».* Pour Le Dantec, le commencement d'un phénomène ne suscite l'intérêt que s'il continue et, outre l'amorçage de ce processus, c'est l'étude de sa prolongation qui mérite toute notre attention, ce qui ressemble étrangement à une tautologie...

Le second principe de Carnot a un intérêt immense en thermodynamique, mais c'est le premier qui domine toute l'histoire des phénomènes qui continuent ; c'est du premier principe de Carnot que j'ai tiré la formule dont l'application aux êtres vivants conduit à la loi de stabilité progressive des espèces. Comme en se transformant chimiquement ou mécaniquement le patrimoine héréditaire utilise de l'énergie, le nouveau patrimoine aura un niveau énergétique inférieur au précèdent. Plus invariable il garantira la stabilité des morphologies : *Petit à petit, sous l'influence de circonstances longtemps agissantes, un patrimoine héréditaire passe d'un maximum à un autre maximum, d'un état d'équilibre stable à un autre état d'équilibre stable... Il y a plus ; les changements de position d'équilibre qui constituent les variations spécifiques du patrimoine héréditaire ne se font pas dans n'importe quel sens. Un être vivant qui varie sans mourir passe toujours d'un état d'équilibre stable à un état d'équilibre plus stable que le premier* ce qui reviendrait à dire que la transmission ne peut se faire que si la transition énergétique qui permet le passage d'un état chimique à un autre est en relation avec une réduction de son énergie vitale.

Les conceptions de l'auteur de *La stabilité de la vie* peuvent paraître étranges notamment quand il affirme : *La vie se propage en gagnant du terrain, comme une vibration sonore ou lumineuse, mais beaucoup moins vite ; seulement si elle gagne du terrain moins rapidement, elle le conquiert aussi plus solidement ; au lieu de traverser fugitivement le milieu, elle construit dans les régions qu'elle conquiert, des résonateurs durables qui sont vivants comme elle et qui (au moins dans une première approximation) semblent capables de conquérir à leur tour leur ambiance de la même manière. L'assimilation ici n'est plus simplement physique, elle est devenue chimique, elle est caractéristique de la vie.* Cet acharnement à vouloir assimiler les phénomènes physiques aux manifestations de la vie est une des lubies de Le Dantec. Il poursuit imperturbablement son raisonnement allant jusqu'à comparer l'activité des enzymes à celle des rayonnements : *Nous avons été conduits à comparer la vie à une radiation qui se transmet. Une comparaison du même ordre mais plus frappante nous sera fournie par les actions diastasiques qui assimilent physiquement les milieux colloïdes en produisant un résultat durable. Cette comparaison nous sera d'autant plus précieuse que nous avons vu au chapitre précédent, la vie caractérisée dans certains cas, par un rayonnement des diastases dans son ambiance colloïde. Tel était par exemple, le rayonnement du facteur* $\bar{e}$ *dans le milieu intérieur d'un animal D auquel on avait inoculé la substance E... La seule différence avec la résonance lumineuse ou sonore est que l'assimilation physique produite par une diastase a un résultat définitif, et non un résultat passager, c'est-à-dire que le colloïde diastasé conserve l'état nouveau qu'il a acquis, et peut le transporter avec lui... C'est ce que j'ai exprimé d'une façon imagée en comparant le protoplasma vivant à un orchestre dont chaque diastase représente un son ; c'est seulement l'orchestre dans son ensemble qui est susceptible d'assimilation, de croissance. C'est lui qui est doué de vie.*

Cette comparaison nous fournit une parfaite transition pour parler d'un contemporain, ami et compatriote breton de Le Dantec, aussi étranger à la science que Le Dantec prétendait l'être à l'art, qui néanmoins ont bien des points communs, notamment cette exaltation qui les entraîne parfois à d'étranges excès de langage !

Jean d'Udine (1870-1938), de son vrai nom Albert Cozanet, avocat, compositeur, né à Landivisiau, dans son livre *L'Art et le Geste* édité en 1910 à Paris, cite Le Dantec qui lui-même l'évoque élogieusement : *Pendant que dans mon esprit,* rappelle Jean d'Udine, *se précisait ainsi la conviction que les sentiments artistiques sont purement subjectifs, les livres de M. Félix Le Dantec paraissaient, les uns après les autres, avec une rapidité foudroyante. Ils m'apprenaient à me méfier des embûches du langage et à me contenter de termes généraux sur toutes les questions auxquelles on n'est pas encore capable de répondre complètement. Je trouvais philosophique en effet, de ne rien préciser de mes théories et je m'en tins volontairement à cette formule très vague : Une œuvre d'art est le signe de l'émotion d'un artiste, signe susceptible d'émouvoir à leur tour d'autres êtres humains... Or les livres de M. Le Dantec, notamment la préface des Lois naturelles me confirmait dans la conviction d'une unité objective des phénomènes physiques, puisque leur auteur me démontrait, avec une admirable clarté, que tout l'effort de la science consiste à transporter, au moyen d'instruments, dans le canton de la vision des formes, qui est par excellence le canton de la mesure, l'étude des phénomènes qui se passent dans les autres cantons sensoriels.* Le Dantec s'en félicite tout en faisant remarquer que *l'attitude artistique et l'attitude scientifique sont contradictoires et exclusives l'une de l'autre. Et je suis très satisfait, scientiste entièrement dépourvu d'émotivité artistique, de m'être rencontré avec un homme qui a pratiqué tous les arts et ne s'est jamais occupé d'aucune science.*

L'une des conclusions les plus importantes à mon avis du livre de Jean d'Udine c'est que l'Unité Humaine se découvre à travers les manifestations si diverses des arts, comme elle apparaît à qui sait la chercher à travers les modalités si multiples des différenciations histologiques, comme elle résulte aussi de la découverte des principes d'équivalence dans le domaine, si bigarré à première vue, de notre activité scientifique. Unité de structure, unité de l'art, unité de la science, voilà les synthèses majestueuses que ceux qui les ont devinés les premiers ne peuvent qu'entrevoir. Mais la seule idée de la possibilité de ces synthèses nous procure une émotion profonde que j'ai ressentie en lisant L'Art et le Geste, comme je l'avais ressentie jadis quand Debray, nous expliquant les phénomènes de dissociation, nous fit entrevoir le jour où la chimie pénètrerait dans la physique.

L'égoïsme seule base de toute société *Étude des déformations résultant de la vie en commun,* Paris, 1911

Trois livres et un seul appendice à cet ouvrage de 354 pages.

Livre I : l'animal et le milieu : la vie et la lutte ; les étapes dans l'association des hommes.

Livre II : les déformations résultant de la vie en commun : la naissance des notions absolues ; les commandements de Dieu ; les sentiments et la religion.

Livre III : le développement des sociétés : la mise en valeur du patrimoine social ; la loi.

Appendice : le rôle du hasard dans la justice des hommes.

Égoïsme ou instinct de conservation ? Le Dantec a hésité entre ces deux titres. Il prévient : tout est tiré de la biologie dans cet ouvrage qui applique à l'étude de l'être humain les méthodes d'étude du vivant. C'est la vie sociale qui a profondément modifié l'homme en conformité avec les lois lamarckiennes. Évidemment, ceci a provoqué l'apparition de principes métaphysiques et moraux dont les auteurs certes s'enorgueillissent, mais qui n'entravent en rien l'existence rémanente dans la nature humaine de la férocité, de l'insensibilité et de la logique, qualités que l'auteur qualifie de déformations résultant de la vie en société, qui néanmoins n'ont point modifié efficacement la nature humaine dans ce qu'elle a de primitif et de narcissique. Depuis que l'espèce humaine existe, elle n'est plus guère en mesure d'évoluer. Les traditions dont elle a hérité n'ont guère modifié l'animal sous-jacent et en grattant le vernis d'homme civilisé on retrouve vite le vieil homme des cavernes. Ce qui justifie ce jugement : *Les variations que les découvertes scientifiques apportent dans nos croyances sont brusques et formidables, tandis que nos structures personnelles varient avec une infinie lenteur. Entre ma constitution personnelle et celle de mes ancêtres du temps de César, la différence est insensible ; il y a autant de disproportion entre mes connaissances scientifiques et les leurs, qu'il y a de distance de l'homme à l'ornithorynque.*

Lamarck nous apprend que toute modification du milieu, importante et longuement prolongée, dans l'environnement d'un individu, fait que celui-ci s'y habitue. Vivre, c'est s'accoutumer. Il est certain qu'un être humain longtemps soumis à la vie sociale subira des transformations qui en feront un animal social.

La vie sociale n'a pas entravé l'individualisme et notre apparence est superficielle. François d'Assise ou Vincent de Paul sont de rarissimes exceptions. Nous ne manquons pas de modèles exemplaires. Ainsi Jésus incarne l'idéal de bonté, de charité, de fraternité et d'amour. Mais, il est resté le seul à concrétiser à la perfection l'idéal chrétien. Car la vie reste une lutte et l'humilité, le renoncement sont pour la majorité des gens un idéal inaccessible. Des siècles d'éducation religieuse et morale ne parviendront jamais à réveiller dans l'humanité le sens du devoir qui aurait transformé nos semblables en parangon de vertu et en types sociaux dignes d'admiration. Mais c'est l'infériorité morale qui triomphe de l'altruisme, de l'abnégation, de la générosité que suggèrent sans succès les moralistes et les prédicants. En revanche, l'hypocrisie règne sans partage chez les humains vivant en société. Les droits de l'homme, pour les philosophes, appartiennent à la métaphysique et au sacré. Pour le biologiste, cela revient à dire à un groupe humain : vous êtes plus forts que ceux qui vous oppriment, unissez-vous pour les opprimer à votre tour. Tant et si bien qu'on en arrive à cette situation paradoxale : l'éducation, plutôt que d'enseigner la revendication de droits qui leur seraient dus, devrait leur apprendre le sentiment du devoir.

Comme les hommes sont merveilleux individuellement et bien imparfaits socialement, on obtient en les rassemblant une société inégalitaire, injuste mais constituée d'un matériau humain qui n'est pas susceptible d'amélioration. C'est tout ce qu'on peut déduire en toute objectivité et en étant convaincu qu'il s'agit de vérités scientifiques indiscutables.

À propos de l'affaire Dreyfus, Le Dantec manifeste un jugement plein de bon sens : *Le mouvement extraordinaire créé par l'affaire Dreyfus a momentanément uni contre les anti dreyfusistes les éléments les plus variés de la nation ; dès que les dreyfusistes ont triomphé, ils ont recommencé à se battre entre eux ;*

ils s'étaient entendus provisoirement contre un ennemi commun ; une fois l'ennemi vaincu, ils se sont regardés les uns les autres, et se sont demandé comment, étant si différents, ils avaient pu combattre côte à côte. Sous le vernis de la civilisation, on retrouve toujours l'homme des cavernes.

Cette remarque est importante, car, si elle est vraiment indiscutable, elle range parmi les utopies insoutenables le rêve de fraternité humaine des pacifistes. S'il faut un ennemi commun pour qu'on s'entende, les hommes, devenus les maîtres incontestés du monde, ne pourront plus trouver en dehors d'eux-mêmes, un antagoniste assez redoutable pour créer entre eux une union solide. Ils n'auront plus d'autre ennemi que les intempéries, qui ne les menacent jamais tous ensemble de la même manière, et que la fin, qui, au lieu de les unir, en fait des concurrents féroces, depuis que leur nombre s'est accru et menace de déborder les capacités alimentaires du globe.

Roger Martin du Gard consacre plus de quatre-vingts pages de *Jean Barois* à l'affaire Dreyfus. Guidé par son ami Woldsmuth qui est convaincu de l'innocence du capitaine, Barois obtient un rendez-vous auprès du sénateur Luce pour Bernard Lazare (1865-1903), défenseur acharné de Dreyfus, qui publie en 1894 *l'Antisémitisme, son histoire et ses causes* peu de temps après l'arrestation du capitaine accusé de trahison. Il révèle l'illégalité du procès de 1894. Le *J'accuse* de Zola, deux ans plus tard, renforcera sa position que Charles Péguy (1873-1914) qualifiait de douce, bonne, tendre et mystique, ayant survécu aux expériences de l'amertume et de l'ingratitude, ce martyr regretta la parution d'un *Précis de l'affaire Dreyfus* qui ne mentionnait même pas un seul de ses écrits alors qu'il avait été le premier à dénoncer l'injustice commise contre l'officier. La réponse de Marc-Élie Luce est sans ambiguïté : *Il n'est pas possible de penser sans anxiété qu'une aussi effroyable injustice pourrait avoir été commise sous nos yeux... Aussi vais-je me consacrer à une sérieuse enquête personnelle, dont je vous communiquerai les résultats.*

L'égoïsme sera lu avec délectation par le petit cercle des anarchistes illégalistes de Romainville, refuge de la bande à Bonnot. Ce pavillon de deux étages est entouré d'un grand jardin et d'un potager. Une imprimerie existe dans un corps de bâtiment adjacent. C'est un agréable lieu de réunion. On peut y voir une réminiscence du phalanstère inventé par Georges Duhamel pour les besoins du cinquième volume de sa chronique des Pasquier, « Le désert de Bièvre », dans lequel cinq jeunes gens décident d'installer une imprimerie gérée par une collectivité aux tendances anarchistes.

Dans son livre paru en 1913, *Un peu de l'âme des bandits,* le juriste Émile Michon (1851-1922) écrit, parlant des délinquants : *Leur écrivain favori était Le Dantec.*

Le premier des Bandits parlait de lui avec une telle admiration, un tel respect, qu'il pensait ne pouvoir mieux résumer son enthousiasme qu'en cette prédiction d'un caractère cependant bien bourgeois : « Dans cinquante ans on lui élèvera des statues ».

Les deux ouvrages de prédilection de mon correspondant étaient « Le déterminisme biologique » et « l'Égoïsme base de toute société ». Le dernier livre, celui qui leur a fait tant de mal, avait également toutes les préférences des autres Bandits. Voici quelques extraits qui montrent l'enseignement néfaste qu'ils ont pu en tirer.

D'abord la lecture de ce livre a fait de ces jeunes hommes des ennemis implacables de la Société : La vie est un acte absolument égoïste, et l'être vivant est en lutte contre l'Univers entier, dans lequel il ne conserve sa place qu'au prix de triomphes incessants. Il faut donc prendre le parti, sous peine de restreindre artificiellement le langage, de considérer, du moins en commençant, que l'être vivant est l'ennemi de tout ce qui n'est pas lui. Évidemment, ces conseils ne tombèrent pas dans l'oreille de sourds parmi les truands surtout que notre biologiste, emporté par un féroce déterminisme, nie l'amour maternel, la piété filiale, la fraternité entre les humains, la conscience morale ! Une aubaine pour le monde de la pègre qui accueille avec gratitude cette théorie libératrice. La dernière citation couronne le tout : *L'instinct de conservation résume tous les actes nécessaires par lesquels se poursuit la vie d'un individu. Tous ces actes sont nécessaires ; tous sont égoïstes puisqu'ils concourent à la conservation d'une vie individuelle qui est une lutte contre les facteurs ambiants...*

Michon corrige néanmoins cette impression défavorable de prime abord, en précisant : *J'ai reproduit quelques passages de cette philosophie biologiste qui sent bien un peu l'amphithéâtre et la dissection, parce que s'y trouve exposées les théories dont les bandits avaient l'esprit imprégné.*

Il faudrait se garder cependant de juger par ces passages isolés de leur contexte, la portée philosophique de l'œuvre de ce penseur puissant qu'est Félix Le Dantec. Il y a d'autres parties du même livre qui sont de la moralité la plus haute et la plus saine.

Je n'ai entendu que faire ressortir les dangers qu'offre la lecture de certains ouvrages pour les personnes qui n'ont pas la culture suffisante soit pour les bien comprendre, soit pour ne pas en subir l'influence excessive. Il y aurait autant d'injustice à faire retomber sur Le Dantec la responsabilité indirecte des actes des bandits, qu'il y en aurait à rendre Berthelot responsable des actes des anarchistes, fabricateurs de bombes, qui ont puisé dans son traité des explosifs les formules chimiques nécessaires à la constitution de leurs engins.

Le chaos et l'harmonie universelle, Paris, 1911

L'ouvrage n'a que 187 pages, ce qui est peu pour le prolifique auteur de deux volumes annuels de trois cents pages en moyenne. Il se divise en quatre chapitres.

1/ **Échelle et harmonie** : l'échelle humaine ; l'harmonie du cristal ; les corps vivants ; hérédité et éducation, premières notions du hasard ; élasticité et réciprocité.

2/ **Harmonie et adaptation** : forme individuelle ; point de vue ; fonctionnement et caractères acquis ; l'égoïsme animal ; coordination et maladie ; intelligence et liaisons ; vie et hasard ; lois et harmonie ; la définition du hasard.

3/ **Les prétendues lois du hasard et le stratagème de Bernouilli** : les mathématiques et la probabilité.

4/ **Chaos et harmonie** : totalisation des coups et échelles ; des gaz aux solides ; l'évolution historique des mondes ; la vie.

Avouant sa profession de foi froidement scientifique, Le Dantec avoue qu'il ne ressent plus de choc émotif à la vue d'un chef d'œuvre artistique ou au récit d'un acte héroïque ! Tout ça pour avoir trop plongé dans la biologie… Mais également parce qu'il interprète son environnement comme constitué d'éléments moléculaires chaotiques, enchevêtrement inextricable de cristaux et de fibres, perpétuel maelstrom de particules animées. L'ordre n'est qu'apparent et nos constructions ne sont utilisables que par nous, comme une fourmilière n'est utilisable que par les fourmis qui l'ont construite.

On distingue deux catégories de corps : les cristaux d'un côté, la matière vivante de l'autre ; le cristal est chimique, le vivant est cellulaire. Le cristal est assemblé de façon chaotique mais sa structure dépend des conditions dans lesquelles il a cristallisé, la répartition se faisant au hasard. Le Dantec parle de l'hérédité du cristal et de son éducation pour définir la structure des cristaux qui le constitue : de petite ou de grande taille par exemple. Cette éducation s'interrompt quand il a acquis sa forme définitive et durable. Laissons-lui la responsabilité de ses affirmations.

Chez le vivant, l'éducation dure aussi longtemps que la vie elle-même : on la comparera à l'intégrale d'une infinité de petites éducations différentielles. Les phénomènes extérieurs agissent sur le vivant et nous en avons conscience.

Il y a adaptation progressive de la substance vivante au moule qui lui est imposé. Si une adaptation totale est possible, s'il existe une variation chimique du patrimoine héréditaire correspondant précisément à l'anéantissement total de la contrainte, cette variation chimique se produit un jour ; à partir de ce moment, il n'y a plus de contrainte du tout, c'est-à-dire que le patrimoine héréditaire est adapté à la forme acquise ; et, par conséquent, quand ce patrimoine héréditaire sera chargé de construire un nouvel individu, il lui donnera naturellement cette forme acquise, même en dehors des conditions extérieures qui avaient déterminé chez les ancêtres la contrainte originelle.

Tout repose sur la chimie : elle dirige l'état colloïde du protoplasme, puis l'entité cellulaire et enfin la morphologie des individus. L'auteur répartit les évènements concernant une lignée, en deux groupes : d'abord les évènements qui ont agi momentanément sur les échelles inférieures de l'être avec un résultat uniquement individuel et non transmissible héréditairement ; ensuite des évènements qui ont agi durablement au point de modifier la structure chimique de l'individu et qui se transmettra dans la lignée, expliquant l'hérédité des caractères acquis.

Les actes des animaux sont déterminés par des sons, par des lumières, par des chocs, par des odeurs, etc., et, par conséquent, quand un homme rentre quelque part, il crée des liaisons entre ces énergies d'échelles différentes qui, jusque-là, s'ignoraient. Mais il faut bien remarquer que ces liaisons, introduites par l'homme entre des corps qui s'ignorent, n'ont d'intérêt que pour l'homme lui-même. L'action de l'homme sur le monde est parfaitement égoïste ; elle est avantageuse pour l'homme parce qu'il est coordonné et parce qu'il est intelligent. La coordination et l'intelligence donnent aux animaux une place à part dans l'univers.

L'état de bonne santé exige une coordination parfaite d'où résulte une vie parfaite. La maladie est le reflet d'une anarchie cellulaire.

Les différents organes sensoriels renseignent notre organisme non seulement par la vision mais aussi par les phénomènes thermiques, mécaniques, sonores, chimiques… Ils traduisent l'expérience que nous avons de notre environnement.

Vie et hasard : il est difficile de suivre Le Dantec quand il soutient une analogie hasardeuse entre les mécanismes complexes de l'hérédité et de l'éducation dans le monde vivant et dans le monde minéral. Il soutient que dans la genèse d'un cristal sa composition chimique permet de prévoir certaines caractéristiques du cristal qui se prépare en dépit des hasards de « l'éducation » dudit cristal… la constitution atomique de la substance permettant d'envisager la géométrie du futur cristal. Il n'hésite pas à écrire : *Un animal mobile quelconque, vivant de nos jours, possède fatalement, tant par expérience ancestrale que par expérience individuelle, un minimum de géométrie, de physique et de mécanique. Il connait, de ces sciences diverses, les grandes lignes auxquelles il a affaire dans le courant de sa vie individuelle. Sans cela il ne vivrait pas ; chacun de ses gestes exploite une notion de mécanique ; quand il guette une proie avec ses yeux il se sert de la connaissance qu'il a de la propagation rectiligne de la lumière…* On peut parler, sans craindre de se tromper, d'anthropomorphisme outrancier.

Et le hasard ? Un animal subit un choc. Pour lui, c'est le résultat du hasard. Pour le physicien, le choc est la conséquence des lois précises de la chute des corps. Mais l'animal ne peut envisager les détails des évènements qui vont survenir et son raisonnement implique une part de hasard. Il ne connait pas les lois précises qui lui permettraient d'agir en conséquence ; il ignore les lois auxquelles sont soumis les phénomènes qu'il subit et qui n'obéissent à aucune convention.

Le Dantec reprend son affirmation :... *je ne saurai trop le répéter, ce n'est pas être dans l'ignorance absolue, relativement à des parties successives d'un jeu, que de SAVOIR que les « coups » résultant des parties n'obéissent à aucune loi. C'est d'ailleurs se faire une étrange idée de la puissance mystérieuse des mathématiques que prétendre tirer un résultat physique positif d'un verbalisme analytique, dans lequel on aurait introduit comme point de départ aucune donnée physique, aucune donnée expérimentale... Je prétends, et je vais essayer de démontrer que la loi des grands nombres, relativement à un jeu de hasard, est l'équivalent de l'affirmation que les coups de ce jeu n'obéissent à aucune loi. Je le montrerai de deux manières, d'abord dans le langage courant, puis dans le langage mathématique proposé par Bernouilli, en faisant voir que le stratagème de Bernouilli n'est que la traduction en langue mathématique des raisonnements des langages courants, avec un petit tour d'escamotage qui donne l'illusion de prévoir a priori, alors qu'on constate a posteriori.*

La vie est apparue, mais saura-t-on jamais pourquoi ni comment, avec la propriété de se multiplier, d'assimiler, et de s'adapter à des milieux différents. Cette expérience ne s'est pas toujours transmise mais une partie a survécu dans les lignées. Les animaux vivant en société ont pu transmettre un certain savoir par tradition.

La métaphysique, questions de méthode, Paris, 1912

En épigraphe de ce texte de 274 pages, on trouve cette citation d'Ernest Renan très éclairante sur les motivations et l'état d'esprit de Le Dantec : *J'écris pour proposer mes idées à ceux qui cherchent la vérité. Quant aux personnes qui ont besoin, dans l'intérêt de leurs croyances, que je sois un ignorant, un esprit faux ou un homme de mauvaise foi, je n'ai pas la prétention de modifier leur avis.*

La table des matières est divisée en huit chapitres qui correspondent à des réflexions sur divers sujets philosophiques ou scientifiques publiés par l'auteur :

I-Idéal et méthode

II-Artistes et métaphysiciens

III-Pragmatisme et scientisme

IV-Raisonnement et expérimentation

V-Possibilité d'une étude objective totale de phénomènes vitaux

VI-Lamarckisme, Mendélisme et mutations

VII-Réponses à quelques objections portant sur des questions de méthode : énergie et liberté ; le transformisme et **l'hérédité des caractères acquis ; les études de psychologie animale**

VIII-Biologie et sociologie

Une fois de plus, Le Dantec conteste le principe d'autorité et se déclare plus impressionné par un raisonnement que par un illustre patronage. Il rejette avec véhémence ceux qui se rallient aux philosophes empêtrés dans leur formation littéraire et rappelle les grands noms d'Antoine Laurent de Lavoisier (1743-1794), de Lamarck et de Darwin qui ont fait la promotion d'une science positive, notamment en biologie. Il termine avec tristesse en s'exclamant *: je ne suis donc et ne serai jamais qu'un ignorant !*

À propos de la métaphysique et des métaphysiciens parmi lesquels il place Henri Bergson (1859-1941), il affirme que leur œuvre ne sera pas plus utile aux progrès de la science que les chefs d'œuvres de Phidias ou de Beethoven. Il reconnait néanmoins être un mathématicien assez imperméable aux émotions artistiques. Il est persuadé que l'affectivité d'un catholique pratiquant ou d'un anarchiste les renforcera dans leur croyance et dans leur idéal, chacun de son côté, en toute connaissance de cause. Évidemment, la démarche scientifique ne peut rivaliser avec le sentiment, la poésie et l'utopie, surtout quand son objectif est la fusion avec le divin ! Victor Hugo n'a-t-il pas écrit : *Car le mot c'est le Verbe, et le Verbe c'est Dieu !*

Le Dantec rappelle qu'il estime que *l'intellectualisme, dans le mauvais sens du mot, a commencé quand Socrate et Platon ont enseigné que la « définition » d'une chose nous révèle ce qu'est réellement cette chose. Depuis Socrate on n'a pas cessé de nous enseigner que la réalité se compose d'essences et non d'apparences, et que nous connaissons les essences des choses quand nous connaissons leur définition.* Les informations que nous procurent nos organes sensoriels, il faudrait s'en abstraire et, libérés de toute entrave, on pourra pénétrer le mystère de la création…

Dans le chapitre Pragmatisme et scientisme, il soutient que le pragmatisme est une attitude sentimentale en présence des accidents de la vie et implique une incompatibilité absolue avec les sciences exactes, d'autant plus qu'il conseille d'être spiritualiste et de croire en Dieu. Le public est convaincu de l'incapacité de la science à résoudre les grands mystères de la création et ne réalise pas que c'est l'indolence innée chez l'humain qui lui fait rejeter l'effort intense qu'elle exige pour la pratiquer et la comprendre, malgré les sacrifices qu'elle exige du chercheur. Et parmi ces sacrifices, le moindre n'est pas de renier les traditions et de s'affranchir de tout sentimentalisme. Voltaire disait que la métaphysique était l'art d'enseigner aux autres ce qu'on ne comprend pas soi-même. Effectivement, la métaphysique est, au point de vue de la science, le résultat des erreurs qui procèdent de conventions sociales ancestrales. Plus elle est obscure, plus elle est prégnante. Plus elle prospère, plus elle combat la science. *Pour moi, scientiste enthousiaste, le mot philosophie ne devrait plus avoir, au XXe siècle, d'autre définition que celle du mot science ; les conquêtes de la méthode scientifique ont été telles jusqu'à notre époque, que nous devons tout attendre d'elle ; il est impossible désormais d'accorder le moindre crédit aux éloquents sophistes qui construisent des systèmes incohérents sur des formules pleines d'obscurité ; en dehors de la science on ne peut espérer construire un édifice qui ait quelque chance de durer !*

Raisonnement et expérimentation : Lavoisier reconnaissait que Priestley avait réalisé les mêmes expériences que lui et que la seule différence entre lui et le savant anglais, c'était la manière de les interpréter. Le Dantec s'empare de cette attitude pour affirmer qu'il ne suffit pas de faire des expériences pour être un savant mais d'en assumer la conception et d'en tirer les conclusions. L'habitude prise par les chercheurs de citer tous leurs collaborateurs vient de la tendance qu'ont les exécutants à s'attribuer le mérite de celui qui les a dirigés. C'est le raisonnement qui doit diriger l'expérience et en tirer les conclusions. Au passage, il éreinte William James (1842-1910) auquel il reproche son insignifiance et sa puérilité, empreinte d'un sentimentalisme déconcertant vis-à-vis des évènements de la vie. Ce philosophe n'est pour lui qu'un pragmatiste totalement imperméable aux sciences exactes et dont le succès s'explique probablement par sa négation de la valeur de la science.

En revanche, Josiah Willard Gibbs (1839-1903), qui introduisit les applications de la thermodynamique à la chimie – et l'on comprend pourquoi Le Dantec l'encense – est un mathématicien, physicien, chimiste et ingénieur de l'Université de Yale. Il examine les lois de la thermodynamique en recourant aux caractéristiques statistiques des grands ensembles de particules. À ce propos, Le Dantec proclame : *…la logique ne peut pas faire quelque chose avec rien ; il lui faut un point de départ, et ce point de départ, elle le trouve dans l'expérience. Si extraordinaire que soit son auteur, un travail scientifique ne peut se passer d'avoir un pied dans la réalité expérimentale.* Il ajoute un peu plus loin qu'à son avis, on ne deviendra un maître, dans une quelconque science, la médecine y comprise, sans avoir apporté la preuve de ses aptitudes en math, et *l'inaptitude à les comprendre devrait être éliminatoire.* Il critique sévèrement les professeurs qui orientent leurs élèves vers des sujets de thèses routiniers, véritable prime à la paresse intellectuelle, dispendieuse pour le budget des universités mais glorieuse pour la nation et pour ceux qui, à travers leurs publications, sont à la recherche fébrile de titres scientifiques. À propos de Mendel dont il est bien obligé de reconnaître la valeur, il ironise avec une certaine mauvaise foi : *Ce que Mendel a remarqué sur des croisements de petits pois, on le recherchera en faisant des croisements de haricots, d'artichauts, de grenouilles, de lézards, de moineaux, de canaris, etc.* Il se qualifie lui-même d'aventurier de la science avide de logique préférant l'aventure au labourage bovin.

Étude objective de la vie : l'auteur définit ce qu'est l'individu : *la plus haute unité morphologique héréditaire dans cette espèce.* Il souligne le rôle prépondérant du milieu et du hasard, qui, pour un seul individu, dépend essentiellement de sa structure intrinsèque. Ce qui lui fait dire que : *Sous l'influence du milieu actuel, l'individu considéré exécute, à un moment donné, telle ou telle fonction.* Les lois de la vie établissent une relation entre l'état précédent et l'état suivant, autrement dit il y a une relation chronologique entre la succession des états chez un même individu, mécanisme unique, chacun d'eux succédant au précédent en fonction de lois biologiques très précises. Convaincu de l'hérédité des caractères acquis, il avance l'hypothèse selon laquelle il existerait des liaisons expliquant la morphologie entre l'échelle chimique et le développement des formes d'une espèce vivante à la dimension cellulaire, colloïde et chimique. Il précise : *Il y a équivalence entre les documents fournis à l'observateur à l'échelle colloïde ou chimique et ceux qui peuvent être recueillis à l'échelle mécanique d'ensemble.*

Pour lui, la biologie peut se résumer à la loi d'assimilation fonctionnelle ramenée aux colloïdes : ainsi la bactérie assimile physiquement le liquide dans lequel elle séjourne, ainsi la levure transforme le moût en bière en le digérant. L'assimilation impose, l'imitation subit. Les corps vivants agissent sur le milieu en secrétant des diastases. L'assimilation est la condition sine qua non de la conservation des individus.

Le philosophe et normalien Pierre André Lalande (1863-1963) le critique en ces termes dans la *Revue philosophique* de 1911 : *En tant que point de départ, que comme définition constructive, cette définition est sans doute très acceptable. Mais il faut bien se rendre compte qu'ainsi restreinte à l'assimilation fonctionnelle, elle ne correspond plus qu'à une partie minime de ce que nous appelons ordinairement de ce nom. Il y a d'abord toute la vie intellectuelle, artistique, morale, qui est l'antithèse même de l'assimilation fonctionnelle. Je crois avoir démontré cette opposition assez complètement pour la mettre hors de doute : l'un travaille à conquérir toute la matière et toute l'énergie pour lui imposer son type spécifique... L'autre est au contraire en progrès quand il y a marche à l'identité, passage d'une individualité fermée à une personnalité ouverte, transformation des opinions différentes en une vérité commune... Dès lors, n'y a-t-il pas lieu de revenir, en ce qui concerne les actes visibles des êtres supérieurs, à la conception classique qui les oppose à la nutrition ? Ne faut-il pas en somme les exclure de la vie dans ce qu'ils ont d'essentiel ? Mais ceci n'est peut-être qu'une question de classement... Je crois seulement que la tournure d'esprit de M. Le Dantec ne se prête pas très volontiers à reconnaître les antithèses et le dualisme dont il me semble, pour ma part, que les choses sont faites.*

Le Dantec n'en démord pas et se cramponne à sa définition de l'assimilation : *Un corps défini assimile quand il conquiert de l'espace en gardant sa structure propre, quand il impose sa structure à une portion croissante du monde.* Et ce tant pour sa structure chimique que pour sa structure physique. L'identité de composition de la créature qui assimile avec la nature de ce qu'elle absorbe est indispensable. Sa distinction entre la vie absolue caractérisée par l'assimilation pure et simple, et la vie ordinaire définie par l'assimilation fonctionnelle nous paraît bien factice.

Lamarckisme, mendélisme et mutations : au cours de cette conférence faite le 18 mai 1911 à la Société française de philosophie, Le Dantec récapitule sa trajectoire de chercheur atypique : ses débuts chez Metchnikoff où l'étude des amibes lui fait prendre conscience que l'observation de ces unicellulaires peut s'exprimer dans le langage des physiciens et des chimistes ; puis sa tentation vite satisfaite d'appliquer ce raisonnement à l'étude des êtres supérieurs et de l'être humain ; puis sa découverte de Lamarck à la suite de la demande de Ribot d'analyser le livre de Cope, chef de file des néo-lamarckiens d'Amérique : il se découvre lamarckien ! et se convertit à la transmission héréditaire. Mais très tôt il prône la méthode des sciences physiques dans l'étude des phénomènes vitaux. Il est convaincu de la nécessité de séparer la question de l'hérédité et celle de la sexualité. Il critique les darwiniens qui prétendent qu'au moment de la fécondation se produit une distribution aléatoire des caractères issus des ancêtres. Les lamarckiens croient d'une part que l'être vivant contracte des habitudes sous l'influence du milieu et, d'autre part, que ces acclimatements profondément acquis peuvent être transmis par voie héréditaire. L'hérédité mendélienne a rendu tout accord impossible entre les deux écoles. Et notamment, beaucoup rejetèrent l'hérédité des caractères acquis. Darwin défend ses gemmules, Le Dantec, ses diathèses, Weismann ses déterminants et enfin Mendel ses hybrides. En revanche, il ne renonce pas à interpréter comme un microbe la particule qui détermine l'apparition ou la disparition d'un de ces caractères. Pour lui, le mendélisme est inséparable des mutations que caractérise la discontinuité dans les variations observées.

Dans la « Réponse à quelques objections portant sur des questions de méthode » publiée dans la *Revue du mois* de juin 1911, Le Dantec fait remarquer que la parution de *l'Origine des espèces* a produit une onde de choc qui perturbe la société qui se défend comme elle peut contre la révolution portée par cette œuvre scandaleuse. Déjà Louis Pasteur, Claude Bernard, Charles Darwin ont fait table rase des préjugés et des vieilles rengaines, dans le sillage de Jean-Baptiste Lamarck. Certains amorcent une marche en arrière, pas moi s'exclame Le Dantec ! Et il rappelle que *Renan, alors même qu'il ruinait les dogmes fondamentaux de l'Église catholique, se sentait au cœur une profonde tendresse pour l'alma mater, dans le sein de laquelle il eût voulu rester malgré ses opinions subversives. Pasteur, établissant par des expériences inattaquables les fondements éternels de la science biologique, cette science destructive de toutes les traditions, faisait profession du spiritualisme le plus pur dans des discours qui ont été reproduits partout. Claude Bernard, osant introduire dans l'étude de la physiologie humaine la méthode rigoureuse des sciences physiques, laissait la porte ouverte au mysticisme en mettant en dehors des lois naturelles la production de la forme des êtres vivants. Darwin, réussissant à vulgariser l'idée transformiste que Lamarck n'avait pas su imposer au monde, ruinait d'avance le transformisme en proposant, pour expliquer l'hérédité, la théorie puérile des gemmules.*

À propos de l'énergie et de la liberté, il se résigne difficilement à l'idée qu'il n'est qu'un transformateur d'énergie et qu'il est soumis à un déterminisme implacable ainsi que le monde animal du reste. Tout se résume à un échange d'énergie ce qui lui fait dire, un peu imprudemment : *Je n'ai pas à savoir ce qui s'est passé pendant la durée de mon expérience ; du moment que je connais l'état initial et l'état final, je suis certain que la quantité d'énergie localisée dans le milieu à la fin de l'observation sera égale à la quantité d'énergie initiale, augmentée des apports énergétiques reçus de l'ambiance, et diminuée de la quantité d'énergie rayonnée vers l'ambiance... je suis donc certain que la période limitée de vie qui aura été réalisée dans le contour n'aura pas introduit dans le milieu, des quantités d'énergie, si minimes soient-elles, qui auraient été créées de toute pièce sans égard aux principes d'équivalence.*

Il est persuadé dans le phénomène sexuel que les gamètes mûrs sont morts ce qui est en contradiction formelle avec les expériences de parthénogenèse artificielle qui démontrent qu'on peut féconder des œufs mûrs uniquement s'ils sont vivants. Les expériences de Jacques Loeb (1859-1924) sur les œufs d'oursins et de grenouilles en apportent la preuve en lui permettant d'obtenir des jeunes vivants. Le Dantec se défend en affirmant qu'il n'a jamais dit qu'il n'est pas possible de féconder des œufs morts...

Pour lui, le transformisme de Lamarck est une évidence. Mais comme ce n'est pas une hypothèse appartenant à l'histoire comme le pensent les philosophes, et que les naturalistes professent un transformisme incapable d'expliquer l'origine de l'homme car neutralisé par le refus de la transmission des caractères acquis, à l'instar de Cuénot qui la juge inconcevable et soutient la théorie des particules représentatives, autrement dit des gènes.

Le Dantec se perd ensuite dans des considérations peu pertinentes sur l'intelligence des animaux. Il cite cette phrase du physiologiste, Georges Bohn (1868-1948) : *Il y a un hiatus entre l'intelligence des animaux et l'intelligence humaine ; je ne crois pas que nous soyons prêts à combler ce hiatus.* Ce même auteur affirme que la psychologie comparée est une branche de la physiologie, ce qui ne plaira guère aux métaphysiciens et aux spiritualistes. En revanche quand Bohn se rallie à la transmission des caractères acquis, Le Dantec jubile. Mais quand il estime que l'intelligence est l'apanage des vertébrés, Le Dantec n'est plus d'accord estimant que c'est en contradiction avec sa conception de la continuité et que Bohn s'égare en classant les êtres dans des compartiments étanches. Le transformisme s'efforce de trouver une part d'intelligence chez les êtres vivants qui prennent des initiatives et utilisent beaucoup d'instincts acquis par leurs ancêtres et qui emploient leur intelligence à cette nuance près *que si l'on appelle intelligence l'intelligence de l'homme et instinct l'activité de la fourmi, on ne trouvera jamais d'instinct chez l'homme ni d'intelligence chez la fourmi ; il faudra raconter l'activité spécifique de chaque espèce vivante avec des mots spécifiques ; la biologie se propose un but exactement opposé en recherchant ce qui est commun à tous les animaux et à tous les végétaux.* Pour finir, il cite cette phrase de Bohn : *Chez les vertébrés, l'activité psychique acquiert, grâce au cerveau, une complexité très grande. Il devient inutile dès lors de parler des tropismes et des formes élémentaires de la sensibilité différentielle, car on ne peut plus isoler ces éléments de l'activité totale. La mémoire a pris un développement considérable.*

À propos de la biologie et de ses rapports avec la sociologie, il a cette réflexion étonnante qui lui fait dire que non seulement elle est attractive mais despotique comme une religion, ce qui, pour un athée, est pour le moins surprenant. Néanmoins, il rappelle que ses aïeux se sont satisfaits pendant des siècles de croyances simplistes auxquelles il ne croit plus du tout. Mais il se dit toujours habité par le besoin de savoir et par celui de chercher un sens à la vie. Il rappelle le souvenir de deux hommes qu'il a beaucoup admirés, Renan et Pasteur. Ce dernier, élu à l'Académie française, au siège de Littré, dresse un réquisitoire contre le positivisme d'Auguste Comte qui s'attarde, immobile, sur les rivages de l'infini, écrasante présence à jamais inaccessible. Renan lui répond avec bonhomie et congruité que *les religions se donnent comme des faits et doivent être discutées comme des faits*. Pour Le Dantec, la biologie est une religion négative car elle met en évidence la stupidité de bien des croyances et nie certains dogmes absurdes. L'homme est un animal social et sa dépendance vis-à-vis des lois qui régissent les sociétés est totale. Mais, comme le dira Anatole France dans le chapitre 2 du *Livre de mon ami* en 1885 : *Il est dans la nature humaine de penser sagement et d'agir d'une façon absurde.*

La biologie joue un rôle important pour prévenir les pathologies et se heurte parfois aux prescriptions dangereuses des religions et de leurs affidés qui entretiennent de féroces dissentiments religieux.

L'homme est dans la nature et il varie sans cesse, faisant mentir Descartes qui croyait être en pensant alors qu'il l'était en changeant.

La biologie à laquelle je reste attaché est destructive ; elle ne remplace pas les dieux dont elle renverse les autels ! Mais, en attendant que vous éleviez sur ses données une hygiène scientifique vraiment utile à tous les hommes, je conserverai à la biologie destructive une grande reconnaissance, parce qu'elle a fait évanouir des fantômes dont nos pères s'effrayaient.

Elle a guéri l'homme de la peur !

Si elle ne m'apprend pas à bien vivre, elle m'empêche de redouter la mort ; et nous ne devons pas considérer comme vaine une science qui nous apprend à bien mourir.

Évolution individuelle et hérédité, Paris, 1913

L'édition originale avait paru sous le même titre en 1898 (p.79).

L'ouvrage comprend trois parties : les monoplastides et les polyplastidaires ce qui à l'époque correspondait aux monocellulaires et aux pluricellulaires. Parmi les premiers, Le Dantec séparait les monoplastides scissipares et ceux à évolution cyclique comme les coccidies parmi les seconds, après les avoir décrits, il étudiait leur hérédité. Enfin, la troisième partie examinait diverses théories concernant l'hérédité.

La table des matières de la première édition est identique à celle de la seconde :

Première partie : les monoplastidaires

Livre premier : les monoplastidaires scissipares.

Chapitre I : L'assimilation.

Chapitre II : La sporulation.

Chapitre III : Variation apparente, vraie et quantitative : variation quantitative ; virulence.

Chapitre IV : Sélection naturelle et adaptation : retour à la virulence ; adaptation au milieu.

Chapitre V : Première notion de la corrélation : immunité.

Chapitre VI : Première notion de l'hérédité : définition de l'espèce.

Livre II : les monoplastides à évolution cyclique.

Chapitre VII : Évolution morphologique par simple accroissement.

Chapitre VIII : Intervention des substances R dans l'évolution.

Deuxième partie : les êtres polyplastidaires

Livre III : évolution individuelle.

Chapitre IX : Formation des polyplastides.

Chapitre X : Corrélation et coordination.

Chapitre XI : Caractères spécifiques et caractères topographiques.

Chapitre XII : La cicatrisation.

Livre IV : l'hérédité chez les êtres polyplastidaires.

Chapitre XIII : L'hérédité des caractères spécifiques.

Chapitre XIV : Différences individuelles et spécifiques ; définition des espèces voisines et notion de la classification naturelle à base chimique.

Chapitre XV : L'hérédité des caractères de race : variations chez les êtres polyplastidaires.

Chapitre XVI : Hérédité des caractères individuels : caractères congénitaux ; caractères acquis.

Chapitre XVII : Le sexe.

Chapitre XVIII : Formation des espèces : le rôle des types les moins différenciés dans la formation des espèces nouvelles.

Troisième partie : discussion de quelques faits et de quelques théories ayant rapport à l'hérédité

Livre V : Discussion de quelques faits et de quelques théories ayant rapport à l'hérédité.

Chapitre XIX : Les causes de la variation spécifique.

Chapitre XX : Discussion des faits relatifs à l'hérédité des caractères acquis : le bien-être et l'abâtardissement des races ; l'accélération embryogénique.

Chapitre XXI : Théorie du plasma germinatif.

Chapitre XXII : Théorie de la diplogenèse de Cope.

Chapitre XXIII : Théorie des causes actuelles de M. Delage : l'hérédité des caractères acquis dans la théorie des causes actuelles.

Chapitre XXIV : Télégonie ou influence du premier mâle.

L'exemplaire utilisé est la seconde édition revue et augmentée, la première datant de 1898.

Dans une nouvelle préface à la seconde édition, parue 15 ans après la première, il s'interroge sur l'opportunité de donner une interprétation purement mécanique de l'activité totale d'un organisme humain, dans laquelle il incluait le fonctionnement du cerveau. Il admet que sa position était puérile. Néanmoins, il s'égarait en imaginant que les hommes cherchent la vérité alors que leur seul objectif est d'avoir raison contre autrui et de prouver qu'ils détiennent la vérité.

Il rappelle néanmoins : *Ayant acquis, au cours des études préparatoires de ma Théorie nouvelle de la vie,* publié en 1898, *la certitude du déterminisme biologique absolu, je ne pouvais manquer de conclure que l'évolution spécifique, résultat de la vie, est, comme la vie actuelle elle-même, un phénomène purement mécanique.*

On a vu l'importance pour Le Dantec, d'assimiler les protoplasmes à des colloïdes. Il écrit dans la préface de la deuxième édition de cet ouvrage : *Ce qui m'a permis de substituer à l'analyse darwinienne des activités élémentaires la synthèse lamarckienne des activités d'ensemble, c'est le progrès des sciences physiques dans la voie de la compréhension des colloïdes. Le mouvement des idées dans cette voie nouvelle a été prodigieux depuis quinze ans. Il a donné une orientation nouvelle à la biologie.*

Dans mes études primitives, je devais fatalement passer directement des phénomènes chimiques aux phénomènes individuels ; l'écart était trop grand et de là venait la difficulté de l'exposé du phénomène prodigieux de l'hérédité des caractères acquis. Les conquêtes des physiciens dans le domaine colloïde m'ont permis de m'arrêter à la considération d'une échelle intermédiaire, l'échelle protoplasmique ou colloïde, qui est à peu près à mi-distance entre l'échelle atomique ou chimique et l'échelle individuelle ou atomique. Chose admirable entre toutes, les phénomènes qui se passent à cette échelle intermédiaire sont liés par des relations de cause à effet, tant à celles de l'échelle supérieure qu'à celles de l'échelle inférieure. Et ainsi l'étude des colloïdes a permis une synthèse vraiment simple dans la narration biologique ; en particulier les faits de la pathologie générale sont devenus très faciles à concevoir ; ils auraient demandé avec la méthode analytique, des explications interminables. Tout reposerait donc sur les relations causales qui relient ces trois échelles, une modification de structure agissant sur l'architecture des colloïdes du protoplasme. Si ce phénomène est durable il aura des répercussions sur la chimie cytoplasmique. Dès le début du XXe siècle cette théorie des colloïdes, dépassée dès les années 20, permit la survie et l'expansion du néo-lamarckisme. Ses partisans s'appuyèrent sur elle pour affirmer leur athéisme et pour trouver une explication à l'harmonie des organismes, condition nécessaire pour étayer l'hérédité des caractères acquis.

On voit en toute fin de l'ouvrage que Le Dantec croit à la télégonie ou imprégnation du père, hypothèse abandonnée depuis les progrès en génétique, selon laquelle les caractéristiques du premier mâle ayant fécondé une femelle se retrouveraient chez les descendants ultérieurs même issus d'un autre mâle. Il l'explique ainsi : *Il me semble que ces faits de télégonie s'expliquent très simplement de la même manière que l'immunité et l'hérédité des caractères acquis.*

Il fournit une explication astucieuse mais qui comme c'est souvent le cas, n'est étayée par aucune preuve expérimentale : *Pendant toute la période de la gestation, il y a de telles communications entre les milieux intérieurs de la mère et du fœtus qu'on peut les considérer tous deux, au point de vue du milieu intérieur, comme formant un individu unique, dans lequel la sélection adaptative établit la corrélation générale. Or, par le fait même de la gestation, les conditions se trouvant modifiées, il intervient naturellement une variation quantitative, tant chez la mère sous l'influence du fœtus, que chez le fœtus sous l'influence de la mère. Dans cet individu formé de deux êtres, il s'établit donc, pendant la longue durée de la gestation, une sorte d'équilibre qui dépend naturellement des races de la mère et du fœtus. La sélection naturelle détermine donc une variation quantitative tout à fait comparable à celle que produit l'immunité.*

Il est contredit par Delage qui dans *La structure du protoplasme et les théories de l'hérédité...* Paris, 1895, s'interroge sur la pertinence de cette théorie : *En somme l'influence d'un premier père sur les portées ultérieures se manifeste, à titre d'exception rare, par des faits qui seraient certainement acceptés si leur explication théorique ne souffrait pas de difficultés. Mais comme on ne peut l'expliquer que par des hypothèses peu en rapport avec les faits physiologiques positifs, on élève sur sa réalité des doutes qu'une démonstration formelle n'a pas encore effacés.*

La mécanique de la vie, Paris, 1913

C'est plutôt un ouvrage de vulgarisation, pour un public cultivé, que ce livre de 192 pages publié par Flammarion en 1913.

La table des matières est divisée en trois parties :

Première partie : importance des questions de méthode : mysticisme et mécanique ; l'ordre des questions et la philosophie nouvelle.

Seconde partie : unité des phénomènes de la vie ; l'échelle des vitesses ; le fonctionnement et la spontanéité ; le fonctionnement et le milieu ; l'assimilation caractéristique de la vie ; fonctionnement et imitation, la question d'échelle ; la forme ; reproduction et patrimoine héréditaire ; évolution individuelle et évolution spécifique ; le sexe ; conscience et liberté.

Troisième partie : le danger du langage des forces et des vertus ; pamphlet satirique contre le langage pathologique actuel ; la pathologie clef de la mécanique vitale.

L'histoire des lignées se ramène à l'histoire héréditaire des lignées ; il y a des relations réciproques entre la structure totale d'un individu et son patrimoine héréditaire, de telle manière que si le second construit la première, les variations causées par la première par les nécessités du milieu retentissent sur le second et le modifient. Ainsi l'étude actuelle des lois de la vie impose au biologiste la croyance au transformisme Lamarckien, sans qu'il ait besoin de recourir aux documents incomplets des collections paléontologiques... Il est convaincu que *la physique est la science par excellence... c'est la science tout court* !

Après avoir précisé la différence entre le mysticisme des philosophes et le mécanicisme des savants, il évoque Lavoisier qui, en chassant les mystiques des corps bruts, les a précipités vers la matière vivante où ils ont prospéré. Les colloïdes sont le siège d'activités particulaires, les activités chimiques se déroulent au niveau atomique. Et la grande interrogation est la suivante : rien dans l'étude de la matière vivante n'est hors de portée des scientifiques qui font des mesures. Les mystiques sont toujours disposés à nier, pour des raisons affectives ou par paresse intellectuelle, l'intérêt et la valeur des sciences de la vie. C'est un comportement qui dispense de les apprendre.

Dans le chapitre 13, intitulé *Conscience et liberté,* il revient sur ce matérialisme qui l'obsède et qui lui fait préférer une biologie positive absolue, basée sur la physique, qui permet d'affirmer un déterminisme biologique intégral. Autrement dit, la liberté de l'homme est un leurre. La croyance en la validité de la biologie positive complète implique fatalement celle en la conscience épiphénomène. Cela revient à dire que la conscience humaine s'élabore avec des fragments de conscience, comme sa structure matérielle se construit avec des éléments de matière. Le simulacre de liberté à l'échelle humaine est le résultat d'un absolu déterminisme à l'échelle du protoplasme *comme les orages, qu'on ne peut prévoir, résultent de phénomènes physiques.*

La troisième partie de l'ouvrage s'intitule : *La sérothérapie merveilleux exemple de mécanique biologique.* Selon lui, le mysticisme règne encore en maître et nos intellects se gargarisent d'explications ésotériques qui nous procurent les plaisirs les plus accomplis. Les philosophes abusent du terme force sans la définir. Les physiciens eux distinguent travail, énergie, puissance voire force dans son acception exacte.

L'admirable phénomène de Bordet, le plus général et le plus caractéristique des phénomènes vitaux, conduit à la fabrication d'anticorps, tous définis chimiquement, et en nombre aussi grand qu'on le voudra, puisque le phénomène peut être produit au moyen de n'importe quel antigène. Le Dantec donne en note de bas de page sa définition des antigènes : *tout colloïde quel qu'il soit, parce que ce colloïde, injecté à un animal, donne naissance à un anticorps.* Il reprend *: Le génie chimique des éléments cellulaires n'est donc plus à démontrer.*

En effet Jules Bordet (1870-1961) avait publié en 1895 un article sur le sérum des animaux immunisés dans les *Annales de la société royale des sciences médicales et naturelles de Bruxelles*, intitulé : Contribution à l'étude du sérum des animaux vaccinés. Il obtiendra le prix Nobel en 1919. Bordet isolait deux substances l'une bactéricide (alexine, nommée, par Paul Ehrlich (1854-1915) en 1899, complément), l'autre préventive (anticorps).

Entreprenons donc résolument d'attaquer, par la méthode objective des sciences physico-chimiques, l'étude des êtres vivants en train de vivre. Évidemment, si nous commencions cette étude par les animaux supérieurs et l'homme, nous serions absolument déroutés : le sujet choisi est trop complexe ; les résultats observés sont la résultante d'un trop grand nombre d'activités élémentaires. Pour employer une comparaison qui m'a servi ailleurs, je dirai volontiers que celui qui veut commencer la biologie par l'étude de la vie humaine commet la même erreur que celui qui entreprendrait de pénétrer la physique par la météorologie... Or, le plus souvent, quand on parle de la vie, c'est à la vie humaine que l'on songe instinctivement. Il n'est donc pas étonnant quand un biologiste affirme avoir découvert les lois de la vie, qu'on le regarde en général avec un sourire, comme s'il s'agissait d'un augure qui a la prétention de prédire le temps. Il faut commencer par le commencement et étudier d'abord la vie dans ses manifestations les plus simples...

Or, qu'on l'avoue ou non, le but que l'on poursuit en étudiant la biologie est d'arriver à comprendre l'homme et, surtout, ce qui est le plus remarquable dans l'homme, son intelligence. Si donc l'on compare dès le début les phénomènes les plus élémentaires de la vie à ces phénomènes supérieurs qu'il s'agit précisément d'expliquer, on agit à la manière des spiritualistes ; on commet la même erreur de méthode qu'eux. Il ne faut pas expliquer le protozoaire par l'homme ; il faut expliquer l'homme par une agglomération de cellules analogues à des protozoaires et expliquer le protozoaire par la physique et la chimie.

Considérations biologiques sur le cancer, Paris, 1914

Ce fascicule de 53 pages ne comporte pas de table des matières.

Déjà en son temps, Le Dantec déplorait l'augmentation du nombre de cancers soit qu'ils fussent mieux diagnostiqués soit qu'ils soient statistiquement devenus plus fréquents : *La question du cancer est une des plus angoissantes de la pathologie moderne. Soit que, pour une cause inconnue, cette affection soit devenue plus fréquente, soit que, tout simplement, les médecins soient devenus plus habiles à la reconnaître, les statistiques relatives aux décès qu'elle occasionne ont pris un caractère effrayant.* L'aspect anarchique du développement du néoplasme ne lui échappe pas. Une ou plusieurs cellules prolifèrent, repoussent les tissus sains, les détruisent, et finissent par tuer l'individu envahi. Un peu comme les libertaires veulent détruire la société dont ils vivent. Et le cancer essaime à tout l'organisme selon une progression géométrique ! Il cite Pierre Eugène Ménétrier (1859-1935) et le tome XIII du *Nouveau traité de médecine* de Gilbert et Thoinot Paris, 1908, consacré au cancer : *Les cellules cancéreuses ressemblent aux cellules du tissu matriciel dans lequel le cancer s'est développé. Cette ressemblance peut être complète, absolue, à tel point que, considéré isolément, il ne serait pas possible d'affirmer que telle cellule appartient à un revêtement normal et telle autre à une tumeur de nature maligne, et qu'il peut être possible dans l'examen des métastases de certains cancers (cancers cutanés, cancers hépatiques, cancers thyroïdiens, etc.) de reconnaître avec certitude quels sont l'organe et le tissu qui en ont été le point de départ... Mais l'histologie ne résout pas le problème de la genèse du cancer.* Le Dantec évoque l'existence d'un virus cancéreux, l'hypothèse de Julius Friedrich Conheim (1839-1884) qui estime que ce seraient des cellules restées jeunes alors que leurs semblables ont vieilli et qui reprendraient une activité maligne, ou l'hypothèse de cellules devenues des corps étrangers pour l'organisme qui les hébergent ou celle d'une fécondation entre deux corps cellulaires. Il reprend l'hypothèse de Ménétrier qui incrimine une irritation locale continue et de longue durée et qui signale l'existence de lésions précancéreuses, tout en rejetant l'existence d'une bactérie causale et en soutenant l'existence d'une sélection cellulaire pathologique : *les cellules qui végètent et se reproduisent dans des conditions anormales au sein des tissus en inflammation chronique... acquièrent lentement, graduellement, des propriétés de vitalité, de prolificité, et tendent à s'isoler du reste de l'organisme dont elles souffrent et ne bénéficient pas.* Ce que Félix Le Dantec ne manque pas de rapprocher du darwinisme surtout quand Ménétrier ajoute : *On peut retrouver dans ce processus comme une sorte de sélection pathologique qui amène la formation de races cellulaires nouvelles, autonomes et indépendantes, et cela avec toutes les contingences, les éventualités hasardeuses d'une opération complexe et de longue durée, ne réussissant que dans un petit nombre de cas.*

Pour Le Dantec ce qui détermine la naissance d'un cancer c'est la présence d'un corps étranger (cicatrice, bactérie localisée, demodex...) qui oblige la cellule à combattre un environnement hostile qui la rend semblable à un protozoaire, ce qui explique cette dédifférenciation signalée par les histologistes, stigmate de toute cellule maligne qui fonctionne sans répit et assimile en permanence, ne respectant plus la coordination de l'organisme dont elle était un élément, interprétation très lamarckienne qui fait de cette cellule cancéreuse un redoutable adversaire car d'une stabilité synonyme d'un terme évolutif définitif.

La biologie, Paris, 1915, fascicule de 19 pages

Longtemps, les naturalistes, qu'ils soient botanistes ou zoologistes, se contentèrent de décrire les plantes et les animaux qu'ils étudiaient et le plus souvent leurs observations concernaient des spécimens adultes. Parfois ils se penchaient sur la physiologie d'un ou de plusieurs organes. Bien vite il fallut recourir à une taxinomie critique et systématique.

Joseph Pitton de Tournefort (1756-1708), botaniste au jardin du Roi, proposa un système pratique de classification botanique qui inspira le suédois Carl von Linné (1707-1778) qui mit au point une nomenclature binaire tant botanique que zoologique reposant sur la répartition des êtres vivants, basée sur leur genre et leur espèce. Puis vint Bernard de Jussieu (1699-1777) et son neveu Antoine-Laurent de Jussieu (1746-1836) qui fit paraître le *Genera plantarum secundum ordines naturales disposita, juxta methodum in Horto Regio Parisiensi exaratam...*, Paris, 1789, ouvrage de plus de 500 pages que Cuvier considérait comme l'égal en botanique des travaux de Lavoisier en chimie.

En zoologie, certes Buffon (1707-1788) avait effectué un travail considérable mais on n'avait guère progressé depuis Aristote. Il fallut l'arrivée de trois grands naturalistes pour véritablement changer la donne : Lamarck, Geoffroy Saint-Hilaire et Cuvier.

Lamarck reste le fondateur de la biologie à laquelle il donna un vrai statut de science avec ses deux principaux ouvrages *la Philosophie zoologique* en 1809 et *l'Histoire naturelle des animaux sans vertèbres* en sept volumes parus entre 1815 et 1822. Ce grand biologiste fut méconnu jusqu'à ce que Darwin eût porté le transformisme au premier plan.

Geoffroy Saint-Hilaire (1772-1844) à partir d'observations sur les embryons révélant des analogies entre la morphologie de certaines espèces inférieures et les premiers stades du développement d'espèces supérieures imagina l'expliquer par des arrêts de développement et étendit ces analogies à l'explication de certaines monstruosités.

L'ouvrage essentiel de Cuvier s'intitule *le Règne animal distribué d'après son organisation*, Paris, 1816. C'est la bible de la zoologie descriptive. Il fonde par ailleurs la paléontologie en publiant en 1812 un *Discours sur les révolutions du globe* puis, en 1824, ses *Recherches sur les ossements fossiles.*

Le Dantec cite pêle-mêle Henri Milne-Edwards (1800-1885), Alfred Giard qui fut un de ses maîtres, Edmond Perrier (1844-1921), Yves Delage, Félix Dujardin (1801-1860), inventeurs du sarcode, ou protoplasme, dont sont composés tous les êtres vivants. Sans oublier le genevois Augustin de Çandolle (1778-1841), influencé par Lamarck et Cuvier, auteur d'une classification botanique, *Théorie élémentaire de la botanique, ou exposition des principes de la classification botanique,* Paris, 1813, et précurseur de Mendel, Adolphe Théodore Brongniart (1801-1876), botaniste et paléontologue qui pose les fondements de la paléobotanique : Sur la classification et la distribution des végétaux fossiles, *Mémoires du muséum d'histoire naturelle*, VIII, 1822. Un autre médecin botaniste Ernest-Henri Baillon (1827-1895) laisse une *Histoire des plantes* en treize volumes parue de 1867 à 1895 qui a fait longtemps autorité. Philippe Van Tieghem (1839-1914) contribue à une meilleure connaissance de l'anatomie végétale : *Traité de botanique*, Paris, 1884 ; *Éléments de botanique*, 3e éd., Paris, 1898. Jean-Baptiste Édouard Bornet (1828-1911), connu pour ses travaux sur les algues : Les algues de P.K.A. Schousboe récoltées au Maroc & dans la méditerranée de 1815 à 1829, *Mémoires de la Société Nationale des sciences naturelles et mathématiques de Cherbourg*, **28**, 1892.

Les deux noms suivants cités par Le Dantec nous surprennent surtout le second. Passe encore Charles Naudin (1815-1899) qui dirige des travaux sur l'hybridation et l'acclimatation des plantes pour obtenir de nouvelles espèces et qui étudie l'hérédité, ce qui en fait un précurseur de la génétique. Notre biologiste breton, se garde bien de contester, respectueux du fondateur du naudinisme. Mais, et cette fois la surprise est totale, voilà que Le Dantec célèbre et honore Grégor Mendel. Il est vrai que ce petit fascicule de 19 pages a été écrit en 1915. Voyons ce qu'en dit son auteur : *Jordan de Lyon a constaté le premier l'existence, dans maintes espèces végétales, d'un nombre fini de types nettement différents les uns des autres, et cette constatation, à laquelle on n'a pas attribué tout de suite l'importance qu'elle méritait, est devenue célèbre plus tard, avec la théorie des mutations du Hollandais De Vries.*

Citer Xavier Bichat (1771-1802) est historiquement indispensable, mais Le Dantec oublie son vitalisme certes matérialiste mais néanmoins adepte d'une théorie des forces vitales bien éloignée des idées de l'auteur, tout en ayant été le promoteur de la notion de tissus en anatomie. François Magendie (1783-1855), instigateur de la pharmacologie moderne, se penche sur le rôle des racines rachidiennes sensitives et motrices, démontre que le liquide céphalorachidien n'est pas une anomalie pathologique, que la physique et la chimie sont les fondements de la physiologie et que celle-ci doit être expérimentale, notions qui n'ont pas dû déplaire à l'auteur de *La biologie.* Et puis arrive Claude Bernard (1813-1886) qui découvre le rôle du suc pancréatique dans la digestion des lipides, le rôle de la glande hépatique dans la sécrétion du glucose sanguin, l'augmentation de la température de la peau après section du sympathique cervical, la découverte du glycogène hépatique, l'action du curare, la liaison entre le monoxyde de carbone et l'hémoglobine des hématies, l'existence du milieu intérieur et de ses propriétés... Il laisse une pléiade de brillants élèves comme Paul Bert (1833-1886) et ses travaux sur la pression barométrique ou Charles Richet dont la thèse porte sur le suc gastrique et qui, en 1902, découvrira avec Paul Portier (1866-1962), l'anaphylaxie.

L'œuvre immense de Pasteur (1822-1895) a eu un retentissement si considérable sur toutes les parties de la science biologique qu'il devient impossible aujourd'hui d'être biologiste sans dériver de Pasteur, au moins par un côté. La découverte des microorganismes à l'origine des fermentations et de certaines maladies a été un bouleversement aux conséquences incalculables tant pour la chimie, que pour la médecine, l'agriculture ou les pathologies du bétail et des plantes. Tout cela ramène notre Breton têtu à Lamarck, aussi grand à ses yeux que Pasteur qui finalement est son continuateur car il *n'a fait qu'appliquer le principe de Lamarck, de l'acquisition des caractères par l'habitude.*

Et de conclure que dans l'histoire des sciences naturelles en France, outre un nombre considérable de savants illustres, trois hommes brillent d'un éclat incomparable ; nous dirions quatre, s'il nous était permis, à cause de ses études sur la respiration, d'y ajouter Lavoisier ; ces trois géants de la science se nomment : Lamarck, Claude Bernard et Pasteur.

Le problème de la mort et la conscience universelle, Paris, 1917

En avertissement au début de cet ouvrage on peut lire : *Ce livre a été imprimé avant la guerre. Le bon à tirer a été donné le 31 juillet 1914, mais, en raison des difficultés matérielles causées par les évènements, sa mise en vente a été reculée jusqu'à ce jour. Il paraît d'ailleurs sans aucune retouche ou modification, quoique le problème de la mort soit devenu particulièrement angoissant depuis quelque temps.*

Rappelons que la guerre de 1914 a éclaté le 28 juillet 1914, a duré 4 ans, 3 mois et 14 jours, pour s'achever le 11 novembre 1918 !

Ce volume de 206 pages comprend une table des matières de six paragraphes :

I.- Impossibilité d'une faillite du spiritualisme.

II.- Le problème de la mort.

III.- La conscience individuelle.

IV.- La théorie de la conscience épiphénomène.

V.- La mort subjective et le rêve.

VI.- Conséquences sociales de la solution physique du problème de la mort. Histoire objective de la « Bande à Bonnot ».

L'auteur, se comparant à Don Quichotte, regrette d'avoir voulu appliquer les mêmes méthodes qu'il avait utilisées pour interpréter les phénomènes physiques que pour expliquer les comportements humains. Il fut donc taxé de scélératesse par les uns, d'imbécillité par les autres. Persuadé d'être victime d'un malentendu, il attendit que les choses se calment. Mais elles ne se calmèrent point. Et il réalisa avec consternation que la théorie animiste non seulement est indispensable à l'individu moyen mais qu'elle satisfait depuis des millénaires une kyrielle de générations ! Ces explications sont tellement incrustées dans le mental des populations qu'elles les admettent sans les remettre en question. Le fait de désigner les phénomènes naturels, même s'ils sont catastrophiques, par des mots qui peu à peu deviennent des dieux auxquels se substitue le destin. À mesure que la science progresse, son pouvoir s'accroit. Cette emprise du déterminisme universel n'est pas très séduisante et l'on comprend que beaucoup d'humains s'efforcent de retenir les dieux... Dès son plus jeune âge, Le Dantec avait compris la vanité des idées préconçues et surtout l'absurdité de la métaphysique pleine de syllogismes trompeurs. Il rappelle les explications de son professeur concernant le fonctionnement d'une locomotive à vapeur. Il avait dix ans et accepta les commentaires du maître d'école qui ne reflétaient évidemment pas la réalité. Plus tard, cela lui permit de faire la distinction entre un vocabulaire littéraire et philosophique qui n'expliquait rien et les données précises et mathématiques apportées par la physique et la chimie. Il conclut en conseillant de faire table rase et d'oublier les interprétations données à la vie par les anciens, et notamment cette vieille croyance en l'âme pourtant bien inutile pour expliquer les faits. Ce qui n'empêche pas que cette quête personnelle de la vérité n'est en rien un prétexte pour tenter de l'imposer à ses contemporains. On peut dire de ces paroles de Le Dantec qu'elles sont prophétiques : *La biologie se construira entièrement sur le modèle des sciences physiques ; cela, je puis l'affirmer aujourd'hui sans hésitation comme conclusion des études que je poursuis depuis vingt ans dans le champ des phénomènes vitaux...*

Son scepticisme à propos des religions éclate un peu plus loin et il est persuadé que leur propagation est plus nocive que profitable. Les spiritualistes ne s'encombrent pas de raisonnements qui impliqueraient l'évolution individuelle et le fonctionnement du cortex cérébral, en incluant la vertu formative qui explique tout et ne démontre rien. Il est certain que *les croyances religieuses sont un assemblage de mots sans signification et auxquels les hommes attribuent une importance primordiale uniquement à cause de l'habitude qu'ils ont de la prononcer.*

Il n'y a pas de problème de la mort. Aucun phénomène n'est plus familier : *Et toutes ces observations, toutes ces expériences ont conduit au même résultat. Ce résultat est donc acquis, plus parfaitement acquis qu'aucune des lois physiques les mieux établies ; et si nous ne le voyons pas, c'est que nous ne voulons pas le voir. Nous voulons qu'il y ait un problème de la mort, parce que nous ne voulons pas admettre comme établie la solution qu'ont fournie à ce problème des millions et des millions d'observations et d'expériences toutes concordantes.* Le problème de la vie est d'une infinie complexité. Celui de la mort, d'une grande simplicité. Seul un mystique fortement ancré dans ses convictions peut donner une interprétation spiritualiste à l'influence post mortem de grands écrivains ou des grands artistes. Le souvenir que nous gardons de nos proches disparus, parents, amis, ne prouve pas qu'ils existent encore et leur trace est actuelle se manifestant avec les moyens soumis aux lois de la physique et de la chimie. Ce qui n'empêche pas d'embellir le défunt en lui tressant des guirlandes poétiques ou des musiques psychédéliques. Deux comportements sont donc possibles face à la mort : soit le comportement du physicien qui observe le phénomène avec le même détachement que celui qui l'habite quand il suit le déroulement d'une expérience ; soit l'attitude sentimentale qui justifie son acceptation du sort commun à tous les humains mais qui, en son for intérieur, désire que la mort ne soit pas une chose définitive. Peu d'individus peuvent adopter l'attitude du physicien et la plupart des gens appréhendent la mort. Ils cherchent la consolation dans un comportement animiste. Tout comme Laplace affirmait qu'il n'avait pas eu besoin de Dieu pour expliquer le monde, les biologistes n'ont pas besoin de l'âme pour saisir l'unité des organismes. En revanche, l'âme échappera toujours aux investigations des scientifiques du fait de son immatérialité. Ainsi triomphe et triomphera toujours de façon définitive et inattaquable la méthode mystique ! Et l'âme ? Elle est inaccessible aux scientifiques. Le mot âme suffit amplement à la définir sans qu'il soit besoin de chercher plus loin. En revanche, chez la plupart des humains, on veut bien croire à l'âme mais de là à la considérer comme immortelle… Évidemment, il y a les spirites. Ils sont aux antipodes de l'esprit scientifique puisque non seulement ils ont intérêt à la réussite de l'expérience mais ils sont animés d'une foi inébranlable dans leurs croyances.

Il est bien évident que ce sont les plus anciennes explications qui sont les meilleures. Quand elles sont causales elles ont l'avantage qu'il est impossible de démontrer leur fausseté. Ainsi, tout biologiste vous dira qu'il n'a jamais rencontré nulle part l'intervention de l'âme humaine. En revanche, comme il lui est impossible de démontrer qu'elle n'existe pas, jamais il ne l'affirmera.

Il est donc bien entendu que la mort efface toute trace individuelle et que la personnalité passée du défunt est à jamais gommée.

Et la conscience individuelle ? *Je sais qu'il existe en moi : d'une part, objectivement, des documents physiques relatifs à certains phénomènes du monde extérieur ; d'autre part, subjectivement une connaissance précise des mêmes phénomènes et de ceux-là seulement. Et ces deux choses distinctes, documents objectifs inscrits dans notre structure, et connaissance subjective faisant partie de notre moi conscient, varient parallèlement avec une telle précision qu'il est impossible de douter que la première de ces choses (documents objectifs) soit liée à la seconde (connaissance subjective) par une liaison infiniment étroite, une relation de cause à effet.* Le Dantec conclut selon son habitude, à l'isolement de chaque être humain dans son enveloppe charnelle qui sépare son corps de celui des autres, le séparant irrémédiablement de l'environnement dans un moi borné. Un être humain ne pourra jamais savoir ce que pense et ce que sent son semblable, le seul ressenti qui lui parvient ce sont ses paroles, ses comportements, ses attitudes. Ce que Musset a résumé ainsi : *Hélas ! Tout ce que les hommes se disent entre eux se ressemble ; les idées qu'ils échangent sont presque toujours les mêmes dans toutes leurs conversations ; mais dans l'intérieur de toutes ces machines isolées, quels replis, quels compartiments secrets. C'est tout un monde que chacun porte en lui ! un monde ignoré qui nait et qui meurt en silence ! Quelles solitudes que tous ces corps humains !*

La théorie de la conscience épiphénomène : On est frappé par deux remarques, selon l'auteur : notre connaissance subjective ne s'exerce que dans les limites de notre organisme protoplasmique, le moi et le non moi sont réciproquement connaissables avec les mêmes critères d'objectivité d'un côté et de subjectivité de l'autre. Évidemment, Lamarck n'étant jamais bien loin, la relation est étroite entre la répétition habituelle d'un mécanisme physiologique et son déroulement de plus en plus harmonieux et de plus en plus voilé. Un cœur qui bat normalement est d'une telle discrétion que son possesseur ignore son existence. Le Dantec propose cet exemple pour donner une vague idée de la conscience épiphénomène : *Dans une enceinte imperméable aux sons, des harmonies se poursuivent, se répercutant sur les parois, sans sortir de ce milieu limité. Tous ces mouvements vibratoires se transforment, en cognant les parois, en d'autres formes d'énergie qui seules parviennent à l'extérieur ; de sorte que l'observateur extérieur connaîtra les fuites d'énergie, mais non la forme harmonieuse des phénomènes enfermés dans l'enceinte et ne pouvant en sortir. Notre continuité protoplasmique serait cette enceinte, dans laquelle se répercutent des transmissions intra-protoplasmiques qui n'en peuvent sortir et qui sont accompagnées d'épiphénomènes de conscience (c'est l'harmonie, la mélodie des sons) ; ces vibrations intra-protoplasmiques, qui sont des phénomènes internes, se traduisent au-dehors par des phénomènes différents, qui sont nos gestes. Ceci me parait la moins mauvaise comparaison, quoiqu'elle soit fatalement mauvaise, puisque les épiphénomènes de conscience accompagnent fatalement certains phénomènes vitaux, tandis que l'harmonie, la mélodie n'accompagnent les phénomènes vibratoires (du moins à notre connaissance) que s'il y a là un homme ou un animal pour les entendre.*

La mort subjective et le rêve. On peut mourir de multiples façons et il est indéniable qu'avant sa décomposition le cadavre ressemble plus au défunt que l'image qu'il donnait à son entourage quand il vivait ! Mais cette conscience du vivant qui se résumait à sa coordination, tout disparait avec la mort. Le cadavre n'est qu'un leurre. On perçoit chez Le Dantec la perspective de sa propre mort notamment quand il écrit : *Je m'imagine aisément un cadavre ayant ma forme ; bien souvent, lorsque le coiffeur me coupe la barbe, et que je me vois dans la glace, les yeux presque clos et la tête renversée en arrière, je me dis que si je mourais ce jour-là, mon cadavre serait à peu près identique à l'image que j'observe. Je me figure très bien mon lit de mort ; je me figure mes proches rassemblés dans la chambre et faisant la veillée funèbre. Je ne trouve donc pas d'absurdité dans l'idée que je serai un jour transformé en cadavre, ce qui est la définition objective de la mort.* Que la mort métamorphose le vivant en cadavre est une triste évidence, en revanche ce qui subsiste c'est la personnalité, l'âme du défunt. Comme, sauf imprévu, nous ignorons la date de notre trépas, Montaigne vient à notre aide en s'exclamant : *Il m'est désagréable de penser que je mourrai, mais cela me serait égal d'être mort.* Il est vrai que nous quittons cette vallée de larmes sans regret pour l'excellente raison qu'il faut être pour éprouver des sentiments et que, n'étant plus, on ne ressent plus. Certes, le croyant qui redoute de comparaître devant le tribunal céleste peut éprouver une certaine crainte à l'idée du trépas. Mais on peut considérer la mort comme une délivrance quand elle permet d'échapper à la douleur ou à un environnement hostile.

L'hypothèse d'un morcellement de la personnalité du mourant et rendant supportables, voire agréables, les souffrances d'une longue agonie, la fièvre augmentant le désordre objectif de la coordination de l'agonisant, cette hypothèse relève de la subjectivité de l'auteur.

La bande à Bonnot. Le déterminisme abolit toute notion de mérite et le mensonge séduisant de l'immortalité de l'âme nous permet de satisfaire notre soif innée de justice. Bonnot cherchait à vivre sa vie et revendiquait le droit au bonheur. Le Dantec jugeait que les escargots de son potager avaient les mêmes revendications mais que, néanmoins, il les détruisait pour préserver ses jeunes laitues. Nonobstant le brave Jean-Jacques qui dit que l'homme nait bon et que la société le corrompt, et c'est l'opinion de certains anarchistes de la fameuse bande : votre société est pourrie, nous sommes au-dessus de vos lois iniques, nous revendiquons le droit de vivre nos vies ! Revendiquer une loi qui vous désarme contre nous et ne pas la reconnaître quand elle nous dérange, c'est un procédé de truand, mais c'est de bonne guerre, de bonne guerre contre les bourgeois.

La conduite de ces dix-neuf bandits est logique. Imitons-les. Ce vingtième, ce traître, ce vendu, était un homme. Il avait comme tout homme, d'après les intellectuels modernes, « le droit de vivre sa vie ». Avec la prime de cent mille francs, il comptait épouser sa promise, avoir une petite maison à la campagne, etc. ; toute une idylle ! C'eût été charmant ! Et ces vilains bandits l'ont tué parce qu'il avait mis leur vie en danger pour vivre la sienne. Imitons-les.

Tout homme, parce qu'il nous ressemble, nous inspire de la pitié quand il est malheureux ; un bandit sous les verrous est malheureux ; il défend sa tête. Mais la société, menacée dans sa tranquillité n'a pas d'entrailles, comme le ventre affamé du fabuliste n'avait point d'oreilles. Il ne faut pas laisser croire à d'autres Bonnot qu'ils pourront « vivre sur le bourgeois » sans courir de risques, cela pourrait détourner de braves jeunes gens ayant de robustes appétits. Qui sait si Bonnot lui-même n'aurait pas été sans quelques formules utopiques, un excellent citoyen ? Il est parti en guerre contre la société et il a été vaincu. C'était à prévoir. Sans doute, il comptait disparaître une fois le coup fait, et vivre en inconnu, en bon bourgeois, sous la protection des gendarmes. Ce n'était pas un cynique vrai ; je crois qu'il n'y en a pas.

L'homme, individu isolé, est la plus merveilleuse des choses qui existent, mais la plus misérable aussi... L'homme est un mécanisme d'une perfection incroyable : c'est, personne n'en peut douter, la plus merveilleuse des choses qui existent.

C'est aussi la plus misérable !

Il s'imagine libre mais il est balloté par les circonstances ; il se croit responsable et n'est qu'un instrument ; il se croit méritant mais n'est qu'incapable ; il souffre mille douleurs et s'en invente mille autres ; il redoute la mort et l'envisage avec frayeur. L'homme est devenu un animal social dépendant de la science qui lui permet de se loger, de se chauffer, de se vêtir. Bonnot a exploité ce filon en volant une automobile, en se procurant un révolver, produits de l'industrie humaine.

On peut lire ce passage révélateur dans l'ouvrage du juriste Émile Michon, *Un peu de l'âme des bandits*, Paris, 1913 : *Les Bandits ont lu Darwin, Lamarck et Le Dantec, et bien d'autres écrivains de même ordre. Ils ont trouvé dans les œuvres de ces savants et de ces philosophes la satisfaction de leur curiosité de connaître tout ce qui intéresse la vie des hommes, et la leur en particulier. On a vu combien ils aiment s'étudier et s'analyser, avec quelle complaisance ils parlent d'eux-mêmes.*

De l'étude de l'espèce, ils en sont arrivés à celle de l'individu. Ils se sont reconnus à travers certains types. Ils ont accepté comme paroles d'évangile tout ce qui était agréable à leur amour propre, et tout ce qui répondait à leurs aspirations. Ces auteurs leur ont donné formules qui cristallisent certains concepts, et aident à les véhiculer. Les Bandits sont, de la sorte, devenus des disciples, mais des disciples qui croient beaucoup plus qu'ils ne comprennent.

Je voudrais, reconnaît Le Dantec, que le socialisme fût scientifique plutôt que de mêler sentiment et raison, pitié et économie politique. Certes, être épris de justice est estimable, tout comme s'apitoyer sur les déshérités, mais à vouloir appliquer sur le champ des solutions improvisées, on détruira sans rien bâtir à la place.

Laissons une fois de plus à Félix Le Dantec le mot de la fin : *Je n'ai pas la prétention de définir les droits de chacun ; les « intellectuels » ont tellement embrouillé les choses avec leurs divagations sentimentales qu'il faudrait être bien audacieux pour essayer d'y voir clair. Il me semble cependant que quelques vérités biologiques incontestables peuvent empêcher des malheureux de s'égarer. Quand je dis, par exemple, que celui qui profite de l'outillage social et du rendement social n'a droit qu'à la vie sociale, c'est-à-dire prendre la vie pour ce qu'elle vaut, à supporter la vie sociale avec ses imperfections, puisque l'homme ne peut pas vivre seul. Et ils reconnaîtront bien vite avec Diderot que l'honnêteté est le plus sûr moyen d'être heureux ; l'ayant reconnu, ils joueront à l'honnête homme, même si leur hérédité ne leur a pas transmis une forte dose de vertus sociales.*

Ainsi, grâce à l'honnêteté des uns et à l'hypocrisie des autres, la vieille société continuera cahin-caha, ni meilleure, ni plus mauvaise que dans le passé.

Savoir. Considérations sur la méthode scientifique, la guerre et la morale, Paris, 1918

L'ouvrage comprend 250 pages réparties en quatre grands chapitres.

Première partie

Chapitre I : Savoir.

Chapitre II : Quelques digressions nécessaires : première digression : la guerre et la faillite de la morale ; deuxième digression : la morale sexuelle ; autre digression : les Neutres, les civiles et la population.

Deuxième partie

Chapitre III : Conciliation entre les deux méthodes de connaissance : paragraphe 1 : l'objectif ; paragraphe 2 : le subjectif ; paragraphe 3 : les subjectivités dans le monde objectif.

Troisième partie

Chapitre IV : Rien ne se perd rien ne se crée : paragraphe 1 : le corps et le mouvement perpétuel ; paragraphe 2 : le circulus de l'eau ; paragraphe 3 : équivalences et mesures ; paragraphe 4 : la notion de force et de pluralisme anthropomorphique.

Chapitre V : La généralisation du principe de Carnot.

Quatrième partie

Chapitre VI : Le langage contre la science.

Chapitre VII : L'Art et la Vérité.

La première partie comporte deux chapitres, le premier intitulé savoir, le second, quelques digressions nécessaires : guerre et faillite morale, morale sexuelle, neutres, civils, population.

La deuxième partie est intitulée conciliation entre les deux méthodes de connaissance : objectif, subjectif, subjectivités du monde objectif.

La troisième partie : les vérités physiques : rien ne se perd, rien ne se crée : corps et mouvement perpétuel ; circulus de l'eau ; équivalences et mesures ; notion de force et anthropomorphisme. Généralisation du principe de Carnot.

La quatrième partie : Postface : le langage contre la science ; l'art et la vérité.

La dédicace de ce livre, sans doute le dernier publié par Le Dantec, commence par ces mots en exergue : *L'hypocrisie est décidément la première des vertus sociales.* Écrit en pleine guerre de quatorze, peut-être à l'un de ses pires moments, il reflète l'opinion désabusée d'un scientifique qui pense que la science doit se dissimuler sous des apparences de politesse et de savoir-vivre alors qu'elle est en opposition totale avec les principes qui ont régi les sociétés humaines depuis la nuit des temps. La vérité scientifique est en contradiction avec des principes artificieux au nom desquels on a utilisé la faiblesse de l'humanité pour mieux l'exploiter et la dominer.

La préface démontre combien la force et l'intérêt s'imposent aux faibles auxquels on ment effrontément au profit des forts qui font semblant de croire à la valeur absolue des grands principes au nom desquels ils dupent les honnêtes gens. Talleyrand ne disait-il pas, dénonçant le rôle du mensonge dans toutes les guerres : *La parole a été donnée à l'homme pour déguiser sa pensée.*

Le 11 novembre 1916, troublante coïncidence des dates, Le Dantec manifeste ainsi son désenchantement dans l'introduction de « *Savoir* » : *À qui dédier ce livre ? Personne, sans doute, ne serait flatté de voir son nom à côté du mien en tête d'un ouvrage dans lequel, sous l'égide de la pure et saine méthode scientifique, je me suis permis de dire tout haut ce que beaucoup, peut-être, se sont dit tout bas, sans oser le confier à leurs amis les plus chers. L'hypocrisie règne en maîtresse souveraine dans l'Univers ; la science ne sera bienvenue que si elle a la pudeur de voiler, sous des apparences de politesse mondaine, la merveille de sa nudité resplendissante. Les découvertes scientifiques contredisent les principes (??) sur lesquels la société humaine repose depuis des siècles, et que la guerre actuelle a réduits à néant, en montrant que, dans les grandes occasions, tout le monde s'incline devant le droit du plus fort. Mais la guerre ne durera qu'un temps, et l'hypocrisie reprendra possession de son trône souverain. Il faut donc que la science prenne le parti de ne pas faire remarquer que ses conquêtes font écrouler l'édifice caduc des conventions sociales. Si elle ne le fait pas remarquer, on ne s'en apercevra pas ! Il n'y a pire sourd que celui qui ne veut pas entendre.*

Je montre précisément, dans ce livre, ce que l'hypocrisie défend de faire voir, une contradiction flagrante entre des vérités scientifiques indiscutables et les « immortels principes » au nom desquels une société sans entrailles a fait tant de malheureux et de déshérités.

À qui dédier mon ouvrage ?

On n'écrit pas pour soi tout seul ; et cependant, je dois avouer que, quand j'ai écrit ce livre, je me suis parlé à moi-même, comme à l'unique auditeur qui fût capable de ne pas m'interrompre avec indignation « pour des raisons de sentiment ». Mais je connais trop les lois biologiques pour croire que je sois absolument seul de mon espèce, puisque, malgré mes idées subversives (?) j'appartiens à la famille humaine par mon hérédité, par mes goûts, par mes aspirations ! Il y a donc sûrement un être qui me ressemble, et qui aime par-dessus toute la clarté et la vérité. C'est à ce frère intellectuel que je dédie mon livre.

Déjà, en 1911, j'avais exprimé dans « l'Égoïsme », bien des vérités indiscutables que les hommes ne veulent pas voir. Ce livre m'a valu des bordées d'injures ; je dois avouer, cependant, que depuis le commencement de la grande guerre, des gens qui m'avaient honni jadis ont déclaré que j'ai peut-être raison ! Aussi, je ne désespère pas de trouver, parmi les millions d'êtres humains qui assistent aujourd'hui à l'effondrement de la morale, celui qui acceptera de me suivre jusqu'au bout dans mes considérations scientifiques.

Le Dantec déplore la ruine de l'Europe et cette génération de jeunes gens sacrifiée alors qu'il est convaincu, avec lucidité, que ces ruines et ces massacres n'auront servi à rien et que *l'humanité sortira de cette guerre de quelques années, absolument identique à ce qu'elle était en la commençant ; on reprendra les vieilles traditions, les vieilles croyances à des choses que l'on sait fausses et au nom desquelles on fait plus de mal que de bien.*

L'auteur explique ensuite comment, dès l'enfance, il assimilait les récits bibliques aux contes de ma mère l'Oie et aux exploits de la fée Carabosse. Il rappelle son parcours scientifique qui lui permit de vérifier que les intuitions de l'enfance étaient justifiées. Il assimile les mots âme et esprit au sens qu'ils ont étymologiquement en grec : vent, phénomène météorologique physiquement déterminé. Ce qui lui a permis de découvrir l'origine du spiritualisme dans des narrations enfantines, dans des billevesées dont se contentent certains individus pourtant cultivés et instruits.

Évidemment, on rétorque au scientifique : Donc, vous n'expliquez pas tout ! Le Dantec répond, et c'est un peu son testament : *Je vais du moins essayer, dans ce livre, que des vérités physiques indiscutables et générales contredisent absolument les croyances spiritualistes. Peut-être cela ébranlera-t-il quelques lecteurs ; mais le plus grand nombre restera fidèle à la tradition. Il y a beaucoup de gens que les contradictions ne choquent pas.*

Il ne croit pas à l'avènement proche de la méthode scientifique qui seule permettrait l'accès à la vérité. En effet deux méthodes s'opposent pour accéder au vrai : soit la démarche subjective qui est celle adoptée par l'humanité dès les origines ; soit la démarche objective, celle du physicien, qui exclut toute affectivité. L'aboutissement de cette approche c'est l'opportunité d'une science féconde, communicable et vérifiable.

Tout phénomène qu'on peut raconter dans le langage a une cause simple, qui est le sujet du verbe. La physique nous apprend au contraire que tout phénomène, simple en apparence, résulte en réalité du concours d'un très grand nombre de facteurs, dont aucun par lui-même, ne suffirait à produire le phénomène observé. L'anthropomorphisme pallie cet inconvénient en supprimant toute mesure, toute comparaison. Il utilise un langage exclusivement dédié à la communication entre les humains *qui permet aux hommes de se battre sans cesse entre eux pour des croyances invérifiables exprimées par des mots qui n'ont pas de signification.* Certes, selon l'auteur, la vérité physique édifie le déterminisme et celui-ci exclut toute liberté. La recherche du comment s'effectue avec l'arrière-pensée d'être utile au genre humain ; avant l'apparition de la science, des penseurs ont pu apporter des progrès à leurs contemporains.

Mais, leur système basé sur une erreur, même si leurs intentions étaient bonnes, a abouti parfois à des catastrophes. La croyance en Dieu, installée par des hommes intelligents, aboutira, comme la justice n'est pas de ce monde, à la croyance en un tribunal céleste chargé de juger les mortels après leur mort, croyance invérifiable, dont personne ne doutera. En est-il résulté plus de bonheur ou plus de douleur, nul ne le sait.

Or, la notion de bien et de mal, du droit et du devoir, selon Le Dantec, tout comme certaines *erreurs accréditées s'imposent à nous, par hérédité, avec la même évidence que les vérités physiques dont nos pères ont subi l'influence prolongée. Si donc, il y a eu, pendant de longs siècles, des conventions sociales adoptées par mes ancêtres, il est tout naturel qu'elles se révèlent à moi comme des vérités absolues, à cause de l'hérédité des caractères acquis.* Il ajoute devant le tollé que provoquent ses opinions : *Je comprends donc sans peine que vous vous scandalisiez de ce que j'écris ; mais mon esprit scientifique se scandalise tous les jours de ce que mes congénères croient être la vérité absolue, et nous sommes quittes !*

Toute question scientifique doit être un comment ? et non un pourquoi ? Car tout s'enchaîne, tout se suit, tout se continue, et le terme de notre effort de savant est de savoir quels sont les enchaînements des phénomènes successifs, comment telle forme de manifestation dérive de telle autre forme préexistante de manifestation, etc. Je le répète, au risque de me répéter trop, il faut étudier les êtres vivants comme les physiciens étudient les phénomènes de la matière brute.

Il revient ensuite à son idée fixe, la conservation de l'énergie ! Nicolas Léonard Sadi Carnot (1796-1832) avait publié en 1824 ses *Réflexions sur la puissance motrice du feu et sur les machines propres à développer cette puissance*, ouvrage fondateur de la thermodynamique, seul livre de l'auteur mort du choléra à 36 ans. Le premier principe, nommé ainsi car il a le premier reçu sa forme définitive bien que découvert après le second, est le principe de l'équivalence de la chaleur et du travail ou plus simplement, le principe de la conservation de l'énergie. Le second principe, découvert par Carnot, corrigé par Rudolph Clausius (1822-1888), est devenu le principe de la dissipation ou de la dégradation de l'énergie, si l'on en croit Bernard Brunhes (1867-1910). C'était certainement un des livres de chevet de Félix Le Dantec ! Le mémoire de Carnot contient deux propositions indiscutables : 1° Pour produire du travail avec de la chaleur, il faut avoir deux sources, l'une chaude, l'autre froide, entre lesquelles fonctionne la machine, le générateur étant plus chaud et le condenseur plus froid ; 2° quelle que soit la machine employée, son rendement ne peut dépasser un certain maximum qui dépend uniquement des températures des deux sources. Or, la conservation de l'énergie, théorème général, a une importance philosophique infinie. Rappelez-vous les considérations exposées au commencement de ce chapitre, relativement au nombre formidable des changements qui se produisent sans cesse dans le monde ; chacun de ces changements est d'une espèce particulière, et donne naissance à un nombre plus ou moins grand de provisions d'énergie de forme nouvelle qui déterminent les changements ultérieurs. Puisque la conservation de l'énergie est une vérité générale, une vérité rationnelle, c'est donc que l'état du monde, à un moment donné, équivaut, au point de vue des capacités de changement, à ce qu'était l'état du monde un instant auparavant. Or, il y a de tout dans les changements de chaque instant ; c'est donc que tout se tient ; et l'unité des phénomènes cosmiques est ainsi démontrée d'une manière d'autant plus frappante que le point de départ de la démonstration a été le langage pluraliste de la mécanique du mouvement visible.

Évidemment, vouloir appliquer la thermodynamique à la matière vivante est une gageure. Ces systèmes oscillent en permanence, parcourus par des flux d'énergie et de matière. Le Dantec passe à côté d'un biais qui explique l'échec de ses déductions. Néanmoins il apporte la garantie de la physique au ralentissement du rythme de l'évolution qui correspond à une diminution des facultés des corps vivants à se modifier de façon transmissible à leur descendance. Cette tendance aboutit inéluctablement à un non-retour en arrière.

Le spiritualisme est un vain verbalisme. Les enfantillages du catéchisme en laissent beaucoup sur leur faim. L'auteur a poursuivi avec obstination sa quête jusqu'au-boutiste des conclusions auxquelles conduit l'application intégrale de la méthode scientifique et le rejet des thèses spiritualistes.

Pour Le Dantec : *La seule révolution qui pourrait amener dans la vie sociale des changements durables de quelque valeur serait celle qui résulterait de l'orientation des mentalités humaines vers la « Vérité ». Car il y a une vérité avec un grand V, celle à laquelle on arrive par la méthode scientifique : on y arrive malheureusement par des chemins difficiles et capables de rebuter ceux qui n'ont pas le feu sacré. Les autres croyances que l'on décore du nom de vérité sont de pures erreurs que nous aimons et que nous jugeons respectables parce qu'elles datent de longtemps. Et précisément la guerre actuelle a ouvert les yeux des moins intelligents sur la vraie valeur des principes au nom desquels les hommes s'entretuent depuis des siècles.*

Et notre auteur s'interroge : l'invention par l'humanité des religions a-t-elle eu pour résultat d'apporter le bonheur à l'homme amené à observer les lois divines ? ou bien, au contraire, a-t-elle apporté la souffrance au genre humain en rendant les hommes cruels à l'égard de tous ceux qui contrevenaient aux lois édictées par Dieu ? La sévérité à l'égard du contrevenant est la seule façon d'éviter de se rendre coupable soi-même d'indulgence, donc de faute, et justifie la férocité pour autrui, étayée par l'hypocrisie. Ce que Le Dantec justifie ainsi : *Et c'est pour cela qu'il n'est peut-être pas inutile de se rappeler de temps en temps que la physique nous interdit de croire à la liberté, donc au mérite, donc à la culpabilité ! Cela nous rendrait plus indulgents, si nous étions sincères avec nous-mêmes ; mais il faudrait pour cela être de purs physiciens ; aucun de nous n'est assez peu égoïste pour accepter de le devenir.*

Conclusion

L'intuition de Félix Le Dantec anticipant le phénomène qui fera de la biologie la fille adoptive de la physique s'est vérifiée et nos laboratoires d'immunologie pratiquent désormais l'ultracentrifugation, l'électrophorèse, la chromatographie sur diverses phases, la cytométrie en flux, la cristallographie, le séquençage et la microscopie. Il est probable que cette tendance s'accentuera et que la biologie dépendra de plus en plus de la physique pour bientôt se fondre en elle.

Il veut manifester ainsi qu'il n'existe pas d'interruption totale entre matière vivante et matière brute, que la biologie se réduit à la physique et à la chimie avec pour corollaire les mathématiques, tout se réduisant à la loi de conservation de la matière et de l'énergie.

Il écrit dans *De l'évolution des espèces*, Paris, 1910 : *Le second principe de Carnot a un intérêt immense en thermodynamique, mais c'est le premier qui domine toute l'histoire des phénomènes qui continuent ; c'est du premier principe de Carnot que j'ai tiré la formule dont l'application aux êtres vivants conduit à la loi de stabilité progressive des espèces.*

D'après ce principe il ne suffit pas pour donner naissance à la puissance motrice de produire de la chaleur : il faut encore se procurer du froid ; sans lui, la chaleur serait inutile.

Évidemment, vouloir appliquer la thermodynamique à la matière vivante était une gageure à l'époque de Le Dantec. Ces systèmes oscillent en permanence, parcourus par des flux d'énergie et de matière : soit le système est en équilibre et son entropie, qui correspond à une fonction mathématique qui augmente à mesure que diminue la valeur utilisable de la chaleur, est constante ; soit il évolue à cause du relâchement d'une contrainte, et son entropie croît au point d'atteindre la valeur la plus grande compatible avec les nouvelles contraintes.

Le Dantec passe à côté d'un biais qui explique l'échec de ses déductions. Néanmoins il apporte la garantie de la physique au ralentissement du rythme de l'évolution qui correspond à une diminution des facultés des corps vivants à se modifier de façon transmissible à leur descendance. Cette tendance aboutit inéluctablement à un non-retour en arrière.

Il ose une comparaison périlleuse et n'hésite pas à écrire : *C'est ce que j'ai exprimé d'une façon imagée en comparant le protoplasma vivant à un orchestre dont chaque diastase représente un son ; c'est seulement l'orchestre dans son ensemble qui est susceptible d'assimilation, de croissance. C'est lui qui est doué de vie.*

En affirmant que la cellule est une machinerie physico-chimique, et que son fonctionnement est régi par des lois identiques à celles qui régissent la matière et sur lesquelles repose la recherche biomédicale actuelle, le biologiste breton avait néanmoins raison, même s'il se laisse aller à quelques outrances !

Dans le domaine des caractères héréditaires, si, en son temps, Le Dantec fait preuve de discernement en se ralliant totalement à Lamarck et, modérément, à Darwin, en revanche sa théorie des diathèses affirmant que les gènes sont des bactéries est une monumentale erreur, sans doute due à son séjour dans les laboratoires de Pasteur. Nous verrons toutefois que cette erreur mérite d'être nuancée. Et, il n'est pas le seul puisque Louis Blaringhem, autre pasteurien, partage cette opinion au début de sa carrière et qu'Étienne Rabaud rejette le mendélisme pour sa trop grande simplicité ! Il est admis actuellement que les êtres vivants héritent de caractères spécifiques, de caractères individuels et quelquefois de caractères nouveaux n'existant pas chez leurs parents mais qu'ils communiquent à leurs progénitures.

Son article publié en 1903 dans la *Revue blanche* laisse le lecteur perplexe car il assimile l'organe génital à un parasite qui déverse dans l'organisme des excréments identiques aux toxines qui diffusent dans le corps d'un enfant atteint de diphtérie ! Il va plus loin en affirmant que, contrairement aux hommes qui subissent cette pathologie jusqu'à leur mort, les femmes au moment de la ménopause en sont privées et se retrouvent sevrées de ce toxique, comme un alcoolique ou un morphinomane auxquels on supprimerait brutalement leur drogue…

Néanmoins, ce sont les gamètes qui contiennent l'héritage.

L'expression finale des potentialités héréditaires chez l'adulte dépend des circonstances dans lesquelles se déroule le développement de l'individu. En effet, son expérience extérieure, son phénotype, ne reflète que partiellement l'ensemble des facteurs héréditaires que lui ont transmis ses parents. En revanche, ce transfert comporte tous les aspects possibles, exprimés ou non, et qui forment son génotype.

Les lois de Mendel permettent de déterminer que les facteurs héréditaires issus des parents se réunissent par paires dans l'œuf qui génère un hybride. Ces facteurs se retrouvent dans les cellules du corps de l'hybride là où les caractères s'expriment et se disjoignent quand les gamètes de l'hybride se constituent.

Le Dantec connaît la méiose et la mitose décrite par Wilhelm Roux en 1883 : *Über die Bedeutung der Kernheilungsfiguren*, Leipzig. Mais il passe à côté de la notion de support de l'hérédité par les chromosomes.

Il est en opposition avec Lucien Cuénot (1866-1951) qui, d'une part nie la possibilité de transmission des caractères acquis, mais d'autre part redécouvre les lois de Mendel qu'il juge applicables non seulement aux végétaux mais aussi aux animaux. Ainsi naîtra la notion de particules matérielles séparées et juxtaposées transmettant selon des lois statistiques immuables, de génération en génération, les caractéristiques phénotypiques et génotypiques des individus. En 1950, Cuénot écrira : *L'Évolution est le maître-mot de l'univers. Toutes les sciences de la nature, astronomie, physique, chimie, géologie, biologie, reconnaissent une même loi : celle de la non-fixité des choses, c'est-à-dire leur évolution. Évolution est synonyme de changement, de mouvement. Rien n'est stable, l'Univers est un devenir incessant.* Il souligne l'abyssale profondeur du temps qui sépare nos brèves existences humaines de l'interminable évolution des durées qui réduiront l'Himalaya aux dimensions d'une taupinière dans quelques milliards d'années. Nain temporel, l'être humain est d'emblée disqualifié pour apprécier l'énorme disproportion entre sa propre échelle chronologique et celle de temps immémoriaux.

La découverte de l'ADN mitochondrial, vraisemblablement d'origine bactérienne, nous permet d'établir un rapprochement intuitif avec les hypothèses de Le Dantec concernant la nature microbienne des gènes. Lynn Margulis (1938-2011), dans les années 1960, proposera cette hypothèse qui avait déjà été émise au XIXe siècle. On sait désormais que 8 à 10 % de notre génome est d'origine virale.

Le premier à avoir décrit les mitochondries sous le nom de *bioblaste* est Richard Altmann (1852-1900) dans un ouvrage publié à Leipzig en 1890, *Die Elementarorganismen und ihre Beziehungen zu den Zellen* : il leur trouve beaucoup d'analogies avec les bactéries. Ensuite vient la publication de Margaret Lewis (1881-1970) et de Warren Lewis (1870-1964) intitulée Mitochondria and other cytoplasmic structures in tissue culture, *Amer. J. anat.*, 1914-1915, **17**, 339-401. Enfin, Edwin Vincent Cowdry (1888-1975) publie en 1918 dans la revue *Contribution to embryology*, Washington, **VIII**, 25, 39-160, un article exhaustif sur l'état des connaissances concernant les mitochondries, en ce début de XXe siècle : « The mitochondrial constituents of protoplasma », qui signale également d'étranges analogies avec les microbes.

Bon exemple de mosaïcisme, terme qui désigne la présence chez un même individu de deux ou plusieurs patrimoines génétiques, la bactérie *Wolbachia,* parasite essentiellement les arthropodes, et peut transférer son génome quasiment en entier chez certains de ses hôtes, comme l'agent responsable de la filariose, dont une partie du génome existait dans le chromosome de *Wolbachia*, un morceau de la bactérie cohabitant avec un morceau du gène du vers.

Le spermatozoïde ne contenant pas de mitochondries, la transmission se fait uniquement par l'ovule, les mâles étant incapables de communiquer la bactérie à leurs descendants. C'est un privilège réservé à la mère.

Quant à Le Dantec, ni dans *le Traité de biologie* paru en 1903, ni dans *l'Introduction à la pathologie générale* de 1906, il ne fait la moindre allusion aux mitochondries. Un sondage effectué dans dix autres ouvrages publiés de 1891 à 1918 révèle la même lacune.

L'épigénétique a un peu changé la donne et réhabilité Lamarck et Darwin. Cette discipline biologique étudie les mécanismes qui influencent de façon réversible, transmissive et adaptative l'expression des gènes sans en modifier l'ADN. Le rôle de l'environnement sur l'expression génétique suscite la possibilité de la transmission des caractères acquis, en accord avec les principes de la sélection naturelle. On sait qu'une exposition précoce à une substance chimique peut provoquer une modification du programme de l'épigénome des cellules souches spermatogènes et modifier l'hérédité épigénétique de la génération suivante. On sait que selon la nourriture qu'on leur procure, miel ou gelée royale, les larves d'abeille deviendront ouvrières ou reine. Le comportement de chacun d'entre nous peut agir sur l'expression de nos gènes. Ainsi le renard polaire devient-il blanc en hiver. Ainsi, selon la température ambiante, l'œuf de tortue donnera un mâle ou une femelle. Ainsi, les enfants des descendants des esquimaux émigrés à New York et dont les parents mangeaient gras depuis des générations, présenteront-ils les mêmes tares métaboliques que les New-Yorkais de souche dès lors qu'ils ont suivi le même régime alimentaire que les habitants de cette grande cité occidentale : hypercholestérolémie, athérome.

On a brocardé bien à tort Ivan Mitchourine (1855-1935) qui écrivait : *En réalité, de nombreuses observations montrent que non seulement la graine peut, sous les influences extérieures mentionnées, dévier en ce qui concerne la structure de la cellule germinale, vers une des plantes génitrices, mais que le plant hybride obtenu à partir de cette semence peut également, jusqu'à son âge adulte et jusqu'au moment où ses propriétés seront définitivement fixées, dévier dans sa structure vers l'un ou l'autre aspect de la plante génitrice, non pas une seule fois mais plusieurs fois, également selon les diverses influences extérieures.*

Trofim Denissovitch Lyssenko (1898-1976) ne renie pas le matérialisme dialectique soviétique quand il affirme (et l'histoire semble lui donner raison) : *Nous les représentants de la tendance soviétique mitchourinienne, nous affirmons que la transmission héréditaire des propriétés acquises par les végétaux et les animaux au cours de leur développement est possible et indispensable. Mitchourine, sur la base de ses travaux expérimentaux et pratiques, s'est rendu maître de ces possibilités. Mais le plus important, c'est que la doctrine de Mitchourine, exposée dans ses ouvrages, offre à chaque biologiste le moyen de diriger la nature des organismes végétaux et animaux, de transformer cette nature en vue des nécessités pratiques, en réglant les conditions de vie, c'est-à-dire par la physiologie.*

Ainsi donc, la lutte acharnée qui a divisé les biologistes en deux camps irréconciliables s'est ranimée autour d'une vieille question : la transmission héréditaire des propriétés et des caractères acquis par les organismes végétaux et animaux au cours de leur vie est-elle possible ? Autrement dit les changements qualitatifs de la nature des organismes végétaux et animaux dépendent-ils de la qualité des conditions de vie agissant sur le corps vivant, sur l'organisme ?

La doctrine de Mitchourine, matérialiste et dialectique par essence, affirme cette dépendance et la prouve par des faits.

La doctrine mendélienne-morganiste, idéaliste et métaphysique par essence, nie cette dépendance sans apporter aucune preuve.

En résumé, la question posée en épigénétique consiste à comprendre comment, à partir d'un même génome, peuvent se mettre en place et se propager au cours de divisions cellulaires des états transcriptionnels (exprimé VS non exprimé, la transcription étant la copie du code génétique de l'ADN en ARN) distincts. Wikipedia.

Pour Le Dantec, *les sciences se contentent de constater, les choses étant comme elles sont, allant comme elles vont, l'homme a, peu à peu, connu, par une expérience répétée au cours de toutes les générations, comment elles sont et comment elles vont ; du moins est-il arrivé à découvrir une partie des faits qui intéressent la conservation de sa vie ; c'est là, à proprement parler, ce qui constitue la Science ; c'est un ensemble de conquêtes impersonnelles, utilisables par tous ; exprimées en langage humain, on les appelle « les lois naturelles ».* Le fait d'avoir envie d'en savoir toujours plus ne conduit pas à la croyance en Dieu. L'homme est un animal avide de métaphysique et la quête du divin a été le premier moteur qui a poussé nos ancêtres à trouver une explication à leur existence et aux phénomènes naturels. Qui créa le monde ? Dieu qui est à l'image de l'homme qui l'a inventé lui-même de toutes pièces. Quant à l'âme, on peut lui substituer le milieu qui accompagne l'homme, ce qui revient à nier la liberté absolue. Le déterminisme rend caduque la métaphysique et lui substitue la recherche de la causalité. Celle-ci amène à nier tous les attributs avec lesquels l'être humain a construit Dieu. L'agnosticisme est donc la seule attitude devant la constatation du déterminisme.

Pour l'auteur de *Théorie nouvelle de la vie*, il existe des lois qui se manifestent chaque fois que le hasard (réunion de causes inconnues) ne contient pas de facteur susceptible de s'opposer à la manifestation de ces lois. Son athéisme provient du fait qu'il rejette l'hypothèse soutenant que ces lois naturelles tireraient leur origine d'un Dieu dont on parlerait comme d'un homme.

En admettant la croyance en un Dieu, Le Dantec soulève le problème de l'attitude de la divinité vis-à-vis de la créature : celle-ci n'a rien demandé à son créateur et se serait bien passée du rôle qu'il *entend* lui faire jouer, d'autant que Dieu fait peur ! De quoi se réfugier au fond d'un cloître pour y rester tapi jusqu'à la fin de ses jours.

La métaphysique doit rester à l'écart de cette quête car elle n'est qu'un *ramassis de mots vides de sens !* La vérité scientifique est en contradiction avec des principes artificieux au nom desquels on a utilisé la faiblesse de l'humanité pour mieux l'exploiter et la dominer.

Je comprends donc sans peine que vous vous scandalisiez de ce que j'écris ; mais mon esprit scientifique se scandalise tous les jours de ce que mes congénères croient être la vérité absolue, et nous sommes quittes !

L'athée ne peut avoir ni ambition, ni haine, ni but lointain ; la vie perd pour lui beaucoup de son prix, puisqu'il ne croit pas au mérite, mais ne craint pas la mort ; dans une société constituée de purs athées, la conscience morale de chacun perdrait toute valeur en tant que sentiment social et chaque athée suivrait les ordres de sa conscience pour sa seule satisfaction, sans que les croyances des voisins ne lui imposent le moindre devoir ; les avantages et les inconvénients de l'athéisme devraient être comparés à ceux de la foi religieuse.

Mais Le Dantec va plus loin : pas de libre arbitre puisque toutes les activités physiques et psychiques obéissent à un rigoureux déterminisme. La conscience se contente d'enregistrer, témoin inactif, spectatrice impavide. Le rapprochement entre le plastide isolé et l'agglomérat de plastide qui constitue l'être humain, fait que le comportement du plastide est commun au protozoaire et à l'homme. Jean Halleux s'élève contre cette théorie : *M. le Dantec connaît mal le dualisme et son déterminisme biologique n'est qu'une construction de l'esprit dépourvue de toute base positive.*

Jean des Cognets écrira à propos de l'athéisme de Le Dantec : *On prétendait faire de cette science le Dieu des temps nouveaux, qui ne détrônerait le Dieu des religions que pour s'emparer de son sceptre. Or il a prétendu démontrer qu'il n'y avait entre la vraie science et les religions, aucun point de rencontre, aucun langage qui leur permit de correspondre. Il est possible que la religion ait à s'occuper de la science ; mais il nie que la science ait à s'occuper de la religion, tout extérieure à son domaine.*

On comptait sur cette fausse science divinisée pour établir sur cette terre le paradis que la religion promettait dans l'autre monde. Or il a toujours maintenu -et il y a insisté à plusieurs reprises- que cette notion du bonheur était aussi étrangère à la vraie science que la notion de foi.

Ainsi Le Dantec dépouille la Science de tout attribut vivant, de toute couronne royale et de toute baguette magique. Il lui assigne deux fins : l'une purement utilitaire de perfectionnement matériel, l'autre purement abstraite : satisfaire la curiosité de l'homme en lui permettant de saisir des lois, et de les fixer en formules. Au fond sa philosophie aboutit à un nihilisme radical : « C'est bien par un zéro que peut se résumer l'activité totale des hommes. L'homme roi du monde a, à sa disposition, des provisions de matière et d'énergie, mais il ne peut les dépenser. Tous ses efforts, finalement, égalent zéro ».

À propos de l'éducation, il rappelle que les professeurs enseignent des faits et que les parents apprennent à penser ; que les caractères des êtres vivants résultent de l'hérédité et de l'éducation ; que la liberté de l'enseignement ne justifie pas d'enseigner aux enfants des choses fausses ; que ceux qui la réclament peuvent soit adopter un système admis par les adultes, liberté illusoire, soit autoriser les parents à fausser l'esprit de leurs enfants. *Il faut interdire l'enseignement de l'erreur, et rendre obligatoire celui de la vérité.*

Il cite cette phrase de Pasteur : *En chacun de nous, il y a deux hommes : le savant, celui qui a fait table rase, qui, par l'observation, l'expérimentation et le raisonnement, veut s'élever à la connaissance de la nature ; et puis l'homme sensible, l'homme de tradition, de foi ou de doute, l'homme de sentiment, l'homme qui pleure ses enfants qui ne sont plus, qui ne peut, hélas, prouver qu'il les reverra, mais qui le croit et l'espère, qui ne veut pas mourir comme meurt un vibrion, qui se dit que la force qui est en lui se transformera.* L'auteur des Lois naturelles comprend l'attitude de Pasteur qui veut des théories consolantes, peu soucieux de leur vraisemblance, ne voulant même pas en discuter par crainte de ne plus les croire. Logique de sentiments. Les plus illustres savants sont néanmoins des hommes.

La lecture des travaux récents en génétique confirme néanmoins que le biologiste breton a eu l'intuition si ce n'est la certitude que l'avenir de la biologie était mathématique ce que la bio-informatique confirmera triomphalement. Son insistance lamarckienne à souligner le rôle de l'environnement annonçait l'étude des transferts d'énergie et de substances à laquelle la biologie contemporaine s'attache actuellement. Il fut le seul en son temps à soutenir l'existence d'une sélection cellulaire et infracellulaire.

Selon lui les processus d'assimilation de la substance vivante coïncident avec les périodes pendant lesquelles elles fonctionnent. Cette fonction comprendra toute l'activité spécifique de l'être considéré dans les circonstances concernées. Les réactions cataboliques correspondent aux phases de repos. Si elles ne tuent pas l'organisme concerné, elles le font varier et cela correspond parfois à une destruction partielle. Cette loi d'assimilation fonctionnelle, principe fondamental en biologie, fait que le mécanisme d'un organe augmente sa masse vivante, fonctionnement et assimilation étant corrélatifs.

Un ouvrage insolite paraîtra en 1910 : *Comment on devient surhomme, une philosophie pour les hommes d'action,* dont l'auteur un certain Jacques Raoul Gaubert (?-?) n'est pas passé à la postérité et reste introuvable parmi les innombrables biographies consultées. Néanmoins cet ouvrage, assez brutal, non seulement évoque largement Darwin mais également Renan et Le Dantec dont il cite les fameuses phrases : *Vivre, c'est s'habituer ; être c'est lutter, vivre c'est vaincre* et : *Notre moi est pour nous tout l'univers.* C'est l'année au cours de laquelle Le Dantec publie la *Stabilité de la vie* et *l'Évolution des espèces* ouvrages dans lesquels il aborde les applications de la thermodynamique à la biologie. Gaubert, en exergue, cite Darwin : *Le résultat direct de cette guerre de la nature, qui se traduit par la famine et par la mort, est donc le fait le plus admirable que nous puissions concevoir, à savoir : la production des animaux supérieurs.* Il ajoute : *Après les travaux de Darwin et d'Huxley en Angleterre, d'Haeckel et de Büchner en Allemagne, il n'est plus permis de douter aujourd'hui de la descendance de l'homme. Et de fait personne n'en doute plus. Selon le mot d'un savant moderne, actuellement « seuls les ignorants ou les abrutis peuvent nier le transformisme »... Il y a une impossibilité pratique à garder des théories altruistes en donnant comme vrai le transformisme. Si la lutte pour la vie existe -et de votre propre aveu aucun transformiste ne le nie-, vous ne pouvez d'un trait de plume en empêcher les effets pour l'humanité. Et si elle s'applique à l'humanité vous ne pouvez la circonscrire à telle ou telle partie économique ou littéraire en en exceptant la société. Tenter d'y soustraire l'humanité c'est tenter d'arrêter l'évolution. D'autre part, vouloir la diriger, la canaliser, cela ne peut se faire que par un mensonge... Et ce mensonge, c'est la religion : c'est la fiction de l'âme immortelle rendant compte à Dieu de ses actes... Partout dans l'humanité il y a lutte. Le mensonge religieux était parvenu à canaliser un peu le carnage. Vous avez déchiré le voile. Vous nous montrez ce qui se cache en réalité derrière les mots de morale, d'altruisme, de pitié et de bonté. Nous voyons partout la compétition, le concours, l'examen, c'est-à-dire la lutte pour telle ou telle place, pour tel ou tel avantage qui vous fera vivre. Nous allons donc lutter. Adieu franchise, honnêteté, respect de la vie et du prochain. Pourquoi garder toutes ces vieilles guitares ? La lutte est partout : luttons. Par devant gardons, faisons parade de beaux sentiments, mais en dessous, sourdement, consciemment, vive la ruse, le mensonge, l'égoïsme et la férocité : Être c'est lutter, vivre, c'est vaincre... Actuellement nous subissons la tyrannie de la majorité et les imbéciles sont en majorité... Actuellement le peuple est souverain. Lui qui ne sait rien, qui ne veut rien savoir et qui n'a le temps de rien apprendre, il règlemente tout : science, art, éducation, pensée, liberté, morale. L'on ne nous parle que des besoins du peuple, de la science du peuple, de la poésie du peuple... etc. Or nous en avons assez du peuple, de ses lois et de ses mœurs !... La morale de Darwin vous enseigne que le temps vous appartient comme vous appartenez au temps. Votre droit est votre devoir. En face des hésitants, des inconstants et des veules, en face des faibles, vous êtes la force : vous êtes les esprits qui avez conscience de votre force... Il faut organiser scientifiquement l'humanité.* On croirait entendre Félix Le Dantec, affranchi du carcan des convenances, libéré des contraintes de la censure. Et pourquoi pas ?

Le Dantec éprouvait une répulsion pour tout mépris de l'information, pour toute indifférence vis-à-vis de la réalité. Il est évident qu'il ne pouvait s'accommoder du moralisme, du conservatisme, de l'antirationalisme. Une étrange publication sous la plume de Françoise Balibar, éditée en octobre 2003 dans la revue *Alliage*, réunit Freud, Lacan et le souvenir de Le Dantec *dont le ridicule n'égale que la superbe imbécile,* précise l'auteure. Passe encore de trouver une filiation entre Freud et Lacan quoique là où Freud considère la parole du patient comme le miroir de l'inconscient, Lacan y voit un style et en modifie le sens, la place et les proportions des interprétations. Freud y trouve un processus médical qui tend à guérir certaines formes de névropathies à l'aide d'une technique psychologique. Mais que vient faire Le Dantec dans cette galère, la psychanalyse n'étant pas une science, tout juste une technique, Freud en étant l'inventeur, et Lacan, un de ses épigones lyrique et délirant.

La question se pose de savoir si Le Dantec est un révolutionnaire. Il remet en cause la structure de la société. On est tenté de répondre par l'affirmative. Il suffit de lire l'*Égoïsme,* livre de chevet de tous les asociaux de la « belle époque », pour s'en convaincre. Mais, comme le souligne Émile Michon, cet ouvrage servit de prétexte à certains anarchistes et à de nombreux malfrats pour justifier leurs méfaits ; toutefois l'interprétation qu'ils en firent au service du mal ne correspondait certes pas à l'intellection de l'auteur ! Néanmoins, il y a chez Félix Le Dantec un certain nihilisme que reconnaîtra son ami Jean des Cognets. Il ne croyait guère au progrès : *« Plus l'industrie progresse, plus la science étend son domaine, plus diminue l'indépendance de chaque individu ».*

Il faut se garder de tomber dans le piège métaphysique : « je crois qu'il y a quelqu'un qui veut que telle chose soit » au lieu de dire : « je constate que telle chose est ».

Il n'en reste pas moins que Le Dantec représente un sommet du matérialisme en Europe et peut être considéré comme un homme de gauche.

Quels ennemis avaient l'homme ? Essentiellement ses semblables. Pour Le Dantec, la vie sociale était une lutte contre l'univers, contre la société qui, parallèlement, orientait la vie sociale des humains qui la composaient. Le conflit de l'être vivant avec son milieu se résumait à un acte de défense, l'imitation, et à un acte de conquête, l'assimilation. L'homme devait se plier à un rituel social et l'imiter ; assumer son propre rôle dans la société pour y faire sa place. Il était également soumis à son patrimoine héréditaire transmissible et disposait d'un atout, l'éducation, source inégalée et intarissable de ressources. La tradition se transmettait par les familles, les compétences professionnelles et la civilisation résumant la mise en œuvre des intelligences qui assuraient les changements de civilisation tributaires du progrès scientifique et technique.

En 1897, dans *Le déterminisme biologique et la personnalité consciente* Le Dantec exprime clairement sa profession de foi comme en témoignent ces quelques lignes : *Quand nous nous livrons à l'observation d'un phénomène quelconque, nous faisons naturellement abstraction de nous-même ; nous sommes témoins sans songer à nous demander comment il se fait que nous puissions être témoins. Nous arrivons facilement ainsi à nous convaincre qu'un corps chimique donné réagit toujours de la même manière, dans les mêmes conditions. Nous concluons au déterminisme chimique. Une étude approfondie des phénomènes vitaux nous amène de la même manière, quoique plus difficilement, à conclure au déterminisme biologique, lorsque nous procédons du simple au complexe.* Dans *La métaphysique, questions de méthode*, Paris,

1912, il affirmera : *En dehors de la science on ne peut espérer construire un édifice qui ait quelque chance de durer !*

Reprenons l'opinion de Marius-Ary Leblond appréciant, en 1907, la démarche mentale de Le Dantec pour mieux comprendre ses mécanismes de pensée : à propos des travaux imparfaits de Roux et de Delage, il *reprend leurs théories incomplètes et infirmées par des explications vitalistes mystérieuses ; il remplace celles-ci par des explications mécanistes de biochimie, et il expose une théorie qui donne toutes les conséquences des prémisses. Cette façon d'arriver à établir sa solution en reprenant les définitions des autres et en y utilisant tout ce qui s'y trouve de bon est caractéristique de son procédé général d'esprit : c'est d'un savant avant tout logicien, organisateur. Il introduit à titre capital la Logique dans la science, faisant une Biologie avant tout logique, et c'est une opération très importante.*

Au début de l'année 1904, des conférences sont organisées sur le thème de la physique, des mathématiques dans le cadre de la réforme de l'enseignement de 1902. Le Dantec consacre sept pages à la défense du transformisme dans un exposé fait au Musée pédagogique en 1905, publié dans la *Revue générale des sciences.* Il précise aux futurs étudiants qu'il n'y a pas de statique en biologie. Heureusement les images au ralenti du cinéma permettent d'observer d'heure en heure un plant de blé de sa germination jusqu'à sa mort. On ne voit pas vieillir les proches côtoyés tout au long de nos vies ; en revanche, quitter une personne en pleine jeunesse et la retrouver quatre décennies plus tard rend son vieillissement manifeste. Le transformisme autorise de faire l'historique de l'apparition des phénomènes contemporains et modifie le sens de nos « pourquoi » qui, à l'image du piège dissimulé dans l'interrogation : pourquoi les meuniers ont-ils des chapeaux blancs ? Pour se couvrir la tête et non pour se protéger de la farine ou parce que leur couvre-chef est enfariné. Le Dantec revendique sa méfiance vis-à-vis des significations fallacieuses des pourquoi et du mot explication. Il en déduit que *la théorie transformiste nous permet de substituer aux explications physiologiques des faits actuels une narration historique, que l'admirable langue de Lamarck et de Darwin rend possible dans tous les cas.*

Nous avons vu qu'il rejette le hasard. Dans l'appendice de L'*Égoïsme*, il compare la décision d'un jury d'assise au tirage des cartes rouges ou noires d'un jeu, car il estime qu'une condamnation prononcée à la majorité et non à l'unanimité, rend vraisemblable une forte marge d'erreur. Ainsi il estime que sur 32 cartes, il tirera d'abord sept rouges et cinq noires, les rouges signifiant la condamnation de l'accusé, celui-ci sera sanctionné. En revanche s'il refait le tirage, alors il recueillera quatre rouges et huit noires et l'accusé sera acquitté. Étrange paradoxe car l'unanimité évite l'aléatoire quand une simple majorité l'introduit… Il écrira, en 1911, dans *Le chaos et l'harmonie universelle : … je ne saurai trop le répéter, ce n'est pas être dans l'ignorance absolue, relativement à des parties successives d'un jeu, que de SAVOIR que les « coups » résultant des parties n'obéissent à aucune loi. C'est d'ailleurs se faire une étrange idée de la puissance mystérieuse des mathématiques que prétendre tirer un résultat physique positif d'un verbalisme analytique, dans lequel on aurait introduit comme point de départ aucune donnée physique, aucune donnée expérimentale... Je prétends, et je vais essayer de démontrer que la loi des grands nombres, relativement à un jeu de hasard, est l'équivalent de l'affirmation que les coups de ce jeu n'obéissent à aucune loi.* Il considère Jacques Bernouilli comme un prestidigitateur, un marchand d'illusions, un stratège qui traduit en langage chiffré des constatations faites en réalité a posteriori. Cela étant, le mathématicien suisse a quand même déterminé les sommes qu'on pourrait s'attendre à gagner en jouant à différents jeux de hasard...

Le principal défaut de bien des écrits de Le Dantec est leur caractère hautement aventureux. Ils sont empreints d'une tendance formaliste à la discussion des mots, plutôt qu'à la discussion des faits d'expérience. Alfred Binet l'avait bien vu dans sa critique du livre de Le Dantec, *Théorie nouvelle de la vie*, Paris, 1896, quand il écrivait : *Telles sont les idées les plus originales de ce livre, dont le principal défaut est un caractère hautement hypothétique. Remarquons aussi chez l'auteur une tendance scholastique à la discussion des mots, plutôt qu'à la discussion des faits d'expérience.*

Jacques Monod (1910-1976), découvreur de l'ARN messager, dont il affirme qu'il fonctionne de façon strictement irréversible, l'information transmise ne pouvant pas être transférée en sens inverse. Il avait fréquenté les laboratoires de ces personnages qui, pour lui, personnifiaient désormais une biologie anachronique, et qu'il considérait comme responsables du retard de la France dans le challenge scientifique international.

À propos de la génétique humaine innée qui accroit les possibilités de liberté d'action, par rapport aux autres espèces animales, dans les réponses aux stimulations, François Jacob (1920-2013) écrira dans *La logique du vivant*, en 1970 : *Chez l'homme, le nombre de réponses possibles devient si élevé qu'on peut parler de ce « libre arbitre » cher aux philosophes. Mais la souplesse n'est jamais sans limites. Même lorsque le programme ne donne à l'organisme qu'une capacité, celle d'apprendre par exemple, il impose des restrictions sur ce qui peut être appris, sur le moment où doit avoir lieu l'apprentissage et dans quelles conditions. Le programme génétique de l'homme lui confère l'aptitude au langage. Il lui donne le pouvoir d'apprendre, de comprendre, de parler n'importe quelle langue. Encore l'homme doit-il à une certaine époque de sa croissance, se trouver dans un milieu favorable pour que se réalise cette potentialité.*

Il ne faut pas oublier que l'accomplissement du génotype est totalement dépendant de sa concordance avec un environnement donné et, inversement, qu'il peut ne pas se réaliser s'il y a discordance entre le patrimoine héréditaire et un milieu déterminé.

Postface

À la mort de Félix Le Dantec, le poète breton Charles Le Goffic (1863-1932), membre de l'Académie Française, écrira, ces lignes émouvantes dans le journal *La Liberté* du 9 juin 1917 :

Avec quel déchirement j'écris ce nom en tête de mon article ! J'ai perdu le plus cher de mes amis, mon plus ancien compagnon, car nous nous connaissions depuis l'enfance, et je voudrais m'isoler dans mon chagrin, en épuiser à l'écart toute l'amertume.

Cette satisfaction égoïste m'est refusée. Le public a le droit de savoir ce qu'était l'homme qui vient de disparaître, la grande perte qu'ont faite la science et les lettres françaises. Je suis mal qualifié sans doute pour parler du savant. D'ailleurs de très bonne heure, Le Dantec avait abandonné les recherches pures de la biologie pour la philosophie des sciences ; son cerveau était tourné vers la synthèse. Pasteur, qui l'aimait comme un fils, l'avait chargé de fonder un laboratoire à Sao-Paulo pour l'étude de la fièvre jaune. C'était au plus fort de l'épidémie. Il avait vingt-trois ans, l'âge des épanouissements sentimentaux. Les hôpitaux regorgeaient. Il vécut dix-huit mois comme un chartreux, au milieu de cette pourriture mortuaire. Mais ce rude noviciat décida de sa vocation : les problèmes de la vie et de la mort l'intéressèrent seuls désormais.

Nommé à son retour du Brésil maître de conférence à la Faculté de Lyon (1893) puis chargé du cours d'embryologie générale à la Sorbonne, il publia coup sur coup la « Matière vivante », « Théorie nouvelle de la vie », « L'unité dans l'être vivant », etc., etc. Tous ces livres se tenaient étroitement : c'étaient les pièces d'un vaste système philosophique qu'il construisait avec une hâte fiévreuse, le pressentiment très net de la brièveté de sa destinée. Que vaut ce système ? Félix Le Dantec, quoi qu'il en soit, est le premier qui ait appliqué à l'étude des êtres vivants les méthodes qui avaient servi jusque-là pour l'étude des corps bruts ; il se flattait d'être arrivé à raconter tous les phénomènes vitaux objectifs dans « le langage général de l'Équilibre ». Les étrangers le tenaient pour l'égal de Comte.

Sa pensée eut-elle évolué par la suite ? « Ayant aperçu les limites du connaissable, dit Gaston Deschamps, et libéré des bornes fatales de l'empirisme, peut-être eût-elle rencontré, dans une dialectique hardie, la pensée d'un Henri Poincaré, d'un Boutroux, d'un Bergson ? ». Je ne le crois pas pour ma part.

L'agnosticisme scientifique de Le Dantec n'avait fait que se fortifier avec l'âge. J'en parle en homme très détaché et qui, philosophiquement, habitait aux antipodes de l'auteur du « Conflit ». Mais ce libre-penseur véritable avait cette originalité de comprendre et d'accepter les formes de pensées qui lui étaient les plus étrangères. Il ne cherchait jamais, fût-ce dans son entourage, à imposer ses façons de voir ; il ne contrariait personne sur ses croyances, et, par respect pour la chrétienne accomplie qu'il avait épousée, il faisait maigre le vendredi, comme Littré, qu'il rappelait par tant de côtés et qui fut comme lui une manière de saint laïque, de chrétien sans la Grâce. Il doit y avoir tout de même dans le Paradis, un petit coin pour ces mécréants-là.

C'était surtout le plus sincère des hommes et qui sacrifia tout à ce qu'il croyait être la vérité. Vous savez le bruit que fit un de ses livres : « L'égoïsme, seule base de la société » et de l'indignation qu'il provoqua dans les clans socialistes du haut enseignement. D'aucuns crièrent à la trahison parce qu'il n'avait pas respecté leur erreur. Cette erreur leur était chère et comme Rachel qui ne voulait pas être consolée, ils ne voulaient pas être détrompés. Et ils le signifièrent à leur contradicteur en le confinant dans des postes secondaires, en lui refusant la titularisation.

Le Dantec souriait de ces mesquines représailles. Depuis longtemps, sa santé était atteinte. Il se savait perdu, mais il ne se plaignait pas. L'une des dernières fois que je le vis dans son cher Ty-Plad où il se retrempait chaque année, car ce Breton ne pouvait se passer de sa Bretagne et c'était d'ailleurs un de nos plus remarquables celtisants, il me dit avec un accent que je ne lui connaissais pas et comme s'il parlait déjà de lui au passé :

-En somme, j'ai été un homme heureux. En trente ans de ma vie scientifique, je n'ai pas connu une heure de doute. J'ai joui, comme aucun homme n'en a peut-être joui, de toutes les découvertes de mon temps. Cette certitude que j'ai tout de suite acquise, cette plénitude de sécurité, je les dois à la méthode. La méthode, tout est là. Trois hommes l'ont créée chez nous : Descartes, Lavoisier et Laplace. Ils ont fait la clarté dans le monde. La clarté, la qualité essentielle du génie celtique !

Et il répéta encore :

-J'ai été un homme heureux. La vie m'a gâté.

C'est qu'il se satisfaisait de peu, comme la plupart des Bretons qui sont indifférents aux vanités de ce monde, comme ce La Tour d'Auvergne (Théophile Malo de la Tour d'Auvergne-Corret, 1743-1800) *qui avait pris pour devise : Bara, lez ha librente, du pain, du lait et la liberté, ou comme ce Duclos à qui Mme. De Rochefort disait un jour : « Oh ; vous Duclos, on sait ce qu'il vous faut : du pain, du fromage et la première venue.*

Son bonheur, il le mettait à faire celui des autres. Il était adoré là-bas des paysans. Trop faible pour s'engager, il avait pris du service, au début de la guerre, dans un hôpital de la région ; l'un de ses frères, René, commandait en second le front de mer de Dunkerque ; un autre, Jules, capitaine au 19e de ligne avait été promu chef de bataillon et décoré pour sa magnifique défense de Tahure. Je vois encore Félix venant m'apporter la citation de ce brave.

-C'est un héros, tu sais, un vrai !

Il rayonnait de fierté fraternelle. Il y a deux mois, le 15 avril, sur l'Aisne, la veille de l'attaque de Craonne, le commandant Le Dantec, partait en reconnaissance avec un de ses hommes : on vient de retrouver son corps criblé de mitraille. Le soldat et le philosophe s'en vont presque à la même heure. En des postes différents tous deux ont fait leur devoir jusqu'au bout, Félix comme Jules. Et cependant une inquiétude travaillait cette conscience scrupuleuse. Dans son agonie, on l'entendit demander :

-Ai-je été un bon Français ?

-Oui, Félix, lui répondit sa belle-mère, un bon Français... et un bon Breton. Il sourit... Ah ! comme la lande, les îles, la mer, cette année, vont me sembler vides.

Son ami Charles Perez écrira : *Sa vie reste un admirable exemple et un singulier réconfort pour ceux qui, détachés comme lui de toute croyance métaphysique, pensent que la plus haute tenue morale et la pratique des plus grandes vertus peuvent se concilier avec le culte exclusif de la science et la recherche austère de la vérité.*

Il meurt à Paris, 282 boulevard Raspail, dans le quatorzième arrondissement. L'office funèbre sera célébré en l'église Saint Pierre de Montrouge, à Paris, et l'inhumation aura lieu au cimetière Saint Louis de Versailles.

Bibliographie

Abeloos Marcel, *Cours de biologie animale…*, Paris, 1959.

Aron M., Grassé P., *Biologie animale*, Paris, 1957.

Arambourg C., Cuenot L., Grassé P.P., Haldane J.B.S., Piveteau J., Simpson G.G., Stensio E.A., Teilhard de Chardin P., Vallois H.V., Viret J., Watson D.M.S., *Paléontologie et transformisme*, Science d'aujourd'hui, Paris, 1950.

Balibar Françoise, Le scientisme, Lacan, Freud et Le Dantec, *Alliage*, 52, octobre 2003.

Bardel Pierre, Quelques remarques sur l'attitude politique de Roger Martin du Gard au début des années 30, *Littératures*, 24, 1977.

Binet Alfred, Le Dantec, Théorie nouvelle de la vie, *L'année psychologique,* 1896, **3,** 350-354.

Blaringhen Louis, *Mutation et traumatismes étude sur l'évolution des formes végétales*, Paris, 1908.

Blaringhen Louis, *Pasteur et le transformisme*, Paris, 1923.

Blaringhen Louis, *Hérédité, mutation et évolution, l'œuvre de Hugo de Vries…*, Paris, 1937.

Bouyssi François, *Alfred Giart* (1846-1908) *et ses élèves : un cénacle de « philosophes biologistes » aux origines du scientisme*, Lille, Paris, 1998.

Brenner Jacques, *Roger Martin du Gard*, Bibliothèque idéale, Paris, 1961.

Bruhnes Bernard, *La dégradation de l'énergie*, Paris, 1908.

Buican Denis, *Sur-être ? Hérédité et avenir de l'homme*, Paris, 1983.

Buican Denis, *Histoire de la génétique et de l'évolutionnisme en France,* Paris, 1984.

Caullery Maurice, *Alfred Giart* (1846-1908), Paris, 1908.

Darwin Charles, *L'origine des espèces au moyen de la sélection naturelle ou la lutte pour l'existence dans la nature,* Paris, 1882.

Darwin Charles, *La descendance de l'homme et la sélection sexuelle*, Paris, 1875.

Daspre André, Roger Martin du Gard, romancier rationaliste, *Raison présente*, **62**, 2e trimestre 1982.

Delage Yves, *La structure du protoplasme et les théories de l'hérédité…* Paris, 1895.

Durand-Pallot Charles, La confession d'un athée, *Foi et Vie, revue de quinzaine religieuse, morale, littéraire, sociale,* 1er mars 1908, **11**, 5, 141-147.

Fischer H., Alfred Giart, 1846-1908, *Extrait du Journal de Conchyliologie, LVI, 1908*, Paris, 1909.

France Anatole, *Œuvres complètes illustrées…*, XIII, Paris, 1927.

Gaubert Jacques-Raoul, *Comment on devient surhomme. Une philosophie pour les hommes d'action,* Paris, 1910.

Giard Alfred, Bulletin scientifique de la France et de la Belgique, Alfred Giard (1846-1908) et son œuvre, Paris, 1909.

Haeckel Ernest, *Histoire de la création des êtres organisés d'après les lois naturelles*, Paris, 1874.

Halleux Jean, Le déterminisme biologique, *Revue néo-scolastique de philosophie,* 21e année, 1914, 17-32.

Halleux Jean, Le déterminisme biologique (suite et fin), *Revue néo-scolastique de philosophie,* 21e année, 1914, 152-164.

Houlbert Constant, Felix Le Dantec, *Annales de Bretagne*, **33**, 1, janvier 1918, 1-12.

Huang Chunliu, *La relation au monde dans les Thibault de Roger Martin du Gard,* Thèse de doctorat, Université d'Artois, janvier 2012.

Hulin Nicole, *Sciences naturelles et formation de l'esprit, autour de la réforme de l'enseignement de 1902. Études et documents*, Septentrion, Villeneuve d'Ascq, 2002.

Jacob François, *La logique du vivant*, Paris, 1970.

Joubert Jean-Louis, Humanisme et socialisme dans l'œuvre de Roger Martin du Gard, s.d.

Lalande, *Vocabulaire technique et critique de la philosophie,* Paris, 1985.

Lamarck Jean Baptiste, *Philosophie zoologique ou exposition des considérations relatives à l'histoire naturelle des animaux,* Paris, 1809.

Langman Jan, *Abrégé d'embryologie médicale*, Paris, 1982.

Le Dantec Félix, La rivière Noire, *Annales de géographie*, 15 octobre 1891, **I**, 176-185.

Le Dantec Félix, Les peuples de la rivière Noire, *Annales de géographie*, 15 octobre 1891, **I**, 249-259.

Le Dantec Félix, Recherches sur la digestion intra cellulaire chez les Protozoaires, *Bulletin scientifique de la France et de la Belgique…*, Paris, 1891, 261-328.

Le Dantec Félix, Recherches sur la symbiose des algues et des protozoaires, *Annales de l'Institut Pasteur,* **6**, mars 1892.

Le Dantec Félix, *La matière vivante*, Paris, 1895.

Le Dantec Félix, *Le déterminisme biologique et la personnalité consciente, esquisse d'une théorie chimique des épiphénomènes*, Paris, 1897.

Le Dantec Félix, *Évolution individuelle et hérédité,* Paris, 1898.

Le Dantec Félix, *L'individualité et l'erreur individualiste,* Paris, 1898.

Le Dantec Félix, *La sexualité*, Paris, 1899.

Le Dantec Félix, *Le conflit*, Paris, 1901.

Le Dantec Félix, Le Divin : *La Revue blanche* **XXIX**, 1902.

Le Dantec Félix, *L'Unité dans l'être vivant Essai d'une biologie chimique,* Paris, 1902.

Le Dantec Félix, *Traité de biologie*, Paris, 1903.

Le Dantec Félix, La virulence du sexe, *La Revue Blanche,* **XXX**, 83, 1903.

Le Dantec Félix, L'hérédité des diathèses ou hérédité mendélienne, *Revue scientifique,* 1904.

Le Dantec Félix, *Les lois naturelles*, Paris, 1904.

Le Dantec Félix, *Théorie nouvelle de la vie*, Paris, 1896, 1904.

Le Dantec Félix, *Les influences ancestrales*, Paris, 1904.

Le Dantec Félix, *Introduction à la pathologie générale*, Paris, 1906.

Le Dantec Félix, *La lutte universelle*, Paris, 1906.

Le Dantec Félix, *Éléments de philosophie biologique*, Paris, 1907.

Le Dantec Félix, *De l'homme à la science*, Paris, 1907.

Le Dantec Félix, *L'athéisme*, Paris, 1907.

Le Dantec Félix, *La définition de la science, entretien philosophique*, Paris, 1908.

Le Dantec Félix, *Science et conscience philosophie du XXe siècle*, Paris, 1908.

Le Dantec Félix, *Le déterminisme biologique et la personnalité consciente, esquisse d'une théorie chimique des épiphénomènes*, Paris, 3e édition, 1908.

Le Dantec Félix, *La crise du transformisme,* Paris, 1909.

Le Dantec Félix, *La stabilité de la vie*, Paris, 1910.

Le Dantec Félix, *Le chaos*, Paris, 1911.

Le Dantec Félix, *L'égoïsme seule base de toute société,* Paris, 1911.

Le Dantec Félix, *La métaphysique, questions de méthode*, Paris, 1912.

Le Dantec Félix, *La science de la vie,* Paris, 1912.

Le Dantec Félix, *Évolution individuelle et hérédité,* Paris, 1913.

Le Dantec Félix, *Le problème de la mort et la conscience universelle*, Paris, 1917.

Le Dantec Félix, *Savoir,* Paris, 1918.

Leblond Marius-Ary, La philosophie de M. Félix Le Dantec, *Mercure de France,* 15/03/1907, 193-210.

Le Goffic Charles, Sur la mort de Félix Le Dantec, *Liberté,* 9 juin 1917.

Loisel Gustave, Le Dantec, Les lois naturelles, *Revue internationale de l'enseignement*, **50**, Juillet-Décembre 1905, p. 94-96.

Lote René, Albert, Marie, *Les intellectuels dans la société française de l'ancien régime à la démocratie. Ouvrage suivi d'une étude sur Félix Le Dantec*, Paris, 1918.

Lyssenko Trofim Denissovitch, *Agrobiologie*, Moscou, 1953.

Maeterlinck Maurice, *Le temple enseveli*, Paris, 1912.

Martin du Gard Roger, *Correspondance générale,* **2**, *1914-1918,* Paris, 1980.

Martin du Gard Roger, *Journal, textes autobiographiques 1892-1919*, Paris, 1992.

Michon Émile, *Un peu de l'âme des bandits,* Paris, 1913.

Mitchourine Ivan W., *Œuvres choisies*, Moscou, 1951.

Moreau Jacques, *L'œuvre de Félix Le Dantec. La méthode scientifique. Les lois biologiques. Les horizons philosophiques*, Paris, 1917.

Obré Albert, *Sciences naturelles*, Paris, 1953.

Pääbo Svante, *Néandertal. À la recherche des génomes perdus…*, Paris, 2015.

Perez Charles, *Félix Le Dantec, 1869-1917*, Paris, 1918.

Pichot André, *Expliquer la vie, de l'âme à la molécule*, Paris, 2021.

Plantefol L., *Cours de biologie cellulaire et végétale…*, Paris, 1963.

Renan Ernest, *L'avenir de la science, pensées de 1848*, Paris, 1890.

Ronsin Christophe, *L'histoire de la biologie moléculaire*, Bruxelles, 2005.

Rostand Jean, *Esquisse d'une histoire de la biologie*, Paris, 1945.

Rostand Jean, Esquisse d'une histoire de l'atomisme en biologie. *Revue d'histoire des sciences et de leurs applications*, **3**, 2, 1950, 156-169.

Rostand Jean, Tétry Andrée, *Biologie*, Pléiade, Paris, 1965.

Sageret Jules, *Les grands convertis*, Paris, 1906.

Singer Charles, *Histoire de la biologie*, Paris, 1934.

Taylor Gordon Rattray, *Histoire illustrée de la biologie*, Paris, 1963.

Valabrègue Albin, L'agonie du matérialisme, *La Tribune de Lausanne*, samedi 16 juin 1917, **25**, 166, 3.

Vallery-Radot René, *La vie de Pasteur*, Paris, 1900.

Vries Hugo de, *Espèces et variétés, leur naissance par mutation*, traduit de l'Anglais par L. Blaringhem, Paris, 1909.

Table des matières

Structures éditoriales du groupe L'Harmattan

L'Harmattan Italie
Via degli Artisti, 15
10124 Torino
harmattan.italia@gmail.com

L'Harmattan Hongrie
Kossuth l. u. 14-16.
1053 Budapest
harmattan@harmattan.hu

L'Harmattan Sénégal
10 VDN en face Mermoz
BP 45034 Dakar-Fann
senharmattan@gmail.com

L'Harmattan Cameroun
TSINGA/FECAFOOT
BP 11486 Yaoundé
inkoukam@gmail.com

L'Harmattan Burkina Faso
Achille Somé – tengnule@hotmail.fr

L'Harmattan Guinée
Almamya, rue KA 028 OKB Agency
BP 3470 Conakry
harmattanguinee@yahoo.fr

L'Harmattan RDC
185, avenue Nyangwe
Commune de Lingwala – Kinshasa
matangilamusadila@yahoo.fr

L'Harmattan Congo
219, avenue Nelson Mandela
BP 2874 Brazzaville
harmattan.congo@yahoo.fr

L'Harmattan Mali
ACI 2000 - Immeuble Mgr Jean Marie Cisse
Bureau 10
BP 145 Bamako-Mali
mali@harmattan.fr

L'Harmattan Togo
Djidjole – Lomé
Maison Amela
face EPP BATOME
ddamela@aol.com

L'Harmattan Côte d'Ivoire
Résidence Karl – Cité des Arts
Abidjan-Cocody
03 BP 1588 Abidjan
espace_harmattan.ci@hotmail.fr

Nos librairies en France

Librairie internationale
16, rue des Écoles
75005 Paris
librairie.internationale@harmattan.fr
01 40 46 79 11
www.librairieharmattan.com

Librairie des savoirs
21, rue des Écoles
75005 Paris
librairie.sh@harmattan.fr
01 46 34 13 71
www.librairieharmattansh.com

Librairie Le Lucernaire
53, rue Notre-Dame-des-Champs
75006 Paris
librairie@lucernaire.fr
01 42 22 67 13

www.ingramcontent.com/pod-product-compliance
Lightning Source LLC
LaVergne TN
LVHW011021061026
849535LV00006B/2003